貓頭鷹書房

有些書套著嚴肅的學術外衣，但內容平易近人，非常好讀；有些書討論近乎冷僻的主題，其實意蘊深遠，充滿閱讀的樂趣；還有些書大家時時掛在嘴邊，但我們卻從未看過……

如果沒有人推薦、提醒、出版，這些散發著智慧光芒的傑作，就會在我們的生命中錯失——因此我們有了**貓頭鷹書房**，作為這些書安身立命的家，也作為我們智性活動的主題樂園。

貓頭鷹書房——智者在此垂釣

貓頭鷹書房 250

切開左右腦

葛詹尼加的腦科學人生

Tales from both sides of the Brain

A life in Neuroscience

葛詹尼加◎著

鍾沛君◎譯

貓頭鷹

貓頭鷹書房 250

切開左右腦：葛詹尼加的腦科學人生

作　　者　葛詹尼加
譯　　者　鍾沛君
翻譯審定　謝伯讓
責任編輯　周宏瑋（初版）、王正緯（二版）
協力編輯　許婉真
校　　訂　魏秋綢、周宏瑋、許婉真
版面構成　張靜怡
封面設計　黃伍陸
行銷統籌　張瑞芳
行銷專員　段人涵
出版協力　劉衿妤
總 編 輯　謝宜英
出 版 者　貓頭鷹出版 OWL PUBLISHING HOUSE
事業群總經理　謝至平
發 行 人　何飛鵬
發　　行　英屬蓋曼群島商家庭傳媒股份有限公司城邦分公司
115 台北市南港區昆陽街 16 號 8 樓
畫撥帳號：19863813；戶名：書虫股份有限公司
城邦讀書花園：www.cite.com.tw　購書服務信箱：service@readingclub.com.tw
購書服務專線：02-2500-7718~9（週一至週五 09:30-12:30；13:30-18:00）
24 小時傳真專線：02-2500-1990；2500-1991
香港發行所　城邦（香港）出版集團／電話：852-2877-8606 ／ hkcite@biznetvigator.com
馬新發行所　城邦（馬新）出版集團／電話：603-9056-3833 ／傳真：603-9057-6622
印 製 廠　成陽印刷股份有限公司
初　　版　2016 年 5 月
二　　版　2019 年 8 月（紙本書）、2022 年 11 月（電子書）／二版二刷 2024 年 6 月
定　　價　新台幣 510 元／港幣 170 元（紙本書）
新台幣 350 元（電子書）
I S B N　978-986-262-392-3（紙本平裝）／ 978-986-262-601-6（電子書 EPUB）

讀者意見信箱　owl@cph.com.tw
投稿信箱　owl.book@gmail.com
貓頭鷹臉書　facebook.com/owlpublishing

【大量採購，請洽專線】(02) 2500-1919

城邦讀書花園
www.cite.com.tw

國家圖書館出版品預行編目資料

切開左右腦：葛詹尼加的腦科學人生／葛詹尼加（Michael S. Gazzaniga）著；鍾沛君譯 . -- 二版 . -- 臺北市：貓頭鷹出版：家庭傳媒城邦分公司發行, 2019.08
面；　公分 .
譯自：Tales from both sides of the brain: a life in neuroscience
ISBN 978-986-262-392-3（平裝）

1. 腦部　2. 智力

394.911　　108010970

本書採用品質穩定的紙張與無毒環保油墨印刷，以利讀者閱讀與典藏。

獻給那些
惠予世界良多的裂腦患者

推薦序 豐富且宏大的一生

謝伯讓

二〇〇三年，一封來自美國達特茅斯學院（Dartmouth College）的博士班入學許可通知書，把我捲入了認知神經科學的歷史發展洪流之中。當時，正值本書作者葛詹尼加在達特茅斯執掌認知神經科學研究中心的期間。一心想要研究人類意識現象的我，正是因為葛詹尼加的大名，才申請了這一所位於冰天雪地中的美國常春藤盟校，而這一封入學許可通知書，也徹底改變了我的一生。

一九六一年，葛詹尼加畢業於達特茅斯學院的大學部。隨後前往加州理工學院追隨斯佩里（Roger Sperry，一九八一年諾貝爾生醫獎得主）研究裂腦病患。一九八五年，他第一次回到達特茅斯任教，之後又搬到加州。一九九九年，因為發現裂腦病患似乎擁有兩個不同心靈而名滿天下的葛詹尼加再度回鍋達特茅斯，並為學校帶來前所未見的資金挹注，他當時所取得的研究經費，超過了全校總研究經費的一半以上。在他刮起的「認知神經科學」熱門旋風的影響之下，達特茅斯成立了全美國第一個認知神經科學中心、以及全美第一個擁有功能性磁振造影機器的心理系研究大樓。

在這段風起雲湧的時期，許多對認知神經科學有興趣的頂尖研究生、博士後研究員以及年輕學者都蜂擁聚集在達特茅斯。只可惜，在我入學時，葛詹尼加正忙於行政與管理工作，並且在我入學兩年後便離開達特茅斯前往加州大學聖塔巴巴拉分校，因此我並沒有機會直接和他共事學習。

不過在葛詹尼加離開達特茅斯之後，我仍有機會結識書中第八章所提到的許多關鍵人物，例如心理物理學高手芬卓奇（Bob Fendrich），幾乎沒有預測錯誤過的心理統計學教授沃福特（George Wolford）、精力充沛的精神醫學科學家格萊弗頓（Scott Grafton）、青少年大腦的專家蓓爾德（Abigail Baird），以及聰明過人的牛津大學教授布萊克摩爾（Colin Blackmore）等人。至於書中提到的那家催生出神經影像共享資料庫的「髒牛仔咖啡店」，更是我在學生時代光顧不下百次的熟悉老地方。

葛詹尼加在這本書中，以裂腦症的研究貫穿了他豐富宏大的一生。如果你對大腦和裂腦有興趣，那你應該閱讀這本書，因為你可以在書中看到關於裂腦研究的第一手資料。如果你對認知神經科學的研究方法有興趣，你也應該閱讀這本書，因為葛詹尼加為了研究大腦，無所不用其極地使用了各種可得的研究方法，並且對它們做出了最佳示範和描述。如果你對科學假說的演進有興趣，你也應該閱讀這本書，因為葛詹尼加清楚的展現出如何針對一個現象提出假說並進行驗證的科學活動過程。如果你對科學家之間的社會互動有興趣，你更應該讀這一本書，因為你可以從這本書中看到人與人之間的互動與想法衝擊如何改變一個科學領域的走向。

如果你是想要進入這個領域的學生，那你應該好好「熟讀」這本書，因為你可以透過這本書知道其中各個相關研究主題的靈魂人物到底是誰。如果你已經是這個領域的研究者，那你更應該「偷讀」這本書，因為你可以看到諸多名人、師長、同事和朋友的軼聞趣事與八卦。如果你是科學領域中的領導者與管理者，那你更應該「搶讀」這本書，因為你將可以從中學到一個新科學領域的開創與領導先鋒如何展現其華麗的政治與管理手腕。

在葛詹尼加等身的諸多科普書籍當中，如果你想選擇一本起手、或者暫時只有時間閱讀其中一本，那就先從這本精采絕倫的科學家自傳開始吧！

謝伯讓 暢銷書《都是大腦搞的鬼》作者、杜克－新加坡醫學院助理教授。

各界推薦（按照姓氏筆畫序）

認知神經科學已在台灣蓬勃發展，斯佩里的裂腦研究發現左右半腦功能迥異也眾所皆知，然而其學生葛詹尼加大師如何將之推展，產生新發現，則鮮為人知。本書中葛詹尼加以自傳方式敘述他思索及執行裂腦研究的漫長之路，途中相伴一堆科學大咖的有趣側寫，精采的際遇令人好生羨慕。也藉此歡迎年輕學生一起踏上這條美麗之途。

——李宏鎰／《遇見「過動兒」，請轉個彎》作者、
台灣應用心理學會理事長、中山醫學大學教授

葛詹尼加是一九八一年以研究分裂的大腦獲諾貝爾生理醫學獎得主斯佩里教授的研究生，一九六〇年代在斯佩里教授指導下第一個親自從事人類分裂的大腦研究。他在這本書把發現的過程娓娓道來，讓人重溫腦與心智科學重大發現的激動時刻。

他讓我們了解到科學並不是一次朝一個明確的假設前進。雖然它確實會前進，但通常是一路在意外中跌跌撞撞地前進，而且運氣很重要，在一九六〇年代只要外科主任同意就可以進行切斷

大腦胼胝體的手術，現在要經過倫理委員會大多數委員的同意，已經變得不可能。

——李嗣涔／台大前校長

這本書是一位認知神經科學之父將他這一生在革命性的裂腦理論研究工作以溫馨有趣的方式寫在一個回憶錄中。從大腦的故事探討了他的研究生涯和實驗的演進與結果。作者葛詹尼加也探討了大腦是如何通過一系列的可塑性機制適應了裂腦。他也討論了部分切開大腦半球實驗的結果。這些實驗的結果非常的迷人和有趣，這會讓我們對自我概念有了新的認識。我們也學到我們對自己人生的敘述，甚至可以通過我們的左半腦來編造。

——徐百川／博士、中研院生醫所研究員

葛詹尼加用流暢的文筆，以自己在裂腦症的學術研究歷程為經，一手建立認知科學領域的過程為緯，寫就此書，是一本深入淺出、平易近人的科普書籍。書中描述的人、事、物，對於不論年輕或資深，不論是否為認知神經科學領域的科學家都能帶來許多省思。

——高閬仙／陽明大學生命科學系教授兼副校長

具名推薦

謝淑蘭／國立成功大學心理學系特聘教授兼系主任

國際媒體推薦

「這是關於科學研究如何和這位傑出科學家的生活密切交織的故事。科學家葛詹尼加不只創造出一個新的探索領域，而且還剛好住過達特茅斯學院聲名遠播的那間『狂歡動物屋』。本書以優美的文筆，描述一場精采刺激的冒險。」

——《迷戀音樂的腦》（*This Is Your Brain on Music*）與《有組織的大腦》（*The Organized Mind*）作者列維廷

「這是關於一個天才的個人故事。他在裂腦症這種至今依舊無邊無際、令人費解的人腦未知領域中做出了少見的重大發現，並因此聲名大噪。」

——《刺激的吸毒考驗》（*The Electric Kool-Aid Acid Test*）與《太空英雄》（*The Right Stuff*）作者沃爾夫

「我這輩子都在想知道我的大腦是怎麼運作的，以及為什麼有時候它就沒在動。《切開左右腦：葛詹尼加的腦科學人生》是一個有趣、平易近人的故事，不只告訴你左右腦是怎麼運作的，也是關於一群絕頂聰明又古怪得很可愛的神經科學家怎麼想辦法找出答案的故事。」

——《康納脫口秀》主持人歐布萊恩

「葛詹尼加講述自己如何發現人類的左右腦會互相合作的精采故事，內容引人入勝，會讓你對『思考』三思。兩個腦袋絕對比一個好，而我們大多數人一個頭裡都有兩個。」

——知名演員艾達

「一般人想像的科學的進步，常常是靠一群被我們當成跟大腦皮質沒兩樣的科學家，持續不懈、不帶感情地篩選理論，追尋真相所達成。葛詹尼加本人是神經科學界的先驅，他幫我們矯正了這個看法。透過親身的經驗，他揭露了自我、政治、嫉妒、羨慕、欲望以及其他所有在人類知識進步過程中的滔天大罪。如果你關心科學、歷史、人腦，以及人心，那你就不能錯過這本書。」

——《宅男行不行》（*The Big Bang Theory*，又名《生活大爆炸》）共同製作人暨編劇卡普蘭

「這是一本敘事優美的作品。葛詹尼加梳理自己的科學成就，讓我們看見他的角色的重要性：一個受啟發的教育者，一手建立了認知神經科學的領域。他的作品帶有深沉的哲學涵義，他生命旅程中的種種刺激欣喜，顯示他的生命因為科學而變得豐富，因為家庭、朋友、歡樂與幽默變得更好。」

——麻省理工學院教授，醫學博士暨哲學博士比茲

前言　來自著名心理學家平克

剛進研究所沒多久，我就開始重新思考畢生投入科學領域到底是不是自己真正想要的。我懷疑的不是科學適不適合我，而是對科學家的人生這件事感到懷疑。麥基爾大學實驗心理學教授伯格曼將聽覺感知與認知及認識論的一些深層議題綁在一起，我在該校大學部念書時，曾跟著他一起做過研究，我研究所也自然而然地進了哈佛著名的心理物理學實驗室。但隨著我開始認識實驗室的文化，我內心開始湧現一股求生意志。在開著螢光燈的大房間裡，塞滿了積著灰塵的聽覺儀器，以及老舊過時的微型電腦；據說要使用那些電腦，必須用組合語言來寫程式才行，因為套裝軟體是給弱者用的。這間實驗室裡住著穿格子上衣、臉色蒼白的瘦竹竿，有些人有老婆小孩，但很少見到她們；而且沒有一個人有一絲幽默感。他們打發時間的主要活動，就是嘲笑其他心理學家的數學有多麼不嚴謹。不過他們倒有一項嗜好：周日晚上聚集在黑白電視前面，一邊吃披薩一邊看連續劇《外科醫生》。這間實驗室的第一次專題討論，也是我和這間實驗室陰沉的老闆初次交手經驗，更是毫無鼓勵性質可言：「我們來看看關於∆I/I 的最新研究，」一個人這麼說。他拐彎抹角地描述「韋伯定律」，也就是關於「可感知的最小刺激強度增加值」與「刺激絕對強度」之關係的心理物理學函數——我以為這個東西在一個世紀以前就已經講完了，還讓美國哲學家與心理學家詹姆士獲得啟發，寫下：「心理物理學研究證明，要讓一個德國人覺得無聊是不可能的。」

不過謝天謝地，我最後堅持下來了，因為我關於科學家人生價值的信念，在幾年後重新活了過來。當時我只是個卑微的博士後研究生，卻在最後一刻被徵召，代替一位生病的教授代表麻省理工學院，到加州聖塔巴巴拉參加一場私人研討會。米勒和葛詹尼加這兩位心理學界代表人物，將會當場宣布在他們命名為「認知神經科學」的這個新領域的計畫。這個會議的開幕式地點，是在「魅力飯店」裡，名副其實能看見絕美景色的露台；開幕式不僅有紅酒與前菜，連空氣也都特別芬芳。葛詹尼加的歡迎致詞偶爾會被他同僚的俏皮話或笑聲打斷，但更常會因此講者本人的幽默與真心的大笑而中斷。隔天討論的內容從葛詹尼加驚天動地的發現：一個分裂的大腦裡存在兩個心智，到推測新的科學如何能照亮哲學方面的經典問題都有。那天的最後，我們聚集在葛詹尼加親手建造，可俯瞰太平洋的美麗房屋裡，食物、紅酒、笑聲都比前一天更豐富。如果我沒記錯的話，他戴著杜鵑花環的小女兒和她朋友，還圍成一圈開心地跳舞。當我回想那天的畫面，我還看到了青鳥與彩虹，但我懷疑那可能只是被修編到我的記憶裡的東西，畢竟當天那位心胸寬大的主人是那麼溫暖、活潑，又興趣廣泛，讓我有種青鳥與彩虹也應該一起出現的印象。

葛詹尼加因許多重大的發現以及催生認知神經科學領域的成就而為人所知；但他出名的另一個原因，是因為他向世人展現了：科學和其他生活中美好的事物是可以並存的。科學有其單調乏味之處，也有大大小小的爭辯，但是葛詹尼加讓人看到，你也能以幽默感、友誼、感官的愉快享受，以及稚子般的好奇心探索科學。他舉辦主題性研討會的地點包括里斯本、威尼斯還有納帕，特色是兩小時的簡報後，會有四小時邊吃東西邊喝酒的討論時間。相較於十分鐘投影片大拜拜，或是塞滿貼滿海報與產品業務的會議，這是夢寐以求的替代選項。你不需要到白髮蒼蒼時才能受惠於葛詹尼加的「愉快科學」：他舉辦的「認知科學夏季學院」，也就是參加者口中的「大腦夏令營」，多年來已經帶領數個世代的學生進入這個領域，也讓他們的長輩接觸到新的觀念。

你手上這本精采可期的回憶錄，是透過認知神經科學的創始人之一，同時也是最傑出的從業者之一的雙眼，從頭說起認知神經科學的歷史。那些認識葛詹尼加的人，會在字裡行間聽見他的聲音；至於那些不認識他的人，則會了解關於這個令人興奮的知識新領域裡的觀念、發現、特性以及政治意涵——涵蓋學術界與國家層級。而這兩種讀者都會對於他使用線上影片示範這些關鍵發現的聰明做法感到驚奇，這不正就是葛詹尼加的作風嗎：挑戰老一輩抗拒科技的刻板印象，嘗試二十一世紀的新出版媒介。看著在葛詹尼加生命中來來去去、形形色色的人，不禁讓人懷疑：怎麼有人能一直被這麼多他所謂聰明、仁慈又風趣的人包圍呢？至於葛詹尼加是不是特別吸引這些人，還是他把同事形容得特別好，或者是他能誘發出他們最好的一面，就交給讀者來決定了。

從在聖塔巴巴拉光彩閃耀的那一天開始，葛詹尼加確實誘發出了我最好的那一面，他教導我、挑戰我、建議我、娛樂我，也許最重要的是，他讓我看到你可以同時是一個科學家，也是一個好人。因此，當美國心理協會在二〇〇八年邀請我為葛詹尼加獲頒傑出科學貢獻獎一事寫下褒揚詞時，我感到無上的榮幸：

他對裂腦患者的傑出研究，照亮了我們對大腦左右半球功能的了解。他發現即使不依靠左腦中的意識，右腦也能行動，接著左腦會虛構出一套故事，解釋整個人做過的事。這是心理學的經典，帶來關於意識、自由意志以及自我的豐富意義。他創造了認知神經科學這個領域，並用平易近人的寫作風格讓這門學科進入全國人民的對話之中。他的機智與享受生活的態度，讓許多世代的學生與同僚看見科學的人性面。

序

五十多年前，我發現自己正觀察到神經科學領域裡最驚人的一項結果：切斷連結的左腦與右腦，會導致兩個心智出現在同一顆頭裡面。就連當時只是個初出茅廬的小伙子的我，都知道這些特殊的患者將會改變大腦研究的領域。但沒想到，他們也對我的人生帶來重大的改變：我從那時起，從未停止向他們的祕密學習。在思考怎麼述說關於裂腦研究的故事與演變的過程時，我充分了解到自己的生命歷程是如何受到其他人的影響。事實上，我們科學家都是科學與非科學經驗組成的化合物。要拆解這些經驗，說明哪個是因，哪個是果，是一件不可能的事。因此，我們最好照著發生的情形來敘述就好。

大部分人描述科學事蹟的發展歷史時，都把一個觀念的發展描述得好像很有順序也很有邏輯。科學文章的作家通常不想在主線故事裡加上其他日常生活的現實面，例如他們會忽視在生活中持續圍繞著敘事者的那些人的個性。畢竟客觀上而言，重要的是科學知識，不是科學家本人。雖然我完全可以理解這種觀點，不過我現在也了解到，這種方法幾乎不可能確實說明從事科學研究，或是當個科學家實際上的情況。測量的原始資料是一回事，詮釋這些資料又是另一回事。因為在詮釋時，科學家，以及所有會影響科學家心理的偏見都會來參一腳。回顧我的想法的演進，顯然我受到其他人影響的程度非常大。所以，真實的科學經驗可能和理想中的看法大相逕庭。從一項科學實驗走到下一項的路可能非常曲折，就像人生一樣。科學來自於具有強烈社交性質的過程。

認為科學來自一個與世隔絕的孤獨天才，只靠自己勤奮努力，完全不需他人幫助的這種常見的描述根本就是錯誤的。而我們也不應該讓那些剛入門的科學家、資助研究的人或是一般大眾對於科學活動產生這種錯誤的印象。因此我想要呈現一個不同的樣貌：科學是在友誼中發展的，科學發現深植於與各行各業的人的社交關係之中。這是一種很美好的生活方式，與聰明的人共度多年時光，思索關於自然的神祕與驚奇。我的生命中有許多這種了不起的人，其中不乏名人，還有很多是偉大的科學家，以及一些令人為之傾倒的裂腦患者。他們各自扮演自己的角色，伴隨我逐漸了解這個最主要的問題：大腦究竟如何產生心智？

切開左右腦：葛詹尼加的腦科學人生　目次

推薦序　豐富且宏大的一生／謝伯讓　7
各界推薦　11
國際媒體推薦　15
前言　來自著名心理學家平克　19
序　23

第一部　發現大腦　29

第一章　深入科學　31
第二章　發現分裂的心智　67
第三章　尋找人腦的摩斯密碼　115

第二部　分合的左右腦 …… 151
第四章　揭開更多模組之祕 …… 153
第五章　大腦造影確認裂腦手術 …… 201
第六章　依舊分裂 …… 249

第三部　演化與整合 …… 299
第七章　右腦有話要說 …… 301
第八章　安穩生活，受徵召貢獻一己之力 …… 343

第四部　大腦層次 …… 389
第九章　層次與動態：尋找新的觀點 …… 391

結語……421
致謝……425
附錄一……427
附錄二……435
附注……447
照片提供者……471
影片截圖……473
中英對照表……478

第一部 發現大腦

第一章　深入科學

物理學就像性：當然，它也許會造成某些實際的結果，但我們不是為了那結果才做的。

——費曼

一九六〇年時，大部分的大學都還不是男女合校，我在鳥不生蛋的新罕布夏州的漢諾威，和幾百個男人一起念達特茅斯學院。當夏天來臨，我心裡只有一個念頭。我申請了加州理工學院的實習計畫，因為我希望這個夏天能和在冬天認識的麻州衛斯理學院的女生接近一點。於是我在生物學與重大發現的傳說之地，加州理工學院，度過了一個燦爛的夏天。之後，她對別的事更有興趣，我卻對科學開始著迷。我常想，我當初去那裡真的是因為對科學求知若渴嗎？或者只是因為對住附近的那個女孩有興趣？誰知道年輕人千變萬化的腦袋裡在想什麼呢？想法有時候確實能找到空隙，鑽進被賀爾蒙填滿的心智裡。

對我來說，鑽進我心裡的其中一個想法就是：「大腦是怎麼讓一切運作的？」我去加州理工學院的另外一個理由，是因為我在《科學人》（*Scientific American*）雜誌上看見一篇斯佩里的文章，[1]內容是在神經迴路生長過程中，神經如何建立從A點到B點的特定連結的相關研究。很多，其實應該說大部分的神經生物學，都卡在這個簡單的問題。斯佩里是當時的王者，而我想了解更多這方面的研究。除此之外，我剛剛說過了，我女朋友就住在加州聖馬利諾的那條街上。

直到我在多年後聽見加州大學柏克萊分校傑出的物理學家阿瓦雷茲的說法時，我才知道自己內心疑問背後的衝動，不是只有好奇心那麼簡單。阿瓦雷茲說，科學家做的事並不是因為出於他們的好奇心，而是因為他們本能上覺得，事情運作的原理並不如別人說的那樣。[2]他們實驗性的心智推動了齒輪，讓他們想到另外一種也許可行的方法。他們雖然會對一項發現或發明感到驚嘆，但也會出於本能自發性地開始思考別的方法或解釋。

以我為例，我總是在思考如何從不同的觀點來面對一個問題。部分原因在於我的量化技巧非常貧乏。數學對我來說並不簡單，我通常會躲開任何高度技術性的討論。而我發現在很多情況下，用日常生活的語彙來思考看來很複雜的問題是很容易的。這是真的，因為世界就是這個樣子。畢竟，你不需要了解撞球的原子組成和量子物理也可以打一局撞球；只要簡單、可靠的古典物理就很夠用了。

我們人類一直都在進行抽象思考，也就是從一個具體的事實發展出更大的理論與理解。因此我們會一直提出新的、更簡單的一層描述，讓大腦有限的能力更容易理解。以我的卡車為例。

「卡車」是一種新的描述詞：它描述了一種擁有開放空間裝載東西的車輛，並且由六汽缸引擎、散熱氣與冷卻系統、底盤等等組合而成。現在因為我有了這個新的描述詞，每次我在思考或是提到我的「卡車」時，我就不需要在我的心裡重新喚起它的所有部分並重新組裝一次。我完全不需要去想這些零件（除非有個零件壞了）。我們無法在每次提到一樣東西時，就處理一次為了理解該物品機制而存在的各種複雜原理，這對我們的心智處理過程來說負擔太大了。所以我們會分割，給這個機制一個名字──「卡車」，藉此把這東西帶給我們的成千上萬的負擔縮減到一個字詞。一旦我們對本來非常繁瑣的主題建立起抽象的觀點，我們對這個主題或運作原理，就會有超級清楚的新思考方式。有了新的關鍵字與指涉對象，我們的心智就彷彿被解放，獲得再次思考的新能量。在大自然裡，這樣的層級似乎無所不在。

我會在本書後面再回頭討論我所謂對世界的「分層」觀點，這個想法來自於試著了解細胞、電腦網絡、細菌與大腦等複雜系統的科學。分層的概念幾乎能應用在任何複雜系統上，連我們的社交世界，也就是我們的私生活領域，也不例外。發揮良好功能的一層，會以其獨特的獎勵系統驅動我們。然後突然間，我們可能會碰到適用其他規則的另一層。對當時的我來說，加州理工學院是新的一層。我在當時看到與做的一切都是「第一次」，而我在那裡有很多「第一次」。

總之，我在即將從達特茅斯學院大三升大四的暑假到了那裡。我緊張地走進加州理工學院，為接下來許多的初體驗開了頭：去斯佩里在柯克赫夫廳的辦公室見他。原來他是個說話溫柔、認真的人，不太會喋喋不休。我後來聽說，在我和他見面前幾周，有一隻猴子從動物室裡逃脫，溜進他的辦公室，還爬到他的書桌上。於是他抬起頭對當時的訪客說：「我們可能去隔壁比較好，那邊應該比較安靜。」

加州理工學院自有一種令人暈頭轉向的氛圍。每個人都絕頂聰明。[3] 辦公室的門後坐著許多在各自領域內表現傑出的科學家。雖然所有的大學都如此自誇（特別是現在，在他們那些語氣雀躍的網頁上），總是沾沾自喜地強調他們多麼「跨學科」。但現實經常是相反的。可是在加州理工學院，不論是當時或現在，這都是鐵一般的事實：這些科學的引擎總是在運作，而且朝著彼此前去。這個地方的特質可以用一句老話來概括，「我知道他發明了火，不過他最近做了什麼？」在一個會推著你以不熟悉的方式來思考的團體裡工作，會讓人快速往前衝。要跟上這個步調也是一種挑戰，而這還是保守的說法。整間加州理工學院都是這樣，在斯佩里的實驗室更是如此（圖一）。

身為一個菜鳥，我愛死這個環境了。回過頭來看，也許沒人能知道在一個人的故事裡，到底哪些部分是他走上某條道路的原因，或者哪些部分真的能解釋他後來的際遇。當然囉，偶然的意外與重大的事件，都會讓我們在新的情況與環境中找到自我。同樣神奇的是，我們幾乎能立刻融入新的環境，跟上這不同的節奏與不同的知識基礎。很快地，我們便埋頭往新的目標努力。

除了原本吸引我過來的神經生長迴路研究之外，這間實驗室顯然很快有了新的研究焦點：

圖一　斯佩里的實驗室就在加州理工學院的艾里斯實驗室三樓，附近是諾貝爾化學獎得主鮑林在化學教堂大樓的辦公室。在對面的柯克赫夫廳，則是果蠅基因學之父史特地凡特，以及他獲頒諾貝爾獎的學生路易斯。

裂腦研究。他們想知道左右腦是不是能各自獨立學習。許多博士後研究生在這裡研究被手術切斷左右腦連結的猴子和貓的行為，到處都鬧哄哄的。我該從何開始呢？

我很快想到了做出「暫時分裂的腦」這個主意。我想利用所謂「擴散抑制」（spreading depression）的方法來研究老鼠：把一小塊紗網或是明膠海綿泡在鉀裡面，用它蓋住半邊的腦，使這邊的腦暫時休眠或停止活動，而另外半邊處於清醒、可以學習的狀態。[4] 擴散抑制現象的世界權威之一馮哈瑞芬的辦公室就在斯佩里的隔壁，所以向他請教會很方便。他人很好又很優雅，非常平易近人，在跟科學有關的事方面更是如此。可惜那個實驗從來沒有實現過，可能是因為我真的很怕老鼠！

所以我改用兔子。同樣的，我的想法也很簡單：為什麼不在左側或右側的內部頸動脈注射麻醉呢？因為左右邊的頸動脈分別輸送血液到左腦或右腦，注射麻醉就能讓一邊的腦睡著，留下清醒、可以學習的另一邊。真的會這樣嗎？在當時的科學界，尤其是加州理工學院，唯一會阻止你的想法或實驗的，就是你的活力與能力。那時候沒有科學研究與倫理審查委員會的問題，也不會缺少經費，沒有人會對你潑冷水，也沒有落落長的規定，你大可以放手去做。

我必須有辦法測量神經活動，確保處理過的半邊腦真的睡著了，而另一邊確實是清醒的。所以我的第一步就是弄一台腦波儀（簡稱ＥＥＧ）。接著我得搞懂怎麼教兔子學習一件事，後來我們決定教會兔子聽到某個聲音就眨眼。我完成了這個後，還必須學會怎麼把記錄用的電極貼在小兔子的頭骨上，以記錄腦波活動。這我也莫名其妙地學會了。最後，我還要能把麻醉藥注射到左邊或右邊的內部頸動脈（從心臟通往腦的主動脈），並且確認麻藥只停留在半邊的腦，沒有流到另外半邊，害另一邊也睡著。我在圖書館裡花了很長的時間研究位在腦部底側的動脈構造威利環（又稱動脈環）的解剖學，最後判斷這個實驗在兔子身上應該行得通。雖然從兩邊動脈供應的血液似乎會在威利環混合，但有一些研究顯示，特殊的血液動力學會避免這種事發生。於是我打算放膽嘗試，深信血液動力學會是我的救星，並且希望其中一條頸動脈裡的麻醉藥留在半邊腦的時間夠久，好讓這個實驗可以成功。我終於做好大幹一場的準備了。

我進行這整個實驗的空間是斯佩里實驗室外的走廊。那裡很狹窄，有很多博士後研究生走來走去忙著自己的研究。有一天我準備開始做測試實驗，所有東西都就位了：兔子、記錄神經活動並且能將結果畫在紙上的腦波儀，還有八根在紙上來來回回的墨針，此時鮑林經過我旁邊。每個人都知道鮑林是什麼人，尤其是我們這棟樓的，因為他的辦公室就在化學大樓的轉角那邊。他是量子化學與分子生物學的創始人之一，被尊為二十世紀數一數二重要的科學家，他的肖像在二〇〇〇年登上美國郵票。鮑林停下腳步，問我在做什麼。我簡單說明過後，他說：「其實你『記錄』下來的那些曲線，可能會跟測量裝在碗裡的果凍狀物質出現的簡單物理結果沒什麼兩樣。你最好先試試看。」[5]

他繼續往走廊另一頭走去，而我全身發熱。他告訴我的很簡單：年輕人，不要有成見，什麼都要測試。不管你去哪裡，都會有人挑戰你、質疑你、挑釁你，但又鼓勵你，並且確實支持事情可能有另外一種發展的觀念，激勵年輕的科學家繼續往前，這太令人陶醉了。當時我並不知道，鮑林在幾年後贏得第二座諾貝爾獎後，居然會控告之後成為我畢生摯友的小巴克利誹謗！

在這樣的背景之下，我大約一年多後測試了最早的裂腦患者。我想了解因醫療目的接受裂腦手術的人的情況：他們的左右腦不再相連。這本書是關於這個特殊的真實醫學現象，說明這是怎麼回事，具有什麼意義，以及教導了我們什麼。故事中提及許多直接或間接參與裂腦症研究的科學家。雖然他們的生平細節在過去幾乎純粹只有科學敘述的文獻中都被刪除了，但是我在回顧自己的研究內容時發現，在許多看似無關，但最終匯流聚集，建立起人生樣貌的經驗當中，抓住至少一個故事是很重要的；而在這個例子裡，這些經驗最終建立的是我的科學人生。不過這些是後話了。

在那個時光飛逝的夏天，我準備好了進行實驗的兔子。實驗室裡總是有人會七嘴八舌，但我選擇的工作是我要做的。光是想到我可能會發現某事運作的一點點原理，就讓我沉迷並興奮不已，我完全被吸引了。當時我就知道，我得回去和我父親談一談。他的夢想就是我可以跟著他和我哥哥的腳步，進入醫學院就讀。我父親非常強勢。要打破老大的計畫需要好好談一談。

起源

我父親丹堤．阿基里斯．葛詹尼加（圖二）於一九〇五年出生在麻薩諸塞州的馬爾波羅。他在新罕布夏州曼徹斯特的聖安瑟倫學院畢業後，打算和從義大利移居到美國的祖父一樣，在家附近的靴子工廠工作。但當初幫忙他進聖安瑟倫讀書的當地神父，插手阻止了他的選擇。他告訴我父親，如果他在夏天自修化學和物理，他就能幫忙安排他去遙遠的芝加哥羅耀拉大學念醫學院。那時候的生活真是簡單又直接啊。你只要學習，就能走到下一步。他照做了，於是在一九二八年去了芝加哥，帶著他媽媽存的錢，打算自己買一架顯微鏡。可惜一九二九年的經濟大恐慌，讓銀

圖二　丹堤・阿基里斯・葛詹尼加放棄他在洛杉磯的一切，加入美國海軍，於二次世界大戰時服役。他在新赫布里底群島及新喀里多尼亞的美軍基地為士兵進行手術照護。

行裡的那筆錢化為泡影。

他在芝加哥住的地方，就在黑道老大卡彭主使的恐怖情人節大屠殺的地點附近，他甚至還聽過克拉克街上的槍聲。我父親有時候會在發生槍戰的巷子口那間便宜小酒館買蛤蜊巧達湯，偷偷把配湯吃的小圓蘇打餅乾帶出來，當時這就是他的主食。他又高又壯，所以加入半職業的橄欖球隊，藉此養活自己並且付學費；此外他還會駕駛起重機，並且在起重機裡完成他大部分的功課。總之他完成了一切。我曾經想過我們的經歷有多麼的不同，因為我是在加州富裕奢華的帕沙第納拿研究生獎學金做研究的。

在芝加哥念了四年書之後，他前往火車站，心裡的盤算是坐上第一輛前往陽光普照的地方的火車。他成功達成目標，在洛杉磯下了車。從一九三二年到一九三三年，他在當地著名的郡立醫院擔任實習醫生。一九三三年的元旦，當他從醫院正門階梯小跑步出來，準備和他的哥兒們去看美國大學橄欖球的玫瑰盃比賽時，第一次看見正準備去上班的我母親。三個半月後，他們就結婚了。我母親的一生非常活躍，她曾一度擔任過著名的女性佈道家麥艾美的祕書。麥艾美創立了四方福音會，而她在自建的安吉利斯主教堂的佈道，讓洛杉磯人著迷不已。但也可能是我母親出名的父親，葛瑞芬斯博士，為她在那個重視媒體的鎮上安排了這份工作。我外公除了是洛杉磯第一位整形醫師，還是一位才華洋溢的成功物理學家。他的患者不乏好萊塢明星，除了女星畢克馥和黛薇絲之外，還有卓別林及牛仔影星米克斯。

雖然我從來沒見過我外公，但他在當地的圈子裡以大師級的棋藝出名，而且還是《洛杉磯時報》（*Los Angeles Times*）西洋棋專欄長期作家史坦納的好朋友。在一九三七年一場西洋棋比賽結束後，兩人在回好萊塢的路上被一個酒醉的駕駛迎面撞上，我母親看了報紙才發現自己的父親死於車禍。我最近才第一次看見我外公的一張照片，發現我們的臉有些相似之處，不過他的西洋棋基因卻沒遺傳到我身上（我弟弟艾爾就有）。

在洛杉磯的生活步調很快，多采多姿。但當時畢竟還是經濟大蕭條時期，工作機會很少，連醫師都面臨困境。因為在洛杉磯找不到工作，我父親便為建造科羅拉多河大圳的那些工人看病。那是一個龐大的計畫，引科羅拉多河的水，經亞利桑納州直達加州。儘管如此，我父親在沙漠中閒暇之餘還進行了另一項計畫。他在各地探勘，並提出挖掘權申請。不過幾年後，因為他志願從軍加入二戰軍力，便把挖掘權全數讓給政府。我父親總是能同時從事好幾項活動，而且都能勤奮進行。他的小孩也都繼承了這個特質。

我父親有一個在麻薩諸塞州北亞當斯當醫生的堂兄弟溺水身亡，於是家族要求他搬回故鄉。

因此在一九三四年的夏天，他開著我們家的德索托轎車，載著我母親以及剛出生的寶寶，我大哥唐諾，回到了北亞當斯。家族安排他們住在城外的一間房子裡。在大雪紛飛的暴風裡，我父親被困在城裡，原本是加州女孩的我母親，只能孤伶伶地坐在燒著柴火的壁爐前，盡量幫寶寶取暖。此時，我父親卻跟哥兒們在城裡玩牌取樂。這樣的日子撐不了多久。隔年二月，在麻薩諸塞州西部嚴苛的寒冬裡，我母親的表親寄給她一枝來自溫暖加州的橙花，讓她徹底崩潰。我父親也不喜歡這種天氣，於是他們在大約九個月後搬回加州。他和當時才剛起步的魯斯羅斯醫療集團牽上了線，成為他們的創始伙伴之一。這個醫療集團後來成為美國史上第一個健康維護組織，也是現在龐大的凱薩醫療機構效法的模範。

顯然我父親很有勇氣，而且有一點叛逆。他繞了一圈，終於回到專業領域上取得成功，雖然從我的客觀角度來看是再明白不過了。但他自己也這麼想嗎？我不知道當我跟他宣布我的新計畫時，他會有什麼反應。「爸，我想去念加州理工學院而不是醫學院。」就這樣，我清清楚楚地這麼說。我爸用一種醫學權威的表情看著我說：「麥克，如果你都可以當一個博士的老闆了，你為什麼要自己去念博士？」他真的很不能理解。我父親就像某些人一樣，為醫療投入心力，全心為病患服務。我們被取消或縮短的度假次數，遠多過於那些開心度過的假期，因為病患總是優先。

儘管如此，過了一會兒後，我爸微笑著祝我好運。畢竟還有一件小事要處理：讓加州理工學院接受我入學。加州理工學院會接受的學生特質，跟我一點關係都沒有。我剛剛說過了，這個地方到處都是絕頂聰明的天才，而且大部分都遙遙領先我好大一段距離。然而，我已經知道，有很多學生是因為另外一個原因成功入學：他們以某種方式向他們未來的導師證明，他們知道怎麼做事，通常都是靠著我才剛完成的暑期研究計畫證明的，而這也是我進去的唯一希望了。

大學生涯

斯佩里來和我討論，因為他對我的兔子實驗以及我整體的活力印象深刻。於是隔年春天，也就是我在達特茅斯學院的第四年，加州理工大學生物學系有條件地接受我進入研究所。顯然我一定要在第一年就做點成績出來。

我在達特茅斯學院的四年充滿挑戰。不過我當時根本不知道，就因為我加入了聲名狼藉的「狂歡動物屋」（圖三），我的社交生活居然會比我在學術界的任何成就都更值得大書特書。在這些惡名昭彰的動物當中，我這個科學怪胎以「長頸鹿」的身分度日。我是兄弟會裡的書呆子，寧願待在心理學家史密斯的實驗室裡，也不想在兄弟會的地下室喝酒。

史密斯很有研究熱忱。他在麥克納特大樓的頂樓蓋了一間小實驗室，我們在那裡開發測量眼球移動的方法。我們會一起研究到半夜。做研究對我來說是全新的、很刺激的事，而第一次一窺大自然謎團之一的研究帶來的誘惑，讓我立刻上了癮。可是當時，在加州理工學院那個值得紀念的夏天之前，這彷彿只是為了上醫學院而做的事情之一。我在「狂歡動物屋」確實交到了一些好

圖三　達特茅斯學院 $\alpha\delta\phi$ 兄弟會所在地，「狂歡動物屋」。幾年前，我們有幾隻前任「動物」開了同學會。我們很快就同意這個地方應該要被拆毀。

朋友，那裡的氣氛也激勵我要好好享受人生！

因此，隨著達特茅斯學院的日子對我的吸引力日漸下滑，我對加州理工學院的興趣日益濃厚，我在大四的時候一心想知道：「胼胝體被切斷的人會怎麼樣？」（「切斷」指的是用手術將腦中最大的神經束切開。）度過了在加州理工學院做兔子大腦實驗，以及大力強調基礎研究的那個夏天後，我很清楚這就是我要走的兩個方向。當時還無法想像人類的左右腦切斷連結後，會那樣表現出與動物手術後相同強烈的後果。沒有人真的想過，當你在一個人的左手放一個物體，他居然無法用右手找到相符合的物體。當時這聽起來根本是瘋了。

用培根的傳統演繹法來說，這就是觀察馬嘴裡的牙齒數量的時候了。這個故事可能是虛構的，但確實捕捉了科學的本質：

在西元一四三二年，一群教友對於馬的嘴巴裡到底有多少牙齒，發生了嚴重的爭論。這場爭執延續了十三天都沒有平息的跡象。所有人翻遍古代書籍與編年史，提出這個領域裡前所未聞的精采或冗長的論述。在第十四天早上，一個外表討喜的年輕修士向前輩請求發言的許可。接著，他直截了當地哀求那些聰明到讓他難以理解的爭論者，站起身來，採行一種粗魯而且前所未聞的方法：直接看看一匹馬張大的嘴巴，就能找到問題的答案了。這讓他們的尊嚴受到嚴重的打擊，於是他們惱羞成怒，在一陣狂暴的衝突中衝向年輕修士，痛毆他的臀部與大腿，然後立刻把他趕走。他們說，這個大膽的新修士一定是被撒旦引誘才會提出這麼不神聖、史無前例的方法來尋找真相，和所有神父的教誨都背道而馳。經過許多天更激烈的爭辯後，和平鴿降臨了集會：有一人宣布，因為極度缺乏相關的歷史與神學證據，這個問題會是永遠的謎團，並命令應如此記載此事。[6]

對我來說，馬的牙齒就是在洛契斯特大學，接受與加州理工學院的動物相似手術的人類病患。這一批著名病患在一九四〇年代初接受胼胝體切開手術，將他們的癲癇大發作限制在一側的腦內，同時也切斷了左右腦的連結。

手術由神經外科醫師韋哲執刀。他曾觀察到一名罹患癲癇的患者在胼胝體長出腫瘤後，癲癇發作的情形反而減少，於是他懷疑，切斷胼胝體也許能阻止引發癲癇的電脈衝從腦的一側傳到另一側，因而切斷了二十六位有無法控制的嚴重癲癇大發作的患者的胼胝體。才華洋溢的年輕神經學家阿克雷提斯當時似乎詳細檢查過這些病患，發現他們所經歷的癲癇發作確實大幅減少，手術後也沒有任何重大的行為或認知改變。左右半腦失去連結，而且好像什麼都沒有變！皆大歡喜啊。十年來，文獻中記載的就是這樣的結果。當時一流的實驗心理學家，同時也是斯佩里研究所的指導教授賴胥利，緊抓著這項發現，推廣他對大腦皮質的質量作用（mass action）與「等潛原則」（equipotentiality）的想法。他表示，腦中分離的迴路並不重要，重要的是皮質總量。[7]他引述阿克雷提斯的研究，下了這樣的結論：切斷連結左右腦的大量神經束，對於左右半腦間傳遞資訊並沒有任何影響。他還笑稱胼胝體的作用只有把左右腦連在一起，以免它們下垂而已。[8]

這些患者之後被稱為阿克雷提斯患者。他們似乎是最適合確認，或推翻斯佩里和他的研究生梅耶斯在加州理工學院做的動物研究，到底是否適用於人類的患者。根據當時的動物研究，切斷左右腦的連結後，猴子的左手並不知道右手在做什麼。人類有可能也是這樣嗎？雖然這似乎很瘋狂，但我確信一定是如此。我想要重新測試洛契斯特的那些患者。

我找到了可能認識那些洛契斯特患者的人，打電話給他，結果透過在一九四〇年代初期的手術當時擔任住院醫師，並為這些病患動手術的司密斯博士辦公室的聯繫，我成功獲得拜訪這些患者的許可，前提是要找得到他們。

我設計了很多和阿克雷提斯不一樣的實驗，和斯佩里用信件討論了很多想法與計畫。我向達特茅斯醫學院的瑪莉希區卡克基金會申請，得到一小筆兩百美元的獎學金，支付租車和在洛契斯特住宿的費用。於是我開車前往洛契斯特，直接前往司密斯的辦公室。我翻遍他的檔案，想找到可能有用的名字與電話號碼。此時他打電話來，告訴我他改變心意了，基本上就是叫我馬上滾蛋。儘管我的車子裡裝滿了借來的速讀訓練器、電腦時代之前的各種用來在螢幕上顯示影像一段時間的儀器，還有從達特茅斯心理學系借來的一堆器材，我還是照著他要求的離開了。想要揭曉人類胼胝體切開後的影響，只能之後再努力實現。

然而，幾個月後，我又回到了這條路。這次我並不失望，而是興奮不已。我要去帕沙第納。在接下來五年的燦爛時光裡，加州理工學院就是我的家。

發現加州理工學院

從「狂歡動物屋」搬到以詩人艾略特的著作為名的「普魯弗洛克之屋」，對我是一大挑戰。

這間房子就在加州理工學院生物學大樓的對街上（圖四）。幫我安頓的是當時斯佩里的一個資深研究生，漢密爾頓。他很快成為我在那裡最好的朋友，一直慫恿我住在普魯弗洛克之屋。我到的時候，那裡就以有天才、有派對，基本上就是什麼都有而聞名。漢密爾頓的室友是泰明和梅舍生，他們已經讓這棟兩層樓的出租公寓蓬蓽生輝：泰明後來因為在病毒方面的突破性研究獲頒諾貝爾獎；梅舍生則和史塔共同完成了分子生物學史上最出名的實驗。＊我搬進去的時候，理論物理學家科爾曼和多姆貝也住在那裡：科爾曼和諾貝爾獎得主，同時也是著名推廣科學的學者費曼一起做研究；多姆貝則是和另一位諾貝爾獎得主，創造「夸克」這個詞的蓋爾曼一起做研究。科爾曼後來在哈佛成就非凡，成為「物理學家中的物理學家」。

普魯弗洛克之屋在周末辦的派對和狂歡動物屋的派對水準完全不同。有一次，費曼也來參加派對，他離開之前跟我說：「只要你保證我可以繼續研究物理，我可以讓你切斷我的左右腦連結。」我大笑了，回答：「我保證。」費曼立刻以電光火石的速度把他的左手和右手都伸出來，和我握手，表示一言為定！

＊他們的研究支持了DNA複製是一個半保守過程的假設：複製時僅使用原本DNA螺旋的其中一股，和在複製過程中新完成的一股。M. Meselson and F. W. Stahl, "The Replication of DNA in Escherichia coli," *PNAS* 44 (1958): 671–82.

人類學家米德曾說，她認為加州理工學院的所有男人都以為女人的肚臍上有一根釘書針，因為他們唯一看過的裸體女性是《花花公子》雜誌的折頁照片。因為她如此刻薄，所以一九六一年四月的學生報特別點名她：

> 周二晚上，米德博士對著廣大的聽眾探討「大學男性的兩難：四年的性不確定」這個問題。她對觀眾裡的理工男話中帶刺，討論加州理工學院所身處的文化，並且認為這種文化有改善的可能性。米德博士所謂要改善的文化是：相信性對健康來說是必須的。這樣的態度導致早婚，而根據米德博士的說法，早婚與發展高度心智能力是不相容的。她的談話暗示，理工男應該要很晚結婚，如果真的要結的話。[9]

加州理工學院的大學生活至今依舊相當神祕，是電視影集《宅男行不行》的題材。身為研究生，我有機會認識很多那裡的大學生，而且和其中很多人到現在都是好朋友。舉例來說，我在加州理工學院認識了希亞德，他很早就對裂腦患者產生興趣，而且顯然是我認識的最好的科學家之一。他能客觀看待資料，並非常重視細節。希亞德和我合作了很多年，至今我們都持續聯絡。他的文靜氣質掩飾了他犀利的聰明才智，以及他能從一團混亂當中理清頭緒的能力：不管是一堆科學數據或是一間塞滿醉鬼的酒吧都難不倒他。這項能力讓他教出了許多才華洋溢的學生，個個都

圖四 對住在加州理工學院的研究生來說，所謂的普魯弗洛克之屋是一個傳奇的地方。我的室友有科爾曼、多姆貝、漢密爾頓，而且我辦了超多場派對的。

很成功。他建立了標準。

不管是哈佛、史丹佛，或是加州理工學院都有卓越的科學研究所。然而，在學術人生中很少被提及的一件事，就是大部分的研究生都不能打進同科系的大學部圈子。雖然總是會有例外，例如我在普魯弗洛克屋的這些同住室友，不過這個趨勢顯示，最有優勢的那些大學部並不會讓他們的學生去念科學。法學院、醫學院，還有商學院似乎搶走了頂尖學校裡大部分的學生。加州理工學院的研究生都很聰明，但是研究生與傳說中的大學生之間，經常出現驚人的差異。

我剛到的第一天，準備開始著手研究生的工作時，斯佩里就派了任務給我：進行我大四時和他一起設計的裂腦實驗，但受試者是加州理工學院的患者，不是洛契斯特的患者。我忽然間身處於一個刺激又耗費心神的計畫中，負責檢查一位強壯又迷人的男性，ＷＪ。他即將接受大腦聯合部切開手術，也就是裂腦手術，藉此控制難以預期的癲癇發作。他是那種冷靜的人，慢慢讓我這種年輕的菜鳥研究生學會尊重。

伯根是當時的神經外科住院醫師，在仔細回顧相關醫學文獻後，他認為裂腦手術對ＷＪ有益，於是發起這次計畫。他招募了當時在洛杉磯樓瑪琳達醫學院的神經外科教授沃格爾博士來動手術。而如果ＷＪ在左右腦連結被切斷後出現任何心理學或神經學上的行為改變，我就要用量化的方式將這些改變記錄下來。

過去的看法認為手術後不會有任何改變。像我之前提過的，二十年前的阿克雷提斯已經發現，切斷人類受試者的胼胝體不會造成任何行為或認知的改變。我的責任是測試ＷＪ，我真是地球上最幸運的人了。

就我所知，運氣是科學人生中最重要的一部分。大部分的人都有足以從事科學研究的智力，大部分的科學家都是聰明人，大部分在學術界的科學家都在自己的領域內勤奮努力，做出貢獻、教導課程，過著充實的人生。可是呢，有些人就是運氣好。他們的實驗揭開了某些不只有趣，還很重要的東西。於是聚光燈打在他們身上一陣子，他們可能會為之陶醉，樂在其中，或者就只是接受這件事，然後繼續幹活，希望能做其他有意思的事。

斯佩里的運氣好得不得了。舉例來說，在一九六〇年代初，組織學技術人員琴向斯佩里道歉，因為她沒辦法把金魚的再生纖維染上跟正常纖維相同的顏色。就在這時候，一位年輕的義大利博士後研究員阿塔迪走進來，問有沒有打工的機會。阿塔迪接下了為什麼纖維不能染色的問題，接著阿塔迪和斯佩里進行了一個美妙的研究，[10]了解魚類視覺系統的再生神經軸索路徑。這個研究成為斯佩里的「神經特異性」（neural specificity）論點的經典範例。這完全是意外發現寶物的本領。我知道這種事總是會發生，因為我在自己的人生中也有過數次這種經歷。

當我開始進行研究生的工作時，每天都很漫長，但也令人振奮。有一次我晚回家，大約是凌晨四點吧。我注意到科爾曼房裡的燈還是亮的，他躺在自己的床上，盯著天花板。我問他怎麼了，他大吼回答：「閉嘴！我在工作。」於是我開始了解物理學家和生物學家的差別。我曾經問過多姆貝，他一臉恍惚地在屋子裡走來走去的時候心裡在想什麼。他說：「喔，我通常是在想不知道屋裡有沒有可樂。」

就算在過去那些相對單純的日子裡，平凡的朝九晚五工作日都是一團忙亂，時間根本不夠用，而且老是會被打斷，因此工作會一直拖到深夜。為了解決這個問題，我養成了午夜去工作，隔天下午六點回家睡覺的作息。夜晚是工作的絕妙時間，沒有人會打斷你，我可以思考，製作需要的新儀器。我維持了這樣的作息很長一段時間。

我學會的眾多事情之一，是工作人員的重要性。大家曾經開玩笑說，只要有研究生需要，分子生物學實驗室的洗碗機就會在假日和周末送來。這是真的。每個人都有某種狂熱。畢竟，梅舍生和史塔才剛剛做完他們著名的實驗，泰明也進入加州理工學院的杜貝可*實驗室，開始研究病毒。把辛色默、德爾布呂克、路易斯、歐文、班瑟，還有十幾個世界知名的分子生物學家全部丟在一起，你就知道這地方大約是什麼感覺了。

當採購技術人員瑞吉幫我製作動物訓練儀器時，我就發現了他的重要性。斯佩里實驗室的主幹是另外一位技術人員麥卡博蒂，她除了準備手術需要的所有東西之外，還負責各種雜務，包括指揮大局。當時的資深博士後研究員葛利特史丹最近回想過去時說：「麥卡博蒂是技術支援的穩固基石。她訓練猴子、準備手術，還能協助手術進行。斯佩里從來不會斥責人，只會用話刺激他們。有一個在印度水產業受過訓練的研究員阿若拉，老分不清楚斯佩里什麼時候是在開玩笑。有一次阿若拉在開刀，斯佩里進來發現他的白色手術袍和綠色的手術包顏色不搭。阿若拉不知道斯佩里是在逗他，於是手術後去找麥卡博蒂，跟她說：『麥卡博蒂，妳不要再把白色的手術袍和綠色的手術包一起消毒了。斯佩里很生氣。』」[11]而麥卡博蒂就是有本事一笑置之，繼續過日子。

當然，真的讓氣氛截然不同的，是像葛利特史丹這樣的人。博士後研究這個層次對科學訓練來說非常關鍵。博士後研究生到實驗室的時候，已經對於手邊的科學有某些方面的豐富知識了。他們可以輕鬆拉拔研究所新生，不只能在學業上幫助他們，在社交生活上也可以。葛利特史丹是波士頓拉丁高中與芝加哥大學的畢業生，總是想分享他對生活中在工作與玩樂方面的深刻感受。我們曾經在周間偷跑去好萊塢公園和聖塔安妮塔賽馬場看賽馬。在葛利特史丹教我的許多事當中，怎麼看賽馬新聞就是其中之一。

伯根也是這種人。你很難把他當成博士後研究生看待，因為他也是一位神經外科住院醫師，真正的醫學博士。他雖然在加州理工學院念博士後研究，但幾乎把時間完全花在當時附屬於樓瑪琳達醫學院的懷特紀念醫院，接受醫學手術訓練。伯根和他超棒的妻子葛蘭達為平靜的加州理工學院帶來了一種少見、生氣蓬勃的嗜好。我總會去他們的公寓吃晚餐，於是發現他們總在冷凍庫裡放一瓶冷凍伏特加的把戲。當時大家經常在討論左翼政治，儘管我自己當時的學習偏向保守派，但我很享受這些討論。伯根常常談起自己的律師父親，據說他在徵兵局以「伯根線」出名。他說他父親曾經贏得一場指標性的官司，代表一名基於道德或宗教信仰而拒絕服役的男性辯護，此人表示他從來沒發過誓要服役。而因為伯根的父親成功證明這名男子的論點，此後義務兵役登記管理辦公室開始要求新兵跨過一條實體的「伯根線」，以證明他們服役的決心。這也是一個精采到不需要查證的故事。

這些豐富與活力無疑地是斯佩里（圖五）實驗室背後的動力，或者應該說斯佩里博士，畢竟我們都這麼叫他。斯佩里博士神出鬼沒，又無所不在。他有時候非常冷淡，比方說不願走出辦公室見生物學家赫胥黎；有時候卻會對一個被其他人無視、沒什麼成就的人熱情莫名。他語氣輕

＊出生義大利卡拉布里亞一座小鎮的杜貝可是一位病毒學家，於一九七五年因發現動物細胞感染腫瘤病毒後可能導致癌症的研究獲頒諾貝爾獎。他在二戰期間曾是義大利抵抗運動的一員，之後搬到美國居住。

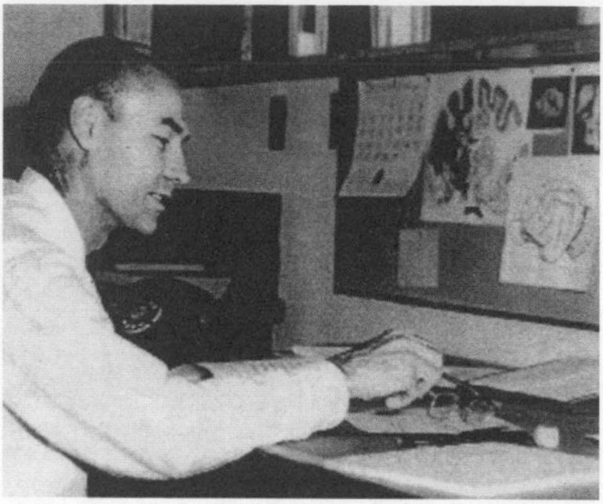

圖五　受到啟發的斯佩里是加州理工學院心理生物學計畫的領導人。他是神經生物學研究的先驅之一，改變了很多科學家對大腦發展的想法。他之後繼續在加州理工學院發展心理生物學計畫。

柔，但是又能以各種方式犀利地戳破現狀，面對敵人一點也不手軟。某次他演講過後，一個特別挑釁的提問者被斯佩里古怪的目光攻擊得遍體鱗傷，最後草草丟下一句：「唉唷，反正你就是占了上風。」[12]然後就離開了。

我一進研究所就開始研究病患，並立刻每天和斯佩里交談約兩小時，後來成為我在加州理工學院的例行公事。我們的話題無所不包。我經常單獨前往患者家中進行測試，每次回來都會做一次完整的報告說明，時間幾乎和實際測試的時間一樣長，而斯佩里總會記下大量的筆記，這顯然是我們的想法融合並加強的時刻。我是新手，他是專家。但因為他在這個人類研究的新領域還不是專家，所以我也是他的偵察兵。經過數十次這樣的會面，我們一起在混亂中理出頭緒。葛利特史丹宣稱我是唯一能讓斯佩里笑的活人，雖然我不是很確定這一點，不過我們的關係確實很美好，大部分都是以這些面談為基礎。頂尖的生物學家龐納曾經開玩笑說：「我們應該讓葛詹尼加留下，這樣斯佩里才有說話的對象。」對我來說很容易，因為我全心投入這份工作，也對這個人和他的腦袋五體投地。

當然，人生中值得紀念的高峰會散布在許多艱辛、經常很沉悶的工作日當中。在一個燦爛的周日午後，我剛認識的電視名人艾倫帶全家人到實驗室來看我們到底在做些什麼。艾倫後來成為我的畢生摯友，當時的他是這樣的：非常謙虛，超級好奇，永遠保持正面——就像湯姆漢克斯一樣，好萊塢公認的好人之一。他的家人也表現出適當的興趣，謙和有禮。參觀到最後，艾倫問：「這份工作的刺激程度有多少？」我想了一會兒，回答：「百分之十。剩下的都是例行公事。」我在後來的人生裡發現，對大部分的職業來說，百分之十已經很好了。我知道這已經足以讓我每天帶著笑容繼續工作。

偶爾和艾倫這種公眾人物見面後，我發現非科學家的人其實也會想了解基礎研究。在一九六〇年代，所謂「宣傳計畫」根本不存在。象牙塔心態主宰了知識份子的論述，研究人員與社會隔絕，使得這兩種文化的隔閡愈來愈深。艾倫是當時最厲害的喜劇演員之一，當他想更了解胼胝體的纖維時，我開始清楚知道讓科學與大眾交流是一件好事，前提是要正確地進行。

回顧過去時，我們通常會想著重在正面的時光。當然我也有很多負面的經驗，但我並不會沉溺其中。除了實驗失敗、無用的發現或是錯誤的測試帶來的巨大失望情緒之外，一定會出現的還有人際關係的衝突，例如在科學方面的學術霸凌。以我的人生來說，我不知道為什麼，但是聰明人總喜歡指出其他人看起來有多蠢。一般普遍相信人的教育程度愈高，就會就愈寬容，也愈能欣賞個體的差異。要是這是真的就好了。事實上大家總是繃緊肌肉，展現自己的非凡本領，熱中於壓過對方。德爾布呂克就是一個例子。

從過去到現在，德爾布呂克在加州理工學院一直是一個傳奇人物，他也名副其實，是生物學史上的經典人物。雖然他本人的研究品質非常高，但他的名聲其實是建立在他的批評能力之上。大家常說，在分子生物學的全盛時期，如果沒有得到德爾布呂克的認可，就沒有一篇值得一提的論文可以發表。

大家炫耀自己的場合就是加州理工學院每周的生物學研討會，此時德爾布呂克總會坐在大家都看得到他的位置，絕不放過任何發生的事。多才多藝的葛利特史丹的長處之一，就是扮演神經科學界的超群歷史學家。他曾描述自己被德爾布呂克質疑的典型場景：

> 我第一次到加州理工學院時，就被推去研討會演講。我只是個心理系學生，對於大家的利害關係一無所知。因為我曾經在睡眠研究的先驅克萊特曼的實驗室待過一年，所以我就講了快速眼動（REM）睡眠的事。我做了一個分成四部分的表：REM和非REM的夢，有回報的和沒有回報的。此時德爾布呂克立刻站起來說，「那個不對。」我再看了一次，說：「沒錯啊。」於是他說：「喔，對，沒有錯。」[13]

根據我的經驗，難搞的人也不會一直都是這樣。就像德爾布呂克，其實他會帶學生跟研究員去約書亞樹公園露營。在這樣的旅行裡，德爾布呂克會比較放鬆，這些旅行通常也充滿智慧、知識，以及冒險。大家都很渴望獲得邀請，每個回來的人都對這個經驗讚不絕口。社會心理學家費斯汀格跟我說過，為了要維持法國傭兵團的秩序，只需要射殺幾個逃兵就夠，不需要對付整團三百個人。周期性的惡劣行徑，也許能長時間維持船隻方向正確，讓每個人小心謹慎。

政治冒險

科學人生對我來說從來不是只有科學而已。雖然很累人，但並不是永遠這麼累人。生命中還有其他的個人需求，例如收入、政治，以及接受在實驗室裡可能只能達到很低的期望，繼而從焦慮感中鬆一口氣。因此，我發現自己在各種其他活動中，都扮演著低微的菜鳥角色。某天有人建議我既然身為研究生，應該可以去加州理工學院全新的溫耐特學生中心的研究生事務辦公室當管理員，賺點外快。這份工作會有一間辦公室、一位祕書，還有一點薪水。我立刻抓住機會，認為這對我進行的幾個計畫都會很有幫助。奇怪的是，我不記得在這間辦公室的保護之下，我到底做過什麼事。我有一個很好的祕書，負責日常業務，但這些日常業務是什麼呢？我毫無頭緒，這些事對我來說一定沒有什麼意義。同時，我還在學習把反覆思索的外圍計畫拼湊起來的必要性，這樣才能用學術界的薪水來付所有帳單。

不過我確實參加了一些外界的活動，而且以我選擇的生涯來看，這些活動都真的很奇怪。我在達特茅斯學院大四那一年，曾和一位擔心我以及我對天主教教義日漸萌芽的疑惑的耶穌會神父通信。他一直強調不要對教會生氣，因為我們每個人都是教會。這個論點並不管用，一段時間後我便失去了信仰。

我發現，研究所擁抱的信念是一致誓言遵守世俗的自由主義，以及其對國家應達到社會正義的堅持。我從我父親那裡繼承了天主教對社會正義的看法，他們相信工作的尊嚴、家庭、責任，以及助人。儘管天主教的社會正義與世俗的社會正義來自不同的核心信仰，但也有很多相似之處。簡單來說，我開始質疑自己的社會與政治假設。我在的這間生氣蓬勃的大學認為所有事都可以被修正，如果沒有修正就無法原諒。認為社會服務可以修正崩壞的一切世俗堅持，使我相信自由主義是一個殘酷的騙局。當時，知識份子似乎不像自由主義者想要的那麼容易改變。我也開始懷疑花稍的心理學發展理論，漸漸相信認真地改變一個人的行為是不可能的。我的想法當然是由我新獲得的關於大腦的知識所堆積而成，我知道了它們怎麼以特定的方式形成，還知道我們大部分的人都有修正拿了一手壞牌的他人與組織的欲望。這些原始的渴望促使我試著更了解政治以及其他人燃燒生命的方法。

我和一些朋友發起了「政治教育研究生委員會」。我們受夠了那些老是被邀請到加州理工學院的自由主義講者。保守派的人呢？我們知道加州理工學院不會馬上行動，而且會大張旗鼓，所

圖六 參議員高華德訪問帕沙第納，暗示他會推廣我們第一場的保守派演講。

以我們自己建立了校外團體，在附近的蒙羅維亞租了一個公立體育場，安排右派年輕又淘氣的小巴克利在晚上發表演講。小巴克利是新保守派雜誌《國民評論》（*National Review*）的急性子編輯，也能用他的機智與一絲挑釁，攪亂一池春水。

我和另外兩個哈佛畢業，在洛杉磯工作的新潮律師朋友，都覺得我們自己很酷，甚至很奇怪。但是，一旦我們決定要做，我們就全心全意做好。當共和黨的高華德到加州理工學院時，有人向他介紹我，問他是否同意幫忙宣傳這場演講。他答應了（圖六）。

我在演講的前一天和小巴克利在他嫂嫂家碰面，她是當地紅十字會分會的會長，住在帕沙第納。我們在泳池旁吃午餐，我永遠不會忘記那天吃的是洋蔥三明治。聽我說，你吃過洋蔥三明治嗎？小巴克利很快就讓我放鬆了下來，當時他才三十六歲。我們從他嫂嫂做的三明治聊到甘迺迪。我記得說到「使其變得可能」（potentiate）這個字，這是藥理學常用的字；我還記得他告訴我，這個字在英文裡根本不存在。

那是我和他在和語言有關的爭執當中，最後一次，也是唯一一次站在對的一邊。

我們的友誼誕生於那個周末，並且延續超過五十年。我再一次了解到非科學家想更了解科學的想法。我想了解政治，他想了解大腦，了解藥物使用，了解電腦，了解關於生命的發現！我當時根本不知道，我會成為他生命中的門路之一，是他對科學知識的偵察兵。當我對他口中關於政治的隻字片語深深著迷的同時，他則想要通往科學思考的管道，而我給了他這些。

小巴克利天生親切，而且永遠那麼慷慨，不過我相信他其實不知道自己給了朋友多少潛在的禮物。我親近的朋友大多是科學界的人，也就是說他們不自覺地會想剖析關於科學主張的假設。然而，以這樣一個群體而言，他們不太會把這種技巧應用在社會與政治議題上，更別說聰明地使用這種技巧了。小巴克利質疑每一件事，但總是帶著笑容和幽默感。他的這種個性讓人很難對他的堅持發火。他總是從高處用宏觀的角度看事情，表現出這種生命態度，能讓認識他的人從各種方面獲益，但我想他從沒想過這件事。這種態度顯然影響我往後面對學術界朋友的方式。我了解到，抱持少數人的觀點會很有意思，而且如果開心地這麼做，周圍的人也會覺得這樣很有趣。總而言之，小巴克利是願意冒險的人，但他也很謹慎、保持禮貌。他曾經告訴我，他不喜歡和自己仰慕的人見面，因為他們本人總是讓他失望。合群之餘又保有隱私，小巴克利從來不會失望。

在蒙羅維亞的演講過後，我發現傳奇經紀人蘇胡洛克*的精神在我心裡蠢蠢欲動。在那晚成功的演講過後幾周，我們決定要玩大的。不如安排一系列辯論美國憲法的活動？還是出本書？[14]

何不找點樂子呢？所以我問小巴克利，願不願意帶頭和艾倫辯論美國的總統表現。他說：「當然好。」接著我問他能不能寫信給艾倫，因為當時我還不認識他。「當然，」他說。他還告訴我，艾倫的妻子梅鐸跟他同一個家鄉長大。小巴克利寫了那封信，艾倫也答應了。幾周之內，我就安排好了另外兩場辯論。我邀請了從三十歲就成為芝加哥大學校長，當時已離職的哈欽斯，和小巴克利的律師妹夫邦佐辯論最高法院的制度，邦佐也是高華德《一個保守派的良心》（*Conscience of a Conservative*）的捉刀作者。最後，我居然安排了甘迺迪傳記作者之一伯恩斯，和被耶魯大學開除的叛逆保守派政治理論學家肯達爾辯論，主題是國會制度。我不知道我那時候在想什麼。幾周後，我才發現體育館以及講者的簽約價值超過一萬美元，而「政治教育研究生委員會」名下卻只有兩百美元。

第一場辯論在超大的「好萊塢守護神」會場舉行，那天早上只有兩百人買了票，其中一些還是我妹妹在她的國中幫我叫賣才賣出去的。艾倫前一晚邀請小巴克利擔任節目來賓，去他的節目錄影。他們為了甘迺迪的辯論熱身，但節目還要兩周才會播出，因此對票房沒有幫助。我很擔心地把情況告訴艾倫。他以一副實事求是的態度說：「別擔心，葛詹尼加，就算我只是玩個挑圓片

＊蘇胡洛克是世界知名的二十世紀美國表演藝術經紀人，旗下有名鋼琴家魯賓斯坦、小提琴家史坦，以及許多知名演員與音樂家。

的遊戲，都會有三千人來看的。」我並沒有相信他。在前往辯論場地的途中，我們暫停在在我妻子一個開餐廳的朋友家門口。我透過斯佩里的學生崔佛森，和他世居在帕沙第納的妻子，認識我妻子琳達。琳達也是在帕沙第納長大的，她的家族跟商界很熟，她也認識很多這個圈子的人。琳達的朋友問了一個問題：「你們要怎麼找錢？」我不只沒有準備零錢找錢，而且我這時才發現，我根本不知道自己在幹嘛。他拉了他的妻子插手幫忙，在他們的餐廳收集幾百元的二十五分錢和一元鈔票，幫忙會場售票亭的那個人。結果那天晚上真的有三千人買票，其中兩個是喜劇演員馬克斯夫婦。好幾十台的豪華轎車和勞斯萊斯停在這場盛會的場地前，買一張兩塊七毛五美元的門票。

小巴克利和他的隨從在後台的一個房間等待，艾倫和支持者在另外一個房間。因為接下來是一場辯論，所以除了準備好的開場白之外，參加者接著就只能隨機應變了。這件事小巴克利比誰都在行，就這方面來說，這場比賽並不公平。但是艾倫也準備好迎戰。為了不要怯場，他也準備了反例，如果要反駁時就能派上用場。

前台的觀眾喧鬧不已。這可是世紀之戰。艾倫是電影圈的人組成的全國反核運動者團體，「國家合理核能政策委員會」（SANE）的領袖。這位好萊塢最愛的自由派，對抗的是美國保守派領導人物小巴克利，他隨時會告訴蘇聯：如果他們輕舉妄動，我們就會丟核彈過去。他們要細數甘迺迪的外交政策，從越南看到古巴再到蘇聯。當辯論雙方站上舞台時（圖七），群眾都站

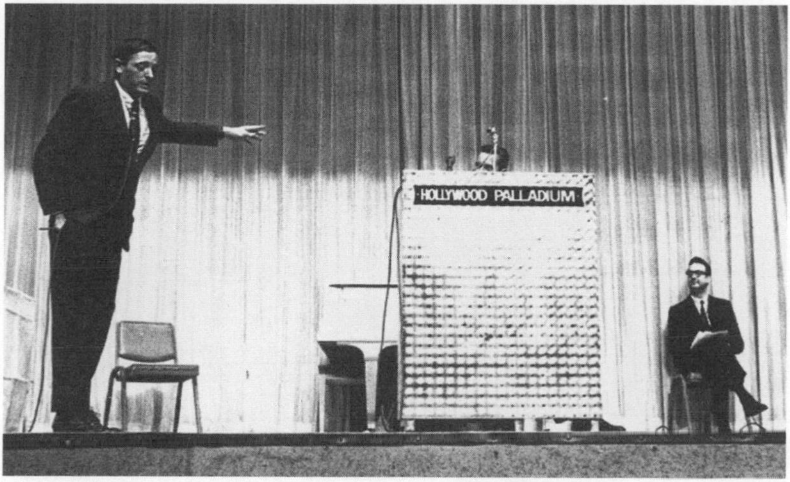

圖七　超過三千名洛杉磯最關心政治的左派與右派市民，都來「好萊塢守護神」體育場看這場小巴克利與艾倫的才智對決。

起來鼓譟，等著看他們一決生死。當地的新聞節目主持人歐當除了幫我推廣這次的活動，也擔任今晚主持人。我不可置信地走到體育場的最後方。我做了什麼？現場只有兩個保全欸。

幸好這個晚上一切都很順利。兩位偉大演出者的觀點互相激盪。小巴克利一度看到坐在第一排的馬克斯。他感覺到現場需要一點震撼，因此眼睛眨都沒眨地，就在他的反駁中利用了這個機會。他看著艾倫這麼說：「我們面對現實吧，艾倫，甘迺迪總統的外交政策可能也是馬克斯兄弟寫的劇本。」此時，大部分人都還沒注意到馬克斯在現場。馬克斯聞言，立刻站起來走上舞台，在如雷的掌聲中走了一圈，一會兒挑高、一會兒壓低他的招牌眉毛，從頭到尾雪茄不離手。

我內心的蘇胡洛克經紀魂持續燃燒。如果

我不是有過這樣的經驗，我不確定後來幾年裡，我還會不會進行許多推廣想法與辯論的專業研究計畫。找一個空蕩蕩的場地，舉辦精采的活動讓這裡塞滿人，是件讓人陶醉不已的事，但也許一切都是為了打發無聊。雖然這是我生命中唯一一次的政治突襲，但我之後籌辦的數十場科學會議絕對都是靠這次的經驗支撐。如果做得好的話，小團體的討論和公開的辯論都能讓人說出真正的內心話。至少這教會我，將複雜的議題轉換成公開的對話是有用的。

就在我生活的這個什麼都有、豐富又活躍的環境裡，所有的科學也踏出了第一步，而這也正是本書的核心。有些影響來自我的家人，有些來自加州理工學院無與倫比的奧祕，有些來自這學校裡的人，有些來自大洛杉磯地區的人，有些來自我超級好的運氣，讓我有機會研究地球上最迷人的人類。

從最早在WJ身上做的研究以來，這五十年裡我已經研究過許多神經學病患，他們有各種為我們帶來許多啟發的症狀。我會在後面詳述包括WJ在內的一些病例。本書會把重點放在六名裂腦患者，他們改變了我們對大腦如何執行工作的想法。

不論從哪一個角度來講，這些患者都極為特殊，不只是我科學生涯的中心，也在我個人，以及研究他們的數十位科學家同僚生命中，占了很大一部分（圖八）。雖然當中有幾位已經過世，但其他人都還活著，而且依舊是非常特別的人。

他們就是故事本身，而且就很多方面而言，也是賦予故事結構的人。就算他們的左右腦因為

圖八　過去五十年裡投入大量時間參與我們的研究的患者。上排（左到右）是來自加州理工學院，為這項研究奠定基礎的患者：WJ、NG和LB。下排（左到右）是來自東岸的案例：PS、JW和VP。

醫學理由被分開，但他們還是用單一的目的與意志征服了生命。他們的所作所為揭開了祕密，讓我們明白沒有接受手術的我們是怎麼做到這件事的。

第二章 發現分裂的心智

如果我能看得更遠，是因為站在巨人的肩膀上。

——牛頓

MSG（葛詹尼加）：注視那個點。
WJ：你是說貼在銀幕上的那一小張紙嗎？
MSG：對，那是一個點。……看著它就好。
WJ：好。

我確定他看著那個點，然後在他眼前閃過一張簡單物體的圖片，一個正方形，在點的右邊停留整整一百毫秒。這個位置會讓這張圖的訊息傳到他的左腦，也就是負責說話的那半邊。阿克雷提斯的患者沒有接受過我設計的這項測試。

MSG：你看到什麼？

WJ：一個盒子。

MSG：很好，我們再來一次。注視那個點。

WJ：你是說那一小片膠帶嗎？

MSG：是的，請注視它。

再一次地，我在他注視的點的左邊，閃過另外一個正方形的圖片，這個圖形的資訊只會傳到他的右腦，不會說話的那半邊。*因為WJ接受過分離左右腦的手術，所以他的右腦連接左腦的纖維已經被切斷，兩邊無法互相溝通。是時候要見真章了。我的心撲通撲通地跳，嘴巴乾燥。我問：

MSG：你看到什麼？

WJ：什麼都沒有。

MSG：什麼都沒有？你什麼都沒看到？

WJ：什麼都沒有。

我的心跳加速。我開始冒汗。我剛剛是不是看到了兩個腦，也就是兩個心智，在一個頭裡面各自運作？一個能說話，一個不能。剛剛是這麼一回事嗎？

WJ：你還要我做別的嗎？

MSG：是的，等我一下。

我很快找出更多簡單的圖片，只在銀幕上投影出小圓圈。每一張圖都會投影出一個圓圈，但每次測試時，投出來的位置都不一樣。如果我請他用手指他看到的東西，會怎麼樣呢？

MSG：比爾，請指出你看到的東西。

WJ：在銀幕上嗎？

MSG：對，用你覺得適合的那隻手指就可以。

WJ：好。

＊法國醫師達克斯與布洛卡，在十九世紀發現大腦的語言中心在左半球。

一個圓圈在定點的右邊閃過，讓他的左腦看見。他從桌上舉起右手，指著圓圈出現的位置。我們做了好幾次實驗，讓圓圈出現在銀幕的任一側。結果沒有差別。當圓圈出現在定點的右邊時，左腦控制的右手就會舉起來指著圓圈。當圓圈出現在定點的左邊時，右腦控制的左手就會舉起來指圓圈。*任一隻手都能指出圓圈在銀幕上的正確位置。這代表左右腦確實能看見在相反視野內的圓圈，而且分離的左右腦，也能引導各自控制的手臂／手做出反應。但是只有左腦可以用語言表達出來。我幾乎無法壓抑自己。新發現的甜美滋味啊（影片一）。

就此展開的一系列研究，在從這天開始算起的約二十年後，獲得了諾貝爾獎肯定。

如果從生命中擷取任何一段有很多人參與的時間，讓這些人重新描述這個故事，每個有關的人都會有自己的一個故事版本。我有六個小孩，聖誕假期就是大隊人馬統統回到家的時候。聽他們回憶童年，會發現每個人對同一件事的記憶天差地遠到令人震驚的程度。我們每個人在自己的職業生涯裡也是一樣。當科學研究的事實層面發生的同時，背景故事又是如何發展的呢？當然，我和WJ的神奇時刻，其實不只是只有我們兩個人而已。

一個大膽的醫生和配合他的患者

圖九 擔任神經外科住院醫師的醫學博士伯根，說服他的外科主任沃格爾進行第一次現代的裂腦手術。伯根是一位勤奮的知識份子，對生命充滿熱情，為這個計畫帶來寶貴的醫學觀點。

伯根是一個聰明又很有說服力的年輕神經外科醫生，推廣執行人類裂腦症手術的觀念（圖九），找到第一個病例的也是他。我可以解釋來龍去脈，但是看他自己如何回憶那位患者以及早期的時光會更好。打從一開始，WJ這個病例的革命性影響就不言而喻了：

> 我在一九六〇年的夏天認識詹金斯（譯注：患者WJ的本名），當時他因為癲癇重積狀態†被送到急診室，我是那時候值班的神經科住院醫師。‡在接下的幾個月裡，他

---

* 腦是大部分都很對稱的器官，左腦控制身體的右半邊，右腦控制身體的左半邊。左右腦的活動通常都是由稱為胼胝體的重要大腦連合所協調。

† 癲癇重積狀態是會造成生命威脅的持續性全般性痙攣發作，屬於醫療緊急情況。通常定義為持續超過五分鐘的癲癇發作。

‡ 神經外科住院醫師也會接受神經學訓練。

的多中心癲癇發作失調的異質性，難以控制與嚴重的程度也愈來愈明顯。不論是在診所或是醫院，我都看到心理肌肉動作的發作，突發強直性跌倒，單邊抽搐，還有全般性痙攣等症狀。在一九六〇年代晚期，我寫信給在馬里蘭州貝什斯達國家衛生研究院（ＮＩＨ）的神經外科主任包德溫。幾個月後，詹金斯被送到ＮＩＨ的癲癇部門待了六周。一九六一年春天，他被送回家，並且得知目前沒有任何治療方法、標準或新技術可處理他的問題。

詹金斯和他的妻子法恩聽說了韋哲醫師＊的病例結果，主要是關於大腦連合部分切開的那些內容，而我認為完整切開可能會有用。他們的熱忱鼓勵了我，於是我聯絡我的主管菲爾，因為他有切除胼胝體動靜脈畸形的經驗。他建議我們在太平間多練習幾次。到夏天尾聲的時候（這段時間我又回到神經外科服務），我似乎已經很熟練整個流程了。我對斯佩里提出的說法是，這是一個難得的機會，可以在人類身上測試他從貓和猴子實驗中獲得的知識，他對這個研究的指導會非常關鍵。斯佩里指出，有一個就要從達特茅斯學院畢業的學生在前一年的夏天都待在實驗室裡，他認為他一定等不及想在人類身上做測試。葛詹尼加在九月開始進行研究所研究，而且如斯佩里所說，他急切地想在人類受試者身上測試。他和我很快變成朋友，一起規畫手術前後要做的實驗。手術前有一些耽擱，詹金斯此時在斯佩里的實驗室接受一些測試。在手術延後的這段時間裡，我們也有機會為詹金斯多次的癲癇發作做相當完整的記錄。

就在這段手術前的測試期間，詹金斯說：「你知道，就算這對我的癲癇沒有幫助，但如果你能從當中學到一些東西，這也比我在過去幾年裡做過的任何事還有價值。」他在一九六二年二月接受手術。現在回頭看，我認為如果醫院當時有研究委員會，而且需要多數成員同意才能進行研究，那這個手術根本不會發生。當時，科主任可以自行做出這類決定，我想一九三〇年晚期的洛契斯特大學應該也是一樣。[1]

過去與現在的科學

一九六一年那時候的生活很簡單，或者從現在的眼光來看是這樣。當時大家上大學，努力念書，進研究所，寫論文，拿到博士後研究資格，接著得到助理教授的職位，他們的人生在追求他們智力上的興趣。現在，選擇就沒那麼簡單明確了，愈來愈多畢業的博士生進入業界，參與推廣計畫，加入新創公司或是國外的研究機構等等。大部分的同事來自海外，或者有國外留學的經驗。這一切當然也很棒，但也不一樣，社交性質也比較複雜。

---

*如前所述，韋哲是一九四〇年代，第一位進行人類胼胝體切除手術的神經外科醫師。

在一九六〇年代初，生物學的某些方面似乎也戴著簡單的假面具。華生和克里克突破性地發現了DNA在遺傳方面扮演的角色。[2]以現代分子機制的標準來看，DNA的運作模型很簡單：基因製造執行身體功能的蛋白質，一、二、三，你就有完整的機能了。這就是後來所知的「中心法則」（central dogma），資訊來自一個方向，從DNA到蛋白質，接著向身體發出指示。然而根據我們現在所有的知識，就連定義一個基因是什麼，都有很大的分歧，更別說分子間有多少種視為某種動作的連鎖反應的不同互動了。雪上加霜的是，現在我們知道資訊是雙向流動的：被建立起來的東西，反過來也會影響建立的方式。生命的分子層面反映出一個複雜的系統，裝飾著反饋迴圈和多重互動——沒有一個東西是線性而且簡單的。

現代的腦科學一開始是用簡單的線型詞彙在討論。神經A到神經B，接著到神經C。資訊沿著一條路徑傳遞，以某種方式漸漸從感官接觸，轉換成受外界強化所塑造的行動。現在，這種對於腦部運作特性的簡單描述已經變得很可笑。腦部迴路間的互動就和組成迴路的分子間的互動一樣複雜，想理解它如何運作的困難程度幾乎讓人束手無策。還好我們當時沒有發現這件事，否則就不會有人接下這個難題。

回首那些早期的日子，也許能說幸好人類裂腦研究是在這些研究者當中想法最簡單的那一個的手中開始成長，也就是我。我當時什麼都不知道，只是想用自己的語彙、自己的簡單邏輯來了解這件事，只有這樣而已，還加上我充沛的活力。諷刺的是，當代世界上最幹練的神經科學家斯佩里也是一樣，他從來沒有在人類的領域做過這類研究，所以我們一起攜手耕耘。

當然，就某些方面來說，我們都了解裂腦患者是神經學的患者，而神經學已經是個成熟的領域，有很豐富的語彙，而伯根是我們在這個術語地雷區的嚮導。除此之外，中風或退化性疾病患者也已經有很完整的檢驗流程與描述。靠著早期神經學家累積的豐富歷史，我們知道了很多關於大腦哪一區管理哪些認知功能的知識。在這個領域，十九世紀的巨人有布洛卡和傑克森，二十世紀能與他們相提並論的有神經外科醫師潘菲德等人，更近期的還有蓋許文，每一位都在發展大腦如何組織的醫學觀點方面扮演了舉足輕重的角色。

我到現在還記得，伯根從懷特紀念醫院到我們加州理工學院的實驗室來演講的那一天。他使用神經學的經典術語，描述我們初期的一些發現。雖然那不是一段掉書袋的冗長內容，但我聽起來就是那樣；我記得我也是這樣和伯根與斯佩里說的。伯根是個心胸開闊的人，總是想追求進步。當時他只是這麼告訴我：「嗯，要做得更好才行，」斯佩里也點頭同意。在接下來的幾年裡，我們確實做得更好。在我們四篇論文中的第一篇[3]裡，我們建立了一套科學語彙，以確實描述左右腦被分開的人類的情況。

裂腦研究的起源

動物的裂腦研究歷史非常悠久，都是我進入實驗室之前的事，很容易想像這個故事會有很多種版本。最直接的研究是一九五〇年代中期，在芝加哥大學攻讀醫學博士／博士學位的梅爾斯開始。他計畫要了解如何切除貓的大腦中線下的視交叉——一個非常可怕的任務。交叉神經似乎是無法碰觸到的，它位在大腦底部，是從左眼伸出的一些神經和從右眼伸出的神經交會的地方，作用是讓來自兩眼的資訊能投射到左右半邊的腦。如果他能成功切斷視交叉，就表示從右眼奔馳而來的視覺資訊會停留在單側；換句話說，這些資訊只會進入右腦，而從左眼而來的資訊只會留在左腦。這項手術會消除在大腦底部正常的資訊混合。

如果能做到這種手術，就可以開始測試從一隻眼睛獲得的資訊，如何與另外一隻眼睛獲得的資訊在腦中結合。這一切都是以一個當時尚未被證實的現行假說為根據：整合資訊的神經結構是連結左右腦的巨大神經束，也就是胼胝體。也有一派的人，像先前提到的賴胥利，認為胼胝體只是一個在構造上支撐左右腦的元素而已。根據梅爾斯設計的實驗，貓的視交叉被切斷後，他會先教貓的其中一眼一個視覺問題，接著測試另外一隻眼睛。如果資訊整合了，那他打算切除胼胝體後再次測試，看看整合功能是否停止運作。他預測認為大腦會停止整合，如果這樣就是大發現了。

梅爾斯精心設計了流程，最後終於讓一個本來極度困難的技術達到完美。在充分練習過後，這項技術變得很直接，但聽起來一點也不簡單。他自己是這麼描述的：

經口腔黏膜，在正中矢狀平面橫切視交叉。在這個過程裡，軟顎與硬顎前方的連接處會被切開，深度在後方游離端半公分以內。切口的邊緣用羊腸線縫合收邊，形成菱形的開口。鼻黏膜的一片會從蝶骨反射，接著用牙醫用的牙鑽，在蝶骨結構前方緊鄰的骨頭上鑽出一個一乘五毫米的橢圓形竇窗。透過這個骨頭上的開口可以看到硬腦膜並小心地將它切開，看到下面的視交叉。接著透過雙筒解剖顯微鏡，在謹慎的視覺控制下，用鋒利的鋼刀切開視交叉。在切開的視交叉中間放一小塊的鉭薄片，這樣事後檢查時只要大略檢查就能確認切除完整性。

切開視交叉後，用泡過血的明膠海綿塞住骨頭上的開口，在鼻咽和顱腔間形成屏障。明膠海綿會取代鼻黏膜片，用羊腸線縫合切開的軟顎，使其歸位。[4]

懂了嗎？梅爾斯準備好進行實驗，結果發現，視交叉被切開的貓還是可以整合資訊，而如他所預測的，胼胝體被切斷後，資訊就停止整合了。這個過程，以及胼胝體會在左右腦間傳遞訊息的發現，揭開了百家爭鳴的序幕。利用這兩個手術，左右腦可以直接獲得視覺資訊，另一邊的腦也可以接受測試，確認是否擁有關於另一邊資訊的知識。

有了梅爾斯突破性的視交叉手術，以及符合邏輯的下一步，也就是切斷胼胝體，研究者開始對這個原本相對模糊、令人困惑的科學發現產生莫大的興趣。在接受胼胝體手術後，阿克雷提斯在洛契斯特大學的患者彷彿沒有重大的行為或認知改變。他的研究以及賴胥利的立場導致大部分的人認為，人類身上不太可能會發生梅爾斯和斯佩里謹慎的新動物研究的結果。

當然，科學的美妙之一就是能與時俱進。隨著裂腦研究的發展，故事內容愈來愈豐富，對科學的影響也愈來愈大，大家開始想知道這個點子起源何處。是梅爾斯嗎？是斯佩里嗎？兩者都是？還是其他人？或者只是一個緩慢發生的過程，就像資訊會在時間中累積一樣？畢竟，直到梅爾斯的研究過後數年，這整個研究準備過程才被斯佩里這個文字高手稱為「裂腦」（split-brain）。[5]

這個點子的起源，有一種說法是來自著名的心理學家摩根，他在六〇年代初從威斯康辛搬到聖塔巴巴拉，四〇年代初曾經在哈佛大學擔任講師，當時一定已經認識斯佩里，因為他們兩個都和賴胥利有往來。摩根對癲癇有很濃厚的興趣，後來也是著名的教科書作者。他在一九四三年出版第一本書《生理心理學》（*Physiological Psychology*），被譽為將這個領域的各種面向系統化整理，帶來秩序的一本書。[6]摩根繼續發展他成就非凡的生涯，開了自己的出版社、成立自己的期刊，還有自己的協會。也許我正是以他為模範，之後也在創業方面努力，成立了一份期刊和一個科學學會。

後來我在一九六六年獲得第一次在加州大學聖塔巴巴拉分校的短期工作，並在摩根的辦公室遇見他。他很溫暖、大方，彷彿活著的意義就是在周日晚上，聽當地廣播節目「林木」播的南方爵士樂。事實上，他大方到有一天突然興起，借我五千美元讓我買第一間房子！他從桌上拿起支票，邊寫邊簡單地說：「有能力的時候再還我。」然後就把支票交給了我。這個簡單的動作開啟了我的家庭生活，也對我帶來極大的衝擊。幾年後，遵循他的先例，我也有能力為兩位年輕的研究伙伴做同樣的事。

裂腦的概念，其實出現於他與賓州心理學家史戴勒合著的一本書的第二版中，出版時間是一九五〇年。[7]但他沒有敲鑼打鼓宣傳，看起來彷彿就只是當時文化的一部分；其實當時不只沒人知道胼胝體到底是做什麼的，大家也不明白資訊是怎麼在左右腦之間傳遞的。這是不是讓你想到基因學領域的情況呢？畢竟，每個人都知道有遺傳這回事，每個人也都知道有DNA，但在華生和克里克之前，沒有人把它們串在一起。也許重大的進展都只是累積而來。同時，也是我認為非常重要的一點，就是有人要站出來，做點什麼，來證明或是反駁這個說法，而不只是一直轉述討論而已。我打從心底相信，正是因為梅爾斯和斯佩里願意親自動手實驗，才把這些理論轉變成真實的發現。

幾年後，我在一場研討會上遇見了梅爾斯，當時我要報告的是人類的裂腦研究，他要報告的是他在黑猩猩身上做的一些解剖研究。[8]我迫不及待地想認識他，因為我充分了解他在歷史上的定位，以及他對裂腦研究發展的重要性。身為一個科學家，他當然已經贏得了同儕的敬重，而且腦科學領域更是因他而受惠良多。

不過這並不表示他是個好好先生。在我的演講過後，他開始怒氣沖沖地嚷著「奇怪的人類病例」沒有什麼代表性，那只是先前癲癇的異常結果之類的話。我非常吃驚，不知道該怎麼回應。但我逐漸開始明白：畫地為王，而我現在站到了他的那塊地上。儘管我是追隨他的腳步進行另外一個物種的研究，而且當時我們的人類研究還要在很多評審性期刊接受同儕審查。我再次學到了科學家與科學之間的差異。我也很想知道，是不是所有對智慧財產有貢獻的人，最後都一定會變成這個樣子？藝術家、科學家、泥水匠之間有任何不同嗎？我也會變成那個樣子嗎？我得提醒我自己……

斯佩里博士

斯佩里是這個領域真正的巨人。我到加州理工學院的時候，他才剛從復發的肺結核中恢復。他在療養院休養的時候，他的妻子諾瑪會協調來自實驗室的資訊，而當時他至少參與了三項大型科學計畫。他在神經生物學的基礎研究愈來愈穩固，也是因為他的研究才揭曉了動物的神經線路不是隨機連結，再由經驗所塑造而成。[9]他還提出一個大膽的假設，認為在大腦發展過程中，引導神經元生長到特定位置的化學親和過程也扮演了一個角色。他在幾年前的一場研討會上說明了這個想法，成為加州理工學院聘他為教授的基礎。

斯佩里還攬下了其他議題。當時所謂的「心物同質論」（psychophysical isomorphism）[10]認為，如果有人在真實世界裡看見一個「三角形」，在腦部的視覺區會出現與真實世界圖形相應的電圖形。為了測試這個理論，他在貓的腦皮質裡插入雲母片。雲母片可以做為絕緣體，這樣如果腦中真的有任何電場電位，就會受到這些絕緣體的嚴重干擾，使得動物無法執行視覺感知任務。這個實驗有很多變化的版本。但所有實驗的結果都支持斯佩里的想法：心物同質論（並行論）應該被拋棄，這個理論確實也已被學界放棄。

當然，他最重要的還是在裂腦動物方面的爆炸性研究。斯佩里有一票博士後研究助理大軍，主要的研究對象是貓和猴子。實驗室卯足全力研究各種議題，但主要處理一個問題：如果動物只有一側的腦接受過某種感知問題的訓練，那麼當胼胝體切斷後，資訊是否還能在左右腦之間傳遞？

在這些推動研究的主題中，隨便選一個都足以讓大部分的實驗室忙得團團轉，並且在科學界中引起注意。斯佩里的風格就是讓事情成真。他沒有告訴我們怎麼研究科學，他用看的，他見證，他絕對是以我們當時尚未完全明瞭的方式引導我們。當他看見有意思的東西時，他知道怎麼誘發並加強這個東西。換句話說，他能聞出什麼是重要的，什麼是一般的。

概括來說，曾經把科學人生花費在經營大型實驗室的人，都會想知道實驗室中的科學研究到底怎麼能一直持續下去。它絕對不是靠實驗室的指導教授每天下新指令。實驗室可能好幾年都只是在做文書處理等級的科學，可能會有枯水期、停滯期、一無所獲期。不過偶爾會有些什麼，而且是成功的東西出現——有時候是意外的發現的珍寶，有時候是實際有假說的實驗。突然間，那些庸庸碌碌的日子都在快樂與興奮中消失無蹤。

我記得傑出的心理學家米勒曾和我說過：「每個人都想覺得科學是一次朝一個明確的假設前進。雖然它確實會前進，但通常是一路在意外中跌跌撞撞地前進。」然而，因為我們很快就把故事說成我們如何符合邏輯地走到這樣的發現，所以維持了這個迷思。科學很偉大，但是科學家都是人類，說故事的傾向也和其他人一樣。儘管如此，維持實驗室的整體敘述，對於維持研究重點，不偏離方向來說還是關鍵。年輕的科學家會來來去去。他們在故事中做出一部分的貢獻，反過來也獲得指導教授在他們生涯中的支援，這是標準的安排。學生通常會持續研究同一個問題中自己有所貢獻的那個方面，長遠來看，這就是主要研究得以發展的原因。就連原本平淡無奇的研究都可以因此而成長茁壯。

成功的實驗室要維持優勢，靠的是真的很聰明的學生和博士後研究生。當然，聰明不是成功的唯一要素。每個人都聰明，但有些學生還很有活力並且實際，再加上難以預測的個性與運氣——我就是靠這個跳入這座實驗室不間斷的動態當中——就能走向成功的科學生涯。

回顧我大學時在加州理工學院的那個暑假，在柯克赫夫廳的斯佩里辦公室與他碰面，正是我與「重要人物」會面的許多經驗當中的第一次。他在科學界的名聲，如我前面所說，是獨特超群的。從神經發展到動物心理生物學，他都是當時的知識份子領袖。

人確實有兩個現實——日常的自己，與「大眾」的自己；也就是一般所謂的是私底下的自己和公開的自己。公開的自己是你的工作、你的名聲，這個世界所建立的你的模型，以及對你的期望。通常不是你自己。面對現實吧：如果滾石樂團的理查茲真的過著我們以為的那種生活，他早就死了。

我們有時候會被大眾的自己所控制。我們活著就是為了餵養它，做它要我們做的事。這個不是真實的你的東西，現在卻主宰你的生命，對你予取予求。在此同時，真正的你努力讓小孩去上學，想辦法從玫瑰花床裡挖出地鼠，找朋友喝一杯，天南地北聊一聊。在我的人生中，和傑出的社會心理學家費斯汀格一起吃午餐的二十年，正顯示了擁有一個巨大的大眾自己的人，也可以充分保有私人的自己，不會讓大眾的自己闖入或主宰私生活。很多人都做到了這一點。

我有很多同僚都說他們認識斯佩里，這總是讓我找到不少樂子。他們只認識大眾的斯佩里。我能以某種程度的自信說，沒有人像我一樣那麼了解他，不論是他的日常自己，還是他傳奇性的大眾自己。

發現與功勞

當我們光榮的測試完WJ，並揭曉人類胼胝體被切斷的後果和先前的動物研究結果一致，長達五十年的人類裂腦症患者研究計畫就此展開。我很幸運當時能參與其中。斯佩里讓我茁壯開花，伯根也是。實驗室裡其他對這個結果感興趣的人，還讓我繼續主持這個計畫，這是我充滿好運的時候。

我們的第一份報告，是發表在《美國國家科學院院刊》（*Proceedings of the National Academy of Sciences*）的簡短通訊論文。斯佩里當時剛被選入國家科學院，而那時候的院士可以快速發表論文。我們在那年冬天和隔年春天忙得要命，想在一九六二年八月把論文搞定，趕上十月的出版日期。這份論文裡用到的醫學術語很少，是一份驚人的病例史，簡潔的說明我們對WJ做的所有實驗。[11]重點是切斷人類左右腦的連結會對新生活造成重大的影響。人類裂腦症研究的時代正式揭開序幕。

在此同時，另外一個故事正在醞釀，這個故事將幫助我看清科學家的好勝本質。蓋許文（圖十）是一位年輕的神經學家，卡普蘭也是一位年輕的神經心理學家，兩個人當時都在波士頓榮民醫院工作。他們接到一個患者，名為PK，他有嚴重的多形性膠質母細胞瘤（glioblastoma multiforme），腫瘤已經侵入他的左腦。在應該要切除腫瘤的手術過程當中，他的前側腦動脈持續有栓塞*。[12]幾年後，腦神經科學家達馬修在蓋許文的訃文裡回憶：「胼胝體的前半部以及右前葉的中間部分都受損了」，而且「對書寫、命名，以及左手的實踐控制造成嚴重的干擾。」[13]簡單來說，是中風造成的自然損傷，而非手術切斷胼胝體，造成了切斷的效果。†一九六一年十

圖十　蓋許文是神經學界建立「神經切斷症候群」概念的早期功臣。他被尊稱為是美國行為神經學之父。和他共事向來都很愉快。

二月十四日，他們在波士頓神經學暨精神病學醫學會會議上第一次提出他們的發現報告[14]。蓋許文和卡普蘭聰明地把一個麻煩的腫瘤病例，解釋為胼胝體損傷的病例，進行了一些支持他們的簡單測試。病患幾個月之後過世，解剖報告也證實了他們的診斷。在春天，另外一份腫瘤病例的報告出現。在一九六二年五月號的《新英格蘭醫學期刊》（*New England Journal of Medicine*）具有話題性的「隨選報告」部分，出現蓋許文對這些驚人觀察的內容。裡面也詳細附注這份報告來自一九六一年十二月十四日的會議。這項發現在波士頓造成一陣轟動。

蓋許文把他出版前的原稿複製了一份給斯佩里，請他提供意見，時間大約是一九六二年初，就在我們測試WJ的那段時間，早於我們發表我們的發現。在原稿中，他將自己與卡普蘭會想到

＊腦部栓塞，也就是中風，發生原因是供應腦部某部分血液的動脈受阻或破裂。該區域的組織會失去血液供應，於是死亡。

†切斷效應是神經學上的失調，原因是脈衝沿著腦神經纖維／通道的傳遞被切斷。

檢查他們的病患的切斷效應，歸功於斯佩里的動物研究。斯佩里曾在一九六一年秋天參加在哈佛的一場學術研討會，提到了他的一些研究。當時大家都已經知道大致的情況，而研究者總是會討論他們「最新」的發現，同時間我正在帕沙第納如火如荼地對WJ進行手術前測試。幾個月後，斯佩里收到手稿時並不是很高興。兩個研究團隊都是完全獨立進行，他不希望在此時出現任何可能的混淆。他和梅爾斯做了數年的動物研究，我們也剛開始對WJ進行研究，但尚未發表。他不希望任何人覺得他的人類研究是收割蓋許文的發現。

斯佩里是一個好鬥的競爭者，一個大學時曾名列三項運動代表隊的運動員。在我的訓練初期，斯佩里和自己的指導老師，當時最著名的神經生物學家威斯，有強烈的對立，在一個稱為「神經科學研究計畫」的東西裡，斯佩里對威斯的摘要寫了一篇激烈的附錄，對他大肆攻擊。威斯的另外一個學生葛芬絲坦的生涯也非常耀眼，她在自傳裡也提到了兩人的衝突：

於是我鬆了一口氣，因為我發現當我在一九六四年底，終於將我對於運動系統再生的問題缺乏進展的結果摘要報告給威斯時，他似乎根本不是很在意。他彷彿一點也不關心我的發現可能不符合他的想法，反而比較接近斯佩里指出的特異重新連接的觀點。事實上，在當時神經科學研究計畫的一場工作坊裡，威斯的摘要報告宣稱他擁抱神經再生的特異性的想法，不過對於揭開有關的機制細節的必要性持保留態度（雖然他依舊堅持這些可能包括可以當做「選擇性接受之訊息」的各種功能迥異的神經活動模式）。[15]

另一方面，斯佩里非常固執地擺脫自己的觀點中任何與威斯有關的部分。他在同一份報告中堅持加入一份附錄，在當中重申他是最早開始發展「選擇性、趨同性的特定纖維通道生長，以及來自……胚胎差異化的特定化學親合性的整齊模式所主宰的連結」這個觀念的人（Sperry, 1965）。他相信在他們長期的伙伴關係中，威斯把他（斯佩里）的貢獻內化了，但沒有給予斯佩里充分的功勞，於是「文獻中出現由模稜兩可、牽強的術語以及混淆的議題交織而成的複雜網路，如果不是親身參與並熟知背後的歷史，便沒有人能解開。」他並不滿足威斯只是確認特異性在再生軸突的生長與結束時會發揮作用，他相信威斯剝奪了他的機會，因為威斯曾經答應他要公開地「把事實攤開，面對議題，澄清爭議」。

很明顯的，在斯佩里的生涯中，如果你不站在他那邊，那你就是敵人。蓋許文是他新的對手。如果有人從斯佩里的隊上畢業，成為競爭對手，那對這個人被犀利批評的頻率也會增加。在我短暫停留在加州理工學院的這段時間裡，這種情況屢見不鮮。有一天他在批評一個離開實驗室的人時，我了解到：等我拿到學位離開這間實驗室，我可能也會受到這種待遇。然而因為當時我們還在同一隊，所以我隨即把這個想法拋諸腦後，覺得這只是科學生涯的一部分。

蓋許文完整的發現最後在一九六二年十月的《神經學》（*Neurology*）期刊上發表，在促進神經學家對胼胝體產生興趣方面扮演了重要的角色。[16]他的論文讓臨床文獻重新和二十世紀初德國神經學家利普曼，以及法國神經學家德熱里納對胼胝體重要性的豐富研究建立連結。幾年後，蓋許文和我都應邀出席在京都的國際神經學會議。那是一個非常正式的活動，在一間大會議廳舉行。會場裡有一排的翻譯瘋狂地處理會議中使用的多種語言。蓋許文和一群來自世界各地著名的神經學家一起在舞台上。日本天皇與王妃也在台上，聽他們說那些應該很像胡說八道的東西。每一個講者在站到講台前之前，都先會站起來向天皇鞠躬。但蓋許文沒有。當他被介紹為下一位講者時，他直接走向講台，講完他的內容，直接走回他的位置，然後坐下。

那個場次過後，我問了蓋許文這件事。說他的特立獨行引人注意還太客氣了。蓋許文說：「拜託，日本天皇對我們的軍隊做了那些事，我才不會跟他敬禮呢。」他確實是一個重視榮譽的人，也是一個競爭者。多年來，我成為蓋許文的朋友，也和整個波士頓榮民醫院神經心理學團隊成為朋友。而就我記憶所及，我們從未聊到任何先來後到的問題，而且我們有不下數十次機會能這麼做。蓋許文是一位學者，也和少數人一樣，口才非常好。有他為伴總是令人愉快。他在一九六五年為《大腦》（*Brain*）期刊寫過一篇論文，直到今天都被視為神經學切斷（disconnexion，英國出版品的拼法）症候群的經典評論。[17]這篇論文確實是美國行為神經學的濫觴。

儘管蓋許文主動提供的原稿在加州理工學院中流傳，對於我們的想法卻沒有太大的影響。斯佩里說，只要有人在科學方面有所發現，總會有其他人說，「可是那個誰誰誰在你之前就想到了。」

就很多方面來說，斯佩里比大多數人都注意社交。他總是會思考自己的行動會如何影響科學家間的社交結構。伯根在他的自傳裡說了另外一個故事，呈現了斯佩里的這個特質。斯佩里對於原稿發表總是好整以暇，但這個故事是一個例外：

斯佩里不是會拖延的人。有一天我去實驗室，問斯佩里關於高登那篇裂腦患者嗅覺單側化的論文的事。他說，「我們要立刻把這份嗅覺論文送出去。」「為什麼？」我這麼問。「因為我剛剛才幫《神經心理學》（*Neuropsychologia*）評審了一篇類似的老鼠實驗論文。大家都知道，人類受試者只要幾周就能完成實驗，老鼠則需要好幾個月。我們拖延了，大家就會以為我是因為評審了那篇老鼠論文才有這個想法。」斯佩里好像什麼都想到了。我當時很崇拜他，並且把他的每個字奉為圭臬，其實他也沒有說很多。我認為他是我們這時代的實驗心理學家。[18]

我那時候還太嫩，無法了解共享發想一個新知識想法的功勞有多麼複雜，也不知道原來一直都有把科學家抽離科學的戰爭。不幸的是，現在的慣例是論文作者可以向期刊編輯提出一份偏好評審名單，與一份不建議評審名單。這個最近的趨勢之所以興起，是因為很多人都了解到器量狹小已經阻撓了很多科學發展。新的想法需要有表達的機會。然而，以可能會有「利益衝突」的論點來看，這種做法也讓他們免於批判性的互動。只因為一個人對背後的資料有不同的詮釋，他就真的應該失去評審這篇論文的資格嗎？這是對科學本質的詛咒。

當時我只顧著做實驗，過了一段時間後，交流原稿的時間已經結束了。畢竟我們已經知道，切斷連結以及失去某些能力都不是裂腦研究最重大的意義所在。我們已經開始了解應該要分別測試左右腦，讓它們不受另一邊的影響。不同於研究因損傷造成的心智能力缺乏的古典神經學，我們可以研究心智能力的存在。這是全新的局面。

建立基本

雖然新發現令人顫抖的興奮感很快會過去，但我們知道自己挖到金礦了，我們手上握有能解釋大腦某些謎團的東西。我們必須開始緩慢、小心地探索我們該做什麼，才能確認並延伸這些基礎的發現。不過我們馬上就碰到一個複雜的問題。我們在《美國國家科學院院刊》發表的原始論文主要是關於把視覺資訊限制在某一側的大腦，這是相對簡單的。下一個階段需要把觸覺資訊限制在某一側的大腦，但這可一點都不容易。

人類以及相近哺乳類的視覺系統，會整齊清楚地呈現在我們身體的平面圖上。往前看，盯著

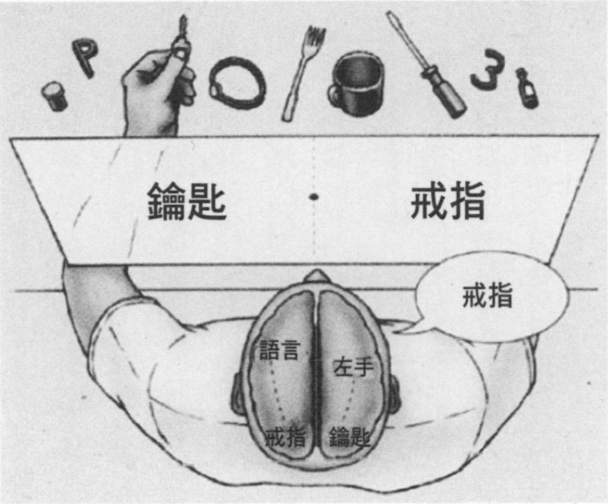

圖十一　圖解資訊如何透過視覺系統投射到腦中。

一個點。你的兩隻眼睛都會向你的大腦提供視覺資訊。這些資訊是有順序地進入大腦嗎？是的。每隻眼睛都會把自己的資訊送到視神經，一半的資訊會留在同側的腦中，另外一半會傳送到另一側的腦（圖十一）。所以如果你繼續盯著那個點，對兩隻眼睛來說，所有在那個點左邊的東西都只會投射到你的右腦，所以兩隻眼睛對這個經驗有各自的貢獻。接下來，在那個點的右邊的視覺資訊，就只會投射到你的左腦。每個人都是這樣，連我們的裂腦患者也不例外。

因此，利用視覺刺激分別測試左腦和右腦是很容易的。你只要把你想知道更多資訊的東西，放在右邊或左邊的視野內就可以。同樣的，來自右邊視野的資訊會進入左腦，來自左邊視野的資訊會進入右腦。懂了嗎？接著你就可以開始思考這些實驗了。

想辦法設計出一套策略，測試分離的左右腦怎麼處理觸覺（正式的名詞是體感資訊）的挑戰更大。大腦從身體接收資訊的方法很不一樣。羅斯與蒙特凱索在一九五九年的《神經生理學手冊》（*The Handbook of Neurophysiology*）[19]其中一章裡做了很棒的說明，當時我也讀了這本書。他們是世界權威，而且清楚的說明讓人獲得深刻啟發。

是這樣的：你左半邊的身體會發出大部分，但不是全部的觸覺資訊給右腦。如果你左手握著一個物體，與這個物體整體形狀有關的觸覺資訊，稱為立體感覺資訊，會進入你的右腦。而只是「有沒有接觸到物體」的這種更基本的感知，則會進入兩側的腦。羅斯和蒙特凱索也描述了支援這個實際情況的解剖學，藉此提供更清楚的解釋。右半邊的身體也是一樣，只是方向不同。來自右手關於物體形狀的資訊會直接進入左腦，但比較不具決定性的，關於物體是否存在的資訊，會直接進入兩側的腦。

顯然，如果要得到完全單側化，只進入一側的腦的資訊，就要選擇視覺系統：簡單、清楚，而且高度單側化。然而體感系統就帶來了挑戰，來自觸覺世界的某些形式的資訊會直接進入相反側的腦，但有些資訊會同時進入兩側的腦。我們要怎麼搞定這種現象？結果很有意思，大部分多虧了前人的努力。

為了解決這個難題，我們先蒙住裂腦患者的眼睛，然後把物體放在他右邊的手上。接著我們問：「你手上有什麼東西？」患者正確說出了物體的名稱：毫不遲疑，沒有任何混亂。物體形狀的資訊進入了左腦。接著我們把物體放在左手，問他同一個問題。這一次，物體形狀的資訊進入了右腦，不負責說話的那一側。患者通常無法說出物體名稱。不過很有意思的是，他們能適當地操縱這個物體。這顯示他們的右腦「知道」這是什麼東西，但因為右腦沒有語言中樞，所以說不出來這個東西的名字，關於物體形狀的資訊也無法傳達到控制話語的左腦。受試者能正確操縱物體的事實，暗示左右腦都儲存了關於物體本質的資訊，有點像是我們大腦組織裡的雙重記憶系統，擁有冗餘的記憶。這一切都來自一個床邊測試（bedside test，指在病床邊進行的簡單測試）：[20]太棒了！

一個晴天下午，我在WJ位於當尼的家幫他做測試。我還記得他在後面的測試裡表現得多開心。我準備了一組小的木製積木，上面有突出的小圖釘，看他能不能分辨有一個圖釘的積木，和有數根圖釘的積木。我蒙住他的眼睛，開始把積木交給他，先放在右手，他很容易就能辨別；接著再放到左手。他的任務只是要找出相同的積木：我先給他一個積木，接著拿走，放入一堆積木當中，接著他的手在桌上拍，在一堆積木當中找到剛剛那一個。結果兩隻手都能做到這個簡單的「找出與樣本相同的」任務。

但最有意思的，是他受到右腦控制的左手，在面對找出有一根圖釘的積木任務時會做的事：他會握住圖釘，把積木拿起來轉。彷彿儘管他的右腦無法將這個物體到底是什麼的資訊傳遞出去，它還是想炫耀它控制的這隻手有多靈巧。他這麼做的時候，自己也會咯咯地笑。彷彿他的右腦是一個獨立的人格，正在享受這個時刻。這是我在研究的早期第一次了解到，其實「兩個心智」一直都存在。我記得那時候問了WJ：「你在笑什麼？」他回答：「我不知道。應該是我左手的東西吧。」

然而令人費解的是，有時候WJ竟然可以正確說出握在左手物體的名稱。這是怎麼一回事？為什麼這樣也可以？我花了好幾個月的時間才找到這個現在看起來很明顯的答案。就像斯佩里常說的：「沒有什麼會比昨天的解答更簡單。」

關鍵在於記住那些神經通道，以及羅斯和蒙特凱索寫過的雙重記憶；有些來自體感系統的神經纖維並沒有跨越另外半邊的腦。它們從單側往上爬到和刺激同側的腦。然而當時我們還不清楚這些纖維在做什麼。最後，我碰上了揭曉謎底的實驗。

我把要辨識的物體數量限制在兩個，一個塑膠的三角形和一顆塑膠球。WJ蒙眼的時候，只要說出我把哪一個放在他的左手就可以。幾次實驗後，WJ開始在每次測試都猜對。他是怎麼做到的？

想像你被交付這樣的任務，但手上要戴著很厚的園藝用皮手套。由於你從手套獲得的資訊太模糊而沒有即時的立體感覺資訊，因此無法立刻辨識出物體的本質。那你要怎麼找出答案呢？你很快就會學會找到物體的邊緣，然後用力壓。「資訊的有無」是少數這些同側通道能傳送的訊號，而在裂腦患者身上，因為右腦沒有接收到任何的形狀資訊，負責語言的左腦很快就學會根據

「我感覺到邊緣」或「我沒有感覺到邊緣」來做出結論：如果有邊緣，就一定是三角形；如果沒有感覺，那就一定是球。

這正是WJ在做的事。他會把玩物體到他的大拇指能用力壓到邊緣為止。這就是引發我剛剛描述的一連串事件的提示。這是我們了解到，裂腦患者會利用外在的自我提示，重新整合某些被切斷之資訊的最早例子之一。我所謂的「自我提示」，是由一側的腦所引導發生的行為，並由另外一側的腦透過一種或多種感官而感知到，這個過程能讓另一半的腦也開始做出適當的回應。第一次看到的時候真的令人瞠目結舌。

這看似簡單的觀察結果，其實為我們這些試圖了解大腦運作方式的人指出了一個深層的問題。很多研究者都認為大腦如果不是由數千個模組所組成，那也至少是由數十個模組所組成，這樣的看法後來也愈來愈明確。模組是局部的、特化的神經網絡，能執行特殊的功能，它們會適應外界的需求，或據此演化。模組是獨立運作的，但會以某種協調的方式產生單一的行為。想像一座有數百個獨立運作的商業團體的城市。放在一起的時候，它們會執行一座城市運作所需的一切，看起來就像是一個整體，而這些模組如何協調才是問題所在。多年來，我愈來愈清楚了解，模組創造出統一感的方法之一就是互相提示，而這通常在人有意識的覺知領域之外發生。我們在與掌握話語的半邊腦被切斷連結的受試者身上看到的自我提示其實無所不在，而且我們還觀察到很多不同的策略。在這個案例裡，腦抓住了簡單的觸覺線索，結合數量有限的決定：在兩個可能的物體選一個，於是提出了正確的答案。這只是一種策略。但我已經比過去更有進展。

最早的影片：區分左腦／右腦的開始

關於我們應該研究什麼的想法源源不絕。一開始我們都採納，或至少開始著手進行實驗，很快又很輕鬆。雖然斯佩里顯然對這些研究很感興趣，但這些研究並沒有獲得他完整的注意力。我之前提過，他因為其他傑出的計畫而非常忙碌。他就像是一個金融家，會押寶在小公司上，而我就是那個小公司的總裁，他等著我交出長遠的利潤。他一直很關切我的研究，幾乎每天都會跟我開會，但是他也有點保持距離。就像伯根在他的自傳裡所描述的：

> 接下來發生了很多事。一開始斯佩里並不感興趣。他只覺得他會讓我和葛詹尼加去做。但在第二個患者之後，斯佩里顯然發現所有在猴子上做的事，在人類身上都能更快做到。這下他就很有興趣了。[21]

在東岸，蓋許文有點抱怨他一開始的觀察結果除了在波士頓當地造成討論之外，並沒有在其他地方獲得立刻的認同。他寫道：「下面這個很有意思的結果，其實反映了這種興趣缺缺的現象：卡普蘭和我描述了第一個有胼胝體症候群的現代患者，但《新英格蘭醫學期刊》居然沒有附上任何意見，就拒絕刊登我們的論文。」[22]

不過《神經學》期刊倒是很感興趣，並且接受了這篇論文。重大發現沒有獲得認可其實是很常見的事。美國化學家勞伯特第一次想發表他後來發展出磁振造影（MRI）技術的研究時，《自然》（*Nature*）期刊拒絕了他。他後來以此研究贏得了二〇〇三年的諾貝爾生醫獎。之後他打趣地說：「用過去五十年裡被《科學》（*Science*）或《自然》期刊拒絕的論文，就能寫出完整的科學史了。」[23]

我後來了解到，在短時間裡，對於發現的熱忱可能僅限於做研究的那個人而已。這個世界太忙碌，每個人都囿限於自己做的事。要讓他們從目前投注熱情的事物中移開視線，需要花一番功夫。世界上最有才華的心理學家之一普瑞馬克也觀察到了這件事。當他的論文在《科學》發表之後（突破性的研究內容，使他得以提出日後以他為名的「普瑞馬克原則」的動機理論），他以為這個起點能讓事情變得簡單一點。但他告訴我：「我根本不知道我後來還得花十年的時間，在所有我知道的學科研討會裡推銷這個理論。」

斯佩里的興趣確實有了變化。在我被要求向生物學系做一場類似研究所招生宣傳的演講後，我更確定了這一點。演講的當時，我的裂腦計畫研究已經進行了至少兩年，並且深入各方面的測試計畫，但我播放的影片才是最精采的部分。

打從一開始我就想幫所有的實驗做影片紀錄。在一九六二年，攝影機還不存在。當時只有膠捲，更準確地說，是十六毫米的膠捲，還有笨重的膠捲攝影機。因此我和在帕沙第納湖街上的艾文相機店的人成了朋友。

拍攝影片不是簡單的工作。一開始我對拍片一點概念都沒有：不管是燈光、f制光圈、焦距、景深，還是讓被拍攝的人維持在觀景窗裡，我全都一竅不通。最重要的是，我根本不知道一台博萊（Bolex）攝影機要多少錢！艾文相機店裡的人對我傾囊相授，一開始先教我用手搖式博萊十六和三角架。我剛開始做的非常簡單。每次聽見我的研究都會有人提出來的一個問題是：患者的日常生活受到什麼影響？所以我開始拍攝患者從事日常活動的情況。其中一位患者是NG，她住在距離加州理工學院約三十分鐘交通時間的西柯汶納，丈夫在福特的工廠工作。他們的房子滿好的，後院還有一個很不錯的游泳池。有一天我去看她，在泳池邊架設了攝影機。NG很開心地游了幾圈。接著我架攝影機拍攝她坐在沙發上看報紙，就像其他人一樣（影片二）。

為了拍攝更豐富的內容，我需要攝影機之外的東西。所以我裝了一個能從遠距「拍攝」的小馬達，我把攝影機架在三角架上，控制它朝向實驗進行的方向，我就能一邊做實驗一邊控制它。這些影片非常驚人。

而且品質很糟。我絕對不是王牌攝影師。怎麼辦呢？我的好運就是在這時認識了才華洋溢的年輕攝影師伍曼，他也是後來《滾石》雜誌（*Rolling Stone*）的創辦人。他不知為何對這項研究深深著迷（又是一個我認識的對科學有興趣的非科學家），而且願意助我一臂之力。我問他願不願意跟我一起到當尼拍攝我要WJ做的一項桌面簡單任務，他很樂意與我同行。這段影片後來成為裂腦研究具有標竿性質的代表之一（影片三）。

這段影片直截了當。WJ在影片裡先被要求排列魏氏成人智力量表測試工具當中的積木，一共有四個，六面的顏色都不一樣。患者會先看到一張卡片，上面有利用這些積木排列出的圖樣之一，接著他必須把積木排成相同的圖樣，一般稱為「柯氏方塊組合能力測驗」。出於一些尚未釐清的原因，人類的右腦專門負責完成此類任務的視覺運動功能。因此可以預測，運動能力受到右腦控制的左手進行這項任務會比較得心應手。而這段影片就呈現了這樣的結果。左手以迅雷不及掩耳的速度直接將積木組合完畢。

下一段則是右手試著完成同樣的任務。右手受左腦控制，它負責語言與說話，但就是無法將四塊積木組合成圖片上的樣子。左腦甚至搞不懂這些積木該怎麼擺在一個二乘二的方形空間裡，通常都會把積木擺成三加一的形狀。這真的很驚人。右手不斷嘗試又失敗，突然間能力比較強的左手想要來幫忙！因為這種情況太常發生，所以我們必須在右手進行任務時，讓WJ坐在自己的蠢蠢欲動的左手上。

最後，我們嘗試讓兩手自由解決問題。在這段的連續鏡頭裡，我們更明白裂腦研究究竟能教我們哪些事情。簡單來說，一隻手會想破壞另外一隻手的成就。左手會修正錯誤，但右手會破壞這樣的成果。彷彿有兩個分離的心智系統相爭表達他們的世界觀。就算退一萬步說，這個現象都太驚人了。

整個柯氏方塊組合能力測驗是來自兩個先前的努力成果。首先，早期神經學家的研究有清楚的證據顯示，右腦損傷會造成畫出立方體之類的立體視角圖的能力減弱。我們很早就開始做這項測試，WJ也很清楚表現出這個結果：左手能畫出很漂亮的立方體，但是右手不行。同時，伯根一直試圖說服我們做「標準的神經心理學測試」。雖然斯佩里和我覺得沒有必要，但是他在堅持這件事方面功不可沒，而且他寫的內容也很有說服力：

詹金斯從手術的痛苦中恢復（並感覺好多了）之後，很想參加一些實驗室裡的測試。幾個月後，一位社工幫忙聯絡了一名偶爾會測試臨床患者的心理學家。她安排了一些經費，那位心理學家也同意見面。我覺得他不只老，還很不可靠。我向那位心理學家解釋患者的情況，以及他過去多麼風趣。我問他：「你給他做標準測試了嗎？」「做了，魏氏成人智力測試。」我不是很了解這項測試，葛詹尼加也是，在經過一番爭論過後，他終於不情願地同意旁觀。

在醫院裡被暱稱為「艾德華斯老爹」的那位心理學家答應了我們的要求。他和詹金斯在屬於設備之一的桌子面對面坐，葛詹尼加和我則坐在另外兩側觀察。測試時間約一個多小時，從我們的角度來看還滿沉悶的，直到艾德華斯醫生拿出了隸屬於魏氏測試的方塊測驗。詹金斯有點徒勞無功地把方塊推來推去。此時艾德華斯只是一如往常地計時，最後給了他零分。我提議［詹金斯］一次只用一隻手，但艾德華斯醫生反對，因為一般都是讓受試者使用雙手。然而，我說服他短暫嘗試一下。所以我們請詹金斯只用右手來排積木……而且要坐在他的左手上……他表現得很好。葛詹尼加和我互看了一眼，彷彿我們瞥見了聖杯。「接著試試看用你的左手來排，」我提出這個要求。他做得很好！「現在試試看下一個圖樣。」他用左手很快排出下一個圖樣。「不！」艾德華斯說。「他應該要用雙手。」情況變得有點緊張，因為他堅持要用標準的方式來做，而我們又急著想更接近我們的聖杯。艾德華斯醫生靜靜地贏得這一回合，結束了測試。我們向他道謝，他說：「是滿有意思的。我們應該再測試二三十個有不同損傷的這類癲癇患者。」這種雙手笨拙的現象，似乎是當初阿克雷提斯所謂的「運用障礙診斷」，而我們之後稱之為「雙手衝突」。

我們知道艾德華斯對於剛剛到底發生了什麼事一無所知，他也不知道詹金斯是什麼樣的患者，或是為什麼我們笑逐顏開。我的下一步就是借一組魏氏測試裡的積木（必須有執照才能購買這些積木），然後終於拿到了柯氏彩色方塊。我們重新測試詹金斯，充分確認他一樣有左手做得非常好，右手做得很差的差異，持續了至少兩年。當我們把資料給斯佩里看的時候，他一如往常地用帶著懷疑的輕柔語氣說：「我想你們兩個小伙子已經把那個人訓練得很好了。」的確不是每一個患者都有這種雙手能力落差。第二個患者就沒有這種落差，兩隻手在測試裡的表現都滿差的。然而，有些患者很明顯表現出這樣的落差。[24]

還好在一九六〇年代晚期，我離開加州理工學院後沒多久，黑白膠捲攝影機就問世了。和錄影設備裝在一起，整個機器又大又笨重，但還是能讓我們錄下實驗的過程。至少在拍攝影片的早期，「膠捲」還是有一些優點大勝影像錄製。幾年後我搬到紐約州立大學石溪分校，我的起始經費全部用來購買了玻留新聞十六釐米攝影機，可以把聲音也錄下來。無聲電影的時代已經結束了。我們可以聽見患者說了什麼，回答問題以及各種詢問。我拉著那台用顯眼的巨大鋁殼裝著的攝影機到處跑了好幾年，帶它到巴黎等地，覺得自己這麼做很有男子氣概。多年後，這台機器變成了一個沉重的負擔，維修和使用都很麻煩，於是被放入了儲藏室。當一名才華洋溢的達特茅斯學院大學生即將畢業，前往布魯克林追求紀錄片導演的生涯，我便把這台攝影機整理過後送給了他。現在它還在某處過得好好的。

像我之前說過的，斯佩里變得很投入。在我第一次公開的演講上，我剪接出一段十五分鐘的影片，內容是患者在做各式各樣的事。我先讓大家看他們在日常生活裡，看起來非常正常的樣子。接下來的畫面是患者表現出切斷左右腦連結後帶來的影響，包括無法用話語表達進入左側視野的視覺資訊。更重要的是，我接著播出一些片段，顯示出左側資訊還是能影響行為，例如透過用左手在一群物體中找到符合的物體時就會展現出來。最後，影片以WJ進行我剛剛說的積木測試畫下句點。就算退一萬步說，這段影片都讓人目不轉睛：精采絕倫。大家都這麼說。那是很棒的一天。

不過隔天就完全不是這麼回事。情況變得很棘手，斯佩里要我去他的辦公室，沒多久就開始盤問我，質疑我的每一項發現，彷彿他從來沒有好好看過我的實驗，但其實我們每次測試後都討論過好幾個小時，而且他也參與了很多次這些討論。他質問了我好幾個小時，讓我震驚不已。一段時間後，我才了解他這麼做是對的。十五分鐘的影片確實讓這項研究活了起來，他知道這件事會造成轟動，所以他想要百分之百確定所有的測試都正確進行。他從很早開始就已經賭下去了，並且給予完整、毫不動搖的支援，現在他要真的確定這項研究堅不可摧。他是在做他的工作，而我還在學習這一切是怎麼運作的。

一切的背後就是未曾消失過的加州理工學院文化：永遠不放棄質疑。比方說費曼就常常出現在研究生的辦公室裡問他們在做些什麼。有一天我在忙的時候，有人打開了門，門外是費曼湛藍的眼珠骨溜溜地轉。他問我：「你在做什麼？」我那時候做的都是靈長類的測試，又密集又花錢的差事。幫每一隻猴子做訓練儀器非常貴，整體的資料收集和分析又很繁雜。而且還有獼猴B病毒的問題，人類被可能會因為猴子咬到而傳染並且致死。所以當費曼問我這個問題時，我早就有了答案。

我說：「其實我在嘗試做出一種能植入猴子體內，發出無線電訊號讓我們辨識牠們的儀器。這樣我們就能把猴子都關進一個大籠子裡，在末端放一個測試平台，等猴子跳上去玩遊戲的時候，電腦就能辨識是哪一隻動物在玩，並且把反應資料分類。」之類的說法。

費曼皺了皺眉，說：「我有個更簡單的系統。不要讓猴子吃一樣的東西，這樣牠們每一隻的體重就會不一樣。當牠們到測試平台上的時候，就用體重計的偵測結果判斷是哪一隻猴子，並以這個方法來追蹤資料。不需要花稍的無線電發射器或植入手術了。」他微笑眨了眨眼，接著起身離開。我瞠目結舌，但很快又埋首工作。幾分鐘後，斯佩里如常地走進實驗室。我告訴他這件事，我們聊了一下，接著他便離開。

大約三十分鐘後，斯佩里又回來了。他說：「那樣不行。」我一頭霧水，「什麼不行？」「費曼的點子，」他回答，「動物會作弊，不會好好量體重。牠們溜進去測試時會抓住籠子。」斯佩里離開後，我再次覺得我在全世界最棒的地方做事，這裡都是聰明人，而且永遠不放棄互相競爭。

等待：感官－運動整合如何運作？

經過後續數百項檢視幾十個議題的研究後，我已經獲得了這些知識。回頭看當初的任何一項研究，我都會想到在這樣的測試裡有多少個大腦機制在運作。可是在早期還沒有人知道這些機制，一個也沒有。如同伯根指出的，在加州這邊接受許多測試的另外一名患者，並沒有像WJ一樣在方塊排列測試中出現顯著的成果。這是怎麼一回事？有什麼能解釋這項在許多患者身上看到的個別差異呢？個別差異總讓人有機會更深入了解機制，所以我又開始研究了。

那時候的實驗室裡，每個人都對貓、猴子，以及人類的感官－運動整合很著迷。我們知道被切斷連結的左右腦，各自對相反邊的手臂與手掌有最佳的控制。斯佩里在加州理工學院的博士後研究生崔佛森當時在進行一系列非常聰明的實驗，結果顯示猴子使用一隻手臂／手掌回應一項任務時，代表對側腦會學到這個問題。同側的腦雖然也能取得這項資訊，但卻不會學習。然而，只要換一隻手去回應該任務，之前沒有學到的那半邊腦馬上就能學起來。所以，左右腦都很會控制另外一邊的手臂／手掌。[25]這非常符合背後的解剖學。

奇怪的地方是，為什麼有些患者好像能用一邊的腦控制同側的手呢？也就是說，左腦怎麼能控制左手呢？WJ的左右腦雖然各自能良好控制相反邊的手臂和手掌，但要控制同側的手臂和手掌卻很困難。這是很引人注目的現象。關於我們的頭骨裡不是只有一個，而是有兩個心智的大腦分裂故事，很多都起源於左右腦與相對邊的手臂之間明顯的連結。這段影片強調了這個基本發現，對於測試該名患者的人來說，這是顯而易見的證據。然而隨著愈來愈多的患者加入研究範圍，開始有很多患者都展現出對同側手臂的良好控制，其表現就和控制對側手臂一樣好。可是就算他們對同側手臂有良好的控制，似乎還是無法控制同側手掌的運動。這是怎麼一回事？

最後我們終於知道為什麼所有的患者都沒有表現出像WJ那樣只有左手特別靈巧的方塊排列表現。有些患者比其他人更能控制同側的手掌。他們在手術後通常要花一點時間學習如何控制同側的手掌，但大部分都能控制自如。這代表專門負責某種資訊處理過程（而此能力可透過排列積木來進行測試）的某側大腦，在學會控制同側的手掌後，就能控制雙手中的任一隻執行這類處理過程。因此，我們無法判斷控制手掌運動的是哪一側的腦。這種雙重控制使得我們要評估左腦與右腦的專門能力變得非常棘手。

大部分的患者最後都能夠控制自己同側的手臂，這點非常顯著。在加州的第一批患者是這樣，後來在東岸測試的患者也是如此，我們這些人花了很大的力氣研究才了解背後的原因。這個問題讓每個人都深深著迷。梅爾斯和斯佩里研究貓的這種現象，崔佛森則研究猴子，每個人都負責拼圖的不同碎片。我探討的是一個非常簡單的問題：一隻用半邊的腦看世界的猴子，怎麼能用同側的手撿起葡萄？這個答案帶來了很大的啟發。

同樣的，根本的謎團是：為什麼在進行目標導向的行為時，左右腦被分開的動物（有時分裂的程度遠超過人類分裂的程度）的行為看起來總是具有整體性？舉例來說，左右腦分開得很徹底——從最上方到最深處的橋腦*都被切開——的恆河猴，怎麼能用左腦控制同側的左手？我們的問題有一部分出在我們已經做了假設。我們所有人都堅信的假設是，自主的運動控制源自於一個和特定周邊肌肉有直接連接的中央指揮中心。因為這個假設，所以我們一開始觀察到的看起來都很不合理。我們都被自己錯誤的想法欺騙了，當我們丟掉這個假設，大腦的運作看起來就和我們原本的假設有極大的差異。認為有一個「我」或是一個指揮中心在腦中的想法，根本就是一個幻覺。

我知道這很難接受，也因此我們花了這麼長的時間才搞清楚。根本沒有一個指揮官所在的位置，沒有小矮人在發號施令。數十項的研究最後終於揭曉了真相：動物會自我提示。[26]沒有任何指揮中心。一側的腦在讀取另一邊建立的線索，產生一個整合的、有效的行為結果。突然之間，我們對於大腦如何協調各部分的整體想法，都經歷了劇烈改變，可說是一種典範轉移。

為了了解這個策略，我們用高速攝影拍攝裂腦症的猴子，讓牠們一隻眼睛閉著，伸手拿葡萄等物品。這些動物的視交叉因為非常分裂，所以一隻眼睛看到的資訊，只會進入同側的腦中。所以如果我們遮住牠的右眼（我們用了各種手段要做到這件事，包括設計了一種特別的隱形眼鏡），只有左腦會看到資訊，接著拍攝兩隻手如何去拿掛在棒子末端的葡萄。因為視覺資訊現在只限於左腦，所以受到左腦控制的右手可以快速靈巧地拿到牠很想吃的葡萄。伸手去抓葡萄的時候，手會正確形成預測中可取得一口食物的姿勢（圖十二）。

＊橋腦是腦幹的一部分。

圖十二　圖示重現利用慢動作影片檢視猴子的裂腦功能。這段影片幫助我們判定裂腦的猴子如何在一側的腦幫助牠看到想拿的物體時，控制身體同側的手臂和手掌取得物體。

當這隻猴子的視覺還是限於左腦，而試著使用左手時，牠顯然採取了不同的策略，提示會在很多層次發生。首先，猴子會把整個身體往物體移動。左邊看得見的腦控制了整個身體的姿勢與方向。牠可以輕鬆地將整個身體朝向正確方向，面對空間中放著葡萄的那個點。這樣一來，透過本體反應反饋機制，右腦獲得來自肌腱與關節的動作與位置反饋資訊，便能大致上知道物體的位置所在，左手臂就能朝物體所在的大致方向伸出去。左腦可以利用身體的運動，向右腦發出「開始」的訊號，啟動左手臂的運動。於是右腦命令左手往適當的方向移動，現在我們知道這是手臂的本體反應反饋所造成的。簡單來說，右腦大概知道物體在哪裡。接著是最有意思的地方：左手還是很笨拙，而不是先做好抓住物體的準備姿勢，因為控制左手的右腦並不知道物體在哪裡。右腦並不能真的看見物體，而左腦又無法控制左手的末梢手指，因此手的姿勢看起來總是很怪，不像真的要拿葡萄的樣子——直到精采大結局出現：手終於碰到葡萄了！在這時候，右腦的體感覺和運動系統獲得了提示，開始運作。左手迅速形成正確的姿勢，抓住了葡萄。這很像我們要把手深進黑漆漆的抽屜裡把東西拉出來：只要感覺到東西，就知道怎麼抓住它。

所以我們了解到為什麼不是所有患者都表現出一側的腦特別專精積木排列，這不只是可以理解的，而且還是可預期的。WJ除了胼胝體腦部損傷以外，還有其他的腦部損傷，因此他的同側感覺／運動系統以及反饋機制無法順利運作。其他患者的神經比較完整，所以很快就學會怎麼讓系統運作。幾年後我開始研究東岸的一系列病例，看見患者如何在手術後立刻出現同側手臂與手掌的控制不良，並在左右腦學會如何互相提示後有所進步。

二十四小時全年無休進行一個計畫是不可能的，但全年無休參與生活倒是很容易。人類裂腦研究讓我忙得團團轉，但也不是沒有喘息的時候。我有其他的研究計畫在進行，部分原因在於人類研究可以快速完成；然後呢？

儘管WJ是手術切除裂腦時代的濫觴病例，他卻不是最有意思的一個病例。一段時間後我們了解到，他的右腦功能非常有限。不過原本在WJ身上進行的實驗，還是回答了左右腦切開後造成之影響的相關基本問題。

我們發現一側大腦看見的資訊不會傳遞到另外一側，我們為體感覺系統提出更複雜的說明，我們也明白了大腦控制手臂與手掌的能力與限制。最後，我們的研究也顯示出一側的腦執行立體重建任務，也就是積木排列測試時，如何優於另一側腦的表現。就像我說的，這些研究我們很快就都做完了。[27]

隨著這邊的研究即將完成，我們也開始想探索不會說話的右腦的心智能力，並且找出它還能做什麼。右腦到底有沒有語言呢？它能解決問題嗎？它能學會簡單的遊戲嗎？接下來的兩年多，我們一直抓著這些問題進一步探索。

結果WJ的右腦只有最基本的認知能力而已。雖然他的右腦能做到找出相符物體的簡單測試，但在進行其他比較複雜的任務時，它的成功完全只是隨機的結果。所以當我們向右腦閃過一張三角形的圖片，它能在許多選項中指出一張三角形的圖片。但如果向右腦閃過的是「蘋果」的文字，或是其他文字，那麼它就會一片茫然。簡單的配對能力顯示右腦是獨立運作的，但並不是涉及語言的高層級運作方式。右腦的語言潛力是在後來更多案例出現後才開始顯現。

所以我們目前的情況是這樣的：我們知道WJ右腦的認知能力有限。在後來NG和LB的案例出現之前，所有人都參加了其他的計畫。我們此時處於一個整體計畫當中，大家都對自己的發現感到興奮，但又會自問這一切能持續多久。此時我們還不知道，愈來愈多案例成為研究對象後，裂腦研究會變得多麼豐富。新的案例以令人興奮的方式扭轉一切，但這些都是後來的事了。從斯佩里的角度來看，儘管我們有了很棒的發現，他還是不打算放棄長久以來對發育神經生物學領域的投入。如伯根所指出的，難怪他一開始有點謹慎過頭。

那你閒暇時間都在做些什麼呢？在那個時代，有空你就能做更多研究。錢不是問題。時間只要擠出來就有了。而且當然有很多可以研究的問題——主要來自於成功的人類研究。在研究WJ之後，我腦中的第一個問題是：猴子生命中的事件記憶是否會重複儲存在左右腦中？WJ以語言為基礎的記憶顯然只存在於左腦。學會各種視覺辨識的猴子，正常反應是向左右腦查詢那項知識；但牠接受裂腦手術之後會怎麼樣呢？

我怎麼進行這些實驗？斯佩里的實驗室由許多充滿個性的人所組成，但也是一個互助合作的地方。崔佛森和斯佩里為了讓我能開始研究，進行了一些手術。實驗室裡的技術人員柏德協助我學習如何訓練猴子。商店的瑞吉教我怎麼製作測試儀器，不過其實大部分都是他做的。而我在加州理工學院最好的朋友漢密爾頓當時是研究生學長，教了我其他所有事。所以他們讓我開始進行各式各樣的靈長類研究，從此延續了十五年以上，同時我還繼續在做人類研究。

和動物一起工作，特別是猴子，對情感是一大考驗。雖然猴子可以很有攻擊性而且很麻煩，但牠們通常不會這樣。我們很關心這些動物，在手術後會一直陪牠們，直到牠們康復為止。我們自然地這樣進行，沒有接受任何指導。但在很多實驗室裡，殘忍就是研究要求的一環。從那時候開始，對於動物的想法出現了深層的文化轉變，也反映在實驗室的做法上。現在動物研究會由專家進行，受到監督的仔細程度還勝過某些人類診所。

關於同樣的記憶是否同時儲存在左右腦，實驗的結果非常清楚明白地顯示：接受某個視覺問題訓練後的猴子只會保留一份記憶。可是貓看起來是保留了兩份記憶，左右腦各一份。[28]根據我們對WJ的測試，沒有清楚的跡象顯示右腦保留和聽見或閱讀語言有關的記憶，但左腦顯然保有這類記憶。然而我們知道，儘管說出物體名稱超出了右腦的能力，但是左右腦都能辨識物體。在某個層面上，猴子和人類似乎是類似的；但在另外一個層面，人類和貓又是相似的。當然，隨著我們進行更多實驗，問題就變得愈來愈複雜。

記憶儲存在哪裡的這個謎題，過了這些年都還是備受討論。在原本的猴子研究中，我們也顯示保存記憶的腦會有變化。有時候是左腦，有時候是右腦。這顯示人類的腦並沒有針對單邊記憶痕跡的特化。有些患者似乎有雙邊的語言能力，但更多患者沒有這種能力。多年來，隨著人類裂腦病例的增加，人類的多樣性也愈來愈顯著，而記憶的運作至今還是個謎。

諾貝爾獎

我和斯佩里在後來的生涯中有些齟齬也不是祕密。多年來我選擇繼續從事裂腦研究，並根據我的發現發表成果。科學家經常會轉換自己的研究方式與主題，而我沒這麼做讓他惱火。我們在一九七〇年代初期和一九八〇年代中期還不時地有些讓人煩躁的通信聯繫。與人共享榮耀不是他的強項，但我對他向來抱持著極大的敬意也不是祕密。他在一九八一年因裂腦研究獲頒諾貝爾獎，絕對是實至名歸。《科學》雜誌請我為他寫一段評論，我也帶著熱忱完成（見附錄一）。我非常希望關於我對他的想法的公開紀錄中保留的是這段文字，而不是我收到的信中有時出現的那些殘酷與誤導性的內容。

第三章 尋找大腦的摩斯密碼

你生氣的每一分鐘，都失去了六十秒的快樂。

——艾默森

我的看法隨著時間改變了。伯根、斯佩里和我最早提出的那些報告主要是關於WJ，雖然單一病例總是很有意思，但很難具有決定性意義。隨著研究的病例增加，情況愈來愈明顯：我們從WJ身上學到的東西雖然建立了人類裂腦研究的舞台，但無法定義我們究竟能學到什麼。一開始直接明朗的情況讓人充滿活力，但距離完整還有很大一段的距離。事實上，五十年後我們都還沒有完全了解切斷連結左右腦的主要神經，到底會對神經與心理造成什麼樣的後果。癲癇患者接受的胼胝體切開術本來就不是很常見的手術，隨著其他手術策略以及更好的藥物干預出現之後又更少見了。

伯根常說，科學的進步一開始是有了新的發現，接著幾年裡所累積的各式各樣東西，用令人分心的細節把原本的發現給悶死。從這個角度來看，愈新的病例就讓情況變得愈複雜。舉例來說，我上一章裡提到，研究者很快發現一側的腦可以控制兩隻手臂，但不能控制兩隻手掌。接著我們發現，因為左右腦各自都能控制雙臂，因此不論是左或右的軀幹被碰觸到，兩手都能正確指出被碰觸的位置。這個發現似乎顯示左右軀幹的感覺資訊同樣都會投射到左右腦，可是我們後來又發現不是這麼回事。我們也觀察到右腦有時候會表現得非常聰明，有時甚至有獨特的智慧，能做到非語言的一些技能。簡單來說，這些案例身上似乎有一個充滿互動的動態心智系統，但這樣的互動其實是由兩個非常個別，而且沒有連接的認知系統所控制。我們慢慢了解到，要分辨我們在檢視的是獨立、無連接的半邊腦進行的獨立心理過程，還是受到另一側腦的欺騙，其實不是件簡單的事。

這些都發生在加州理工學院測試計畫的那幾年。隨著洛杉磯有更多病例加入研究（最後還有來自全國各地手術中心的病例），左右腦會持續以複雜方式互動的現象也獲得愈來愈多證據的支持。在一九七〇年代中期，第一個來自東岸的新患者為我們的基礎理解打開了新局面。然而這個發展是過了將近十年後才出現。

接近一九六〇年代中期時，我突然了解我必須離巢了。這個想法令我不安，因為加州理工學院依舊是我的科學天堂。長久以來，我都忽視這個事實而自顧自忙我的事。我在帕沙第納的最後幾年非常豐富，當我再看見當時拍攝的一系列的影片時，更提醒了我當時過得多麼精采。那些影片以及後來拍攝的東岸患者之一DR的錄影，讓我想起在東西岸系列患者身上辨識出大腦基本機制的鮮明回憶。其中一個基本機制和情緒有關。情緒幾乎隨時隨地為我們的認知狀態上色。在胼胝體下方腦中較原始的皮質下結構，和情緒管理有很大的關係，這些結構很多都具備左右腦的連結。一側腦所經歷的情緒，會不會被另外一邊偵測到，或是對另一邊產生影響呢？

這些問題在我們開始看到WJ和第二位加州理工學院病例NG之間的差異後漸漸成形。我們研究NG的時候開始懷疑左右腦是否想要監控彼此。NG可以從任一側的腦控制任一隻手臂。我們看見一個例子是，一側的腦只要輕輕地動動頭，就能提示另外一側的腦我們一開始提出之任務的解決方式是什麼。就某方面來說，左右腦就像教室裡聯手作弊的兩個孩子。一旦我們了解這是怎麼一回事，所有的發現就變得合理了。想像你和某個人緊緊綁在一起，像是舞技高超的雙人探戈舞伴一樣。你們各自還是獨立的個體，但是其中一人輕輕動一下頭，就能提示對方他要做什麼，以及進行動作的時機。當然囉，本來也應該要是這樣才對。在我們的研究中，這代表患者在經過練習後，自我提示的能力會愈來愈好。

大腦提示無所不在

在我們的認知測試下，被手術切斷連結的左右腦間的所有細微溝通都非常明顯。我們稱之為「交叉提示」[1]。模組，也就是個別的系統，經由互相提示而創造出有目的、整合的行為結果，這似乎是一個普遍的現象。我們很早就在加州理工學院的動物與人類裂腦研究中察覺到這一點，並且在接下來測試患者的五十年裡，一再看到它發生。我最早幾次的觀察之一，是要看看只能從左腦說話的患者，是否能說出在左右眼視野中都出現的彩色光線顏色名稱。在早期，我們總是會在意基本視覺資訊會不會經由可能還完整的皮質下通道，從右腦轉移給左腦描述。

在其中一個研究中，患者NG表現出我們新發現的自我提示策略。測試如下：如果彩色光進入右眼視野，也就是投射到會說話的左腦，那麼她沒有任何遲疑，可以正確說出顏色名稱。可是當光進入左眼視野，也就是投射到右腦，事情就不一樣了，但這個差異不顯而易見。如果我們向右腦閃過綠色，NG也說出「綠色」這個字眼，此時由於顏色的確是「綠色」，而她也沒有多說什麼，我們就只能準備進行下一個測試。這個時候，我們還不知道關於這道光的資訊是已經轉移到左腦了，還是左腦只是猜的，或者是右腦在說話。

洩漏天機的測試是當右腦看見特定的顏色，例如「紅色」時，NG卻說了錯誤的顏色：「綠色」。在幾次明顯的錯誤之後，患者開始每次都能說出正確的顏色。她不知道怎麼樣學會了一種策略，讓她的左腦似乎能說出只有右腦看到的東西。她一開始會說「ㄌ……」但是會停下來，然後猜對並說出「紅色」。這個情況是左腦在負責說話，而被切斷連結的右腦則聽見了左腦試探地發出「ㄌ……」的聲音。右腦不知道用了什麼樣的提示，阻止了左腦說出的話語，也許像是點點頭或是聳聳肩。經過前面幾次錯誤的嘗試後，狡猾的左腦學會這個提示，在收到提示時就改變它的反應，回答另外一個顏色！這些都是轉眼之間發生的事。

我想更深入探討自我提示的策略。就某方面來說，這種提示是在大腦之外發生的。患者學會像跳探戈一樣的策略：一側的身體會拍拍另一邊，了解左右腦之間進行的溝通。看起來就像有內部連結與溝通，統一了兩個分開的腦，但事實上是外部訊號提供了統一兩者的溝通。我們也開始懷疑，大腦裡面究竟是不是真的會發生提示，畢竟手術只切開了皮質裡的認知與感覺系統的連結，而在腦中完整的皮質下通道裡，還是有數十種間接但複雜的方法讓兩側互相連結。而且就像我先前說過的，我們想了解更多心智生命當中比較虛無飄渺的部分，例如情緒。而猴子的實驗似乎能回答情緒的問題。

所以，一如加州理工學院的風格，我們就動手了。這需要建立比較特殊的測試儀器、更多的動物，還有我更熟練的手術技巧。手術過程都受到嚴肅對待，並且小心規畫。我們都是自我訓練的，一開始是參加實驗室裡經驗豐富的成員的手術。我很幸運的是，當技術高超的貝魯奇自義大利比薩來訪時，允許我見習他的手術。此外，斯佩里動手術的技巧也很厲害。有一次，我在手術室裡看他進行手術中很需要技巧的一個步驟，他專注地看著手術用顯微鏡，輕聲說道：「我好像看不到前聯體。」我把身體往前傾，想聽得清楚一些，結果推動了桌子發出聲音，此時他冷靜地說；「喔，在這裡。」他總是這麼鎮定。為了進行這項實驗，手術後復原的猴子會戴上有紅色與藍色鏡片的蛙鏡。彩色的濾光片會讓不同影像各自投射到左右側的腦。我們想知道如果一側的腦突然接收到蛇之類的強烈情緒刺激，另外一側的工作模式會是如何。情緒被引發的那一側腦會取得主導權，還是透過皮質下通道，影響另外一側正在進行簡單、情緒中立的視覺學習神經任務的腦呢？

答案很清楚。受測試的動物會往後跳。看到情緒刺激物，也就是蛇的圖像，並經歷情緒的那一側的腦，會提示這隻動物的身體其他部分：情況不對！這個粗略且無誤的提示讓動物立刻變得激動，停止進行辨識任務，而且也不願意回來繼續實驗。交叉提示再次顯現。在這個例子中，似乎有一個獨立並與眾不同的心智系統會有反應，並在這種激烈的反應中阻止其他心智系統以正常的方式運作。此時爬進我們腦海中的想法，就是「心」（mind）是所有心智系統的集合，而不是單一的東西。在當時，這是一個嶄新且重要的想法。了解裂腦猴為什麼和人類患者一樣會有這些行為，絕對是非常關鍵的。

我們繼續在動物和人類身上測試各種理論。在一九六〇年代晚期，我和希亞德都離開加州理工學院後，合作進行一項研究。當我們試著了解第三位加州理工學院患者LB的語言能力時，看到了另外一種交叉提示的變形。我們設計出一個很簡單的測試。患者只要說出在左眼或右眼視野中出現的數字（一到九）就可以了。通常我們會期望右眼視野裡的刺激會比較快被說出來。因此，如果「二」、「四」、「七」隨機出現，患者會說話的左腦都能正確做出反應。確實如此，每個數字被唸出來的反應時間都差不多。

然而一開始讓我們感到意外的，是右腦似乎也會說出所有的數字。這是怎麼回事？他是第一個表現出左右腦傳送資訊的患者嗎？還是他的右腦可以說話？（這個可能性一直都存在而且一定要研究。）或者右腦又用某種方式提示左腦了？

等到希亞德畫出了每次回應的反應時間，ＬＢ使用的策略就變得很清楚了。所有向左腦閃出的數字被說出的時間都差不多快，可是當同樣的這些數字隨機向右腦展現時，「一」的反應速度比「二」快一點，「二」又比「三」快一點，「三」比「四」又快，以此類推一直到「九」。我們又揭開了另一種交叉提示的策略！會說話的左腦開始用某些身體提示系統（例如輕輕點頭）開始數數字，讓右腦可以感覺。當點頭的次數達到右腦看到的數字時，右腦會發出身體停止的訊號，讓左腦感覺到。此時左腦就知道這一定是閃出來的數字，再把答案說出來，不是右腦說的！[2]真不可思議。我們想要贏過這個交叉提示系統，所以進行了另外一系列的測試。這一次患者被要求立刻做出反應。左腦還是能正確並迅速地反應，但右腦的分數就降低到亂猜。顯示大腦會轉換策略以達到相同的目標。

床邊測試的力量：患者ＤＲ

一些共通的原則在我們研究這些神經遭切斷的患者時浮現了出來。舉例來說，患者幾乎都會努力想達到測試者設定的目標。就算患者其實是以某種方式在解決任務，但測試者可能會以為並希望他們以另一種方式解決任務。挑戰在於辨識出他們實際的解決方法，一旦辨識出來，背後的機制就會浮現，而且通常令人很驚訝。當我最近在分類拍攝時間達數百小時的患者錄影帶時，發現一個特別生動的例子，顯示出「提示」如何在患者只是簡單使用一隻手複製另一隻手的動作時發生（影片四）。

這個病例是患者DR，她是達特茅斯系列的裂腦患者，也是一位大學畢業生和會計師。她在南美待了一段時間後，搬到美國東北部的新英格蘭地區，並在這段時間裡成為影集《星艦迷航記》的粉絲。她的錄影機裡有《星艦迷航記》的每一集，還有一架挺貴的企業號模型！在手術過後，她表現出所有切斷連結的標準現象：視覺資訊不會在左右腦之間轉移，觸覺資訊也不會。她的左腦主導語言與說話，右腦的功能屬於低階認知，只能認得圖片但不能閱讀。我們想檢視她的運動控制能力，所以我要求她在眼睛張開時維持兩隻手握拳的動作，這是後續所有指令的預備動作，接著要她用右手做出「搭便車」的手勢，她立刻做出來了。然後我要她用左手做一樣的動作，她也很快做了出來。接著我要她用右手做出「OK」的手勢，同樣地，她很快做了動作。我要她用左手做動作的時候，她稍微遲疑了一下，但還是沒有問題。

這就是在測試神經相關疾病患者時，測試者可以開始學到東西的地方。你要確認患者真的在用你想像的方式試著為你達成任務。在這個例子裡，我當然知道患者已經接受過裂腦手術。我們測試她的時候是一九八〇年代，此時我已經知道連結被切斷的單側腦，有很多種不同的方法可以順利控制同側的手掌。當然，控制另一邊的手掌從來不是問題，因為這種活動所需要的感覺與運動系統，都在同一側的腦中表現出來。控制同側的手掌卻完全不是同一回事。她負責詮釋我的口語指令訊息的主導左腦，是怎麼把指令送到控制左手的右腦運動系統的呢？左手這些運動控制系統，無疑地是由她被切斷連結的右腦所控制。而呈現給一側的腦的這些資訊，是怎麼被整合，讓另外一側、沒有連結的腦使用的？

回想病例WJ，他控制同側手臂和手掌的能力很差，但從特定側的腦控制另一側的手臂和手掌就沒有什麼問題，這是很引人注日的現象。就像我說過的，關於我們的頭骨裡不是只有一個，而是有兩個心智的大腦分裂故事，很多都起源於WJ的行為。然而隨著愈來愈多的患者加入研究範圍，很多患者都開始表現出對兩側手臂的良好控制。可是就算他們對同側手臂有良好的控制，似乎還是無法控制同側手掌的運動。同樣的，這是怎麼回事？

回到病例DR：影片中，她的雙手都似乎能對我的口頭指令做出反應手勢。我知道DR接受過裂腦手術，也知道主導語言的那一側腦和她右腦的運動控制系統是沒有連接的。我非常想知道在左右腦被切斷連結的情況下，她是怎麼控制她的左手輕鬆完成任務的。怎麼辦呢？以上述前提做為後盾，我稍微改變了測試內容，讓答案隨之浮現。我這次不先要求DR用右手做出「搭便車」的手勢，而是要求她用左手先做出手勢。她做不到。她失敗後，我再要求她用右手做出手勢，結果她立刻成功了。OK的手勢也一樣，如果讓左手先做，她就是沒辦法成功。為什麼會這樣？

顯然，如果讓左腦控制的右手先做，就會建立一個榜樣與影像，讓右腦可以看見並且複製。如果有榜樣複製，那右腦就能模仿手勢，輕鬆執行這個任務。本質上而言，患者的視覺接受來自另外一側的腦、位於大腦以外的交叉提示，因此能克服左右腦連結被切斷的這個事實。如果這是真的，那麼如果患者被要求閉上眼睛進行任務會怎麼樣呢？床邊測試就能輕鬆做到這一點。考試繼續進行。

我要求患者閉上眼睛，用右手做出「搭便車」的手勢，她一樣能快速達成。現在她的眼睛還是閉著的，我要她用左手做出手勢。驚人的是，她做不到。患者的右腦無法理解口語指令，而眼睛閉上使得左腦無法用模範手勢提示右手複製。因此，左手動也不動，只能僵在那裡。

這個簡單的床邊測試揭露了這麼多機制。不只表現出手術切斷連結的驚人影響，也揭露了目標導向行為的基本真相。我們都很急切地想達成單一、一致的目標，而我們的表現就如同我們在特定情況下想要的表現一樣。我們會以某種方式，從高度模組化、有數個決策中心的腦出發，達成這種一致的產出。在人類患者的身上，雖然正常的神經通道受到阻斷，但還是會透過其他可取得的替代機制與策略達成目標。這個例子中有兩件事很明顯：右腦和左腦沒有連結，因此右腦無法遵守口語指令，它又是主要控制左手的腦。然而，一般的解釋可能是，左腦利用我們知道的同側皮質脊椎通道（少數沒有交叉的神經）控制同側的左手。可是我們已經提出很多解釋說明這可能不是真的，因為要求左手做出手勢的口語指令在眼睛閉起來，或是左手先於右手做動作時，都沒有辦法被執行。這是怎麼回事？

顯然右腦只能執行視覺可見的指令，並且模仿被示範過的姿勢。由個別模組組成的整體系統會提示自己，達成目標。這種提示是目標導向行為普遍存在的機制。

新病例，新發現

隨著這些關於基本感覺運動控制的實驗在加州理工學院，以及後來幾年的達特茅斯學院如火如荼地進行，我愈來愈想展現這個分離的、不會說話的右腦，在思考、感知、理解、規畫等其他領域到底會做些什麼。儘管WJ在方塊排列測試這類的視覺運動任務顯然表現良好，但目前已經證實要從他的右腦獲得成果非常困難。他對於向左腦閃過的圖片或單字的反應很正常也很輕鬆。但是把同樣的資訊向右腦閃過，通常只會有很輕微的反應。就像拔牙一樣，每周開著我的斯圖貝克老爺車去當尼已經成了例行公事。有時候我去只是為了申請三．六七美元的油資補貼，支付接下來這周的開車費用。

直到我們開始測試NG這位開朗的年輕女性患者，而且她的丈夫超乎尋常地支持我們，我們才開始脫離在WJ身上密集研究的基本感覺運動統合任務，往前邁進。NG和WJ一樣，是因為無法控制的癲癇而接受手術，由伯根與他的神經外科指導老師沃格進行治療。測試她的經驗很愉快，而且就像大部分的患者一樣，測試也成為了她生活中很大的一部分。畢竟在測試的場合，我們會非常關注患者，也會對他們耗費的時間提供補償。我們都建立了很長遠的關係，延續數年之久。去年春天，NG丈夫的親戚在暌違將近四十五年後打電話給我，只為了向我打個招呼。

在NG之後出現了LB這個十二歲的男孩，是我們很喜歡並且進行非常多研究的患者。LB也是為了控制嚴重癲癇發作而接受手術，他後來被證實為是一個驚人的病例。幾年後，同樣毫無徵兆地，他寄給我一份尚未公開的原稿，內容是他描述自己身為患者及實驗受試者的個人經驗，原稿由加州理工學院的科學作家，情感纖細的貝里協助，描述LB的個人觀點。[3]

這兩個新的手術病例為這個研究計畫帶來真正的能量。我們很快確認他們都和WJ一樣有切斷連結後產生的基本影響，但他們也讓我們對於右腦的功能有了新的理解，儘管他們的左腦對於這個沒有連結、大部分時候都沉默的右腦在進行的處理內容一無所知，但他們的右腦對我們的測試反應是愉快並且充滿活力的。

這時候我已經很常使用我的博萊攝影機。測試NG的時候，我會把攝影機放在三角架上，除了對著患者的臉之外，還能拍攝到患者視野範圍之外的東西。因為有時候測試內容會要求患者碰觸這些東西，所以這樣的安排讓人很容易想像實際的情況，以及有時令人震驚的測試結果了。首先，患者能很輕鬆地說出放在右手的物體名稱，但放在左手的就不行。此外，向左腦閃過的物體圖片可以讓另一側的右手找到配對的物體，但同側的左手做不到。第三，這就是新時代的開始了，照理來說應該沒有語言能力的右腦看到了圖片，甚至是文字時，居然會促發左手伸出去取得視野之外的正確物體。[4]這非常驚人，直到現在都還是研究的主題（影片五）。我們看見第一個真正的證據，證明在左腦完全不知道內容的情況下，右腦有能力進行認知活動與複雜行為。

研究NG和LB多年以後，斯佩里和我得出結論：右腦擁有大量的字彙。右腦可以正確地對印刷的文字以及各種線條繪畫有正確反應。[5]右腦甚至有一些能簡單拼字以及偶爾書寫文字的能力，但很少會出現。我們繼續研究，希望能找到某種更高層級的獨立思想，並且設計數個需要簡單演算的測試。我們偶爾會在簡單的加法方面獲得成功，但減法從來沒有成功。

我們總是密切注意從分離的一側腦轉移到另外一側的腦部功能。在猴子的情緒刺激實驗後，我想看看人類是不是會有一樣的反應。非情緒刺激顯然不會以某種方式提示另一側的腦，那麼可能引發情緒反應的刺激會嗎？要進行這項測試，我們得先去雜誌店的最後方，購買封面被空白紙板擋住的色情雜誌。我們必須先購買雜誌，把圖片撕下來，拍照，再放入旋轉式幻燈機裡，讓色情照片在一連串湯匙、咖啡杯等正常物品的照片後，突然出現在左視野中。這項實驗讓我很緊張。雖然我顯然已經是個身體健壯的成人，但我也是天主教徒，所以你們知道的……

總之我克服了製作猥褻圖片的罪惡感，進行了這項測試，首先的實驗對象是NG（影片六）。我把攝影機都架好了，可以拍攝到她任何的臉部表情，但因為當時還是默片時代，所以沒有錄到任何聲音。還好影片很清楚，所以可以看到她回答我的問題。

MSG：注視那個點。

NG：好。

一張湯匙的照片閃過左視野，內容只有右腦看得見。

MSG：妳看到什麼？

NG：什麼都沒有。

她的臉上沒有表情反應。

MSG：好，注視那個點。

這次右腦看到一張裸女的圖片。

MSG：妳看到什麼？

NG：什麼都沒有。

……但她之後試圖壓抑笑意，最後放棄控制，開始咯咯笑出聲。

MSG：妳為什麼會笑？

NG：喔，我不知道。因為你那台機器很好笑。

這個結果讓我很興奮，雖然我過了好幾年後才真正了解它的意義。當時我一心只想確認WJ是否也會有這種反應。幾天後，我把所有的測試裝備打包到我的斯圖貝克車上，開車到當尼。我先讓WJ看了幾張中性的圖片，然後才讓這位二戰老兵的右腦看到裸體照。接著我問他：「你看到什麼？」他用我有生以來看過最面無表情的模樣回答：「什麼都沒有。」我非常失望。也許NG的測試只是僥倖。

為了讓實驗完整，我當然直接測試了WJ會說話的左腦。出乎我意料的是，WJ面無表情地說：「貼在牆上的養眼海報？」我說：「對。」我一邊手忙腳亂地整理設備時，WJ不帶情緒地加了一句：「你們加州理工學院的男女合校就是這樣的作風嗎？」這就是了。左右腦都不覺得裸體有趣。鮑林是對的：永遠不要帶有預設立場。

離巢

我在加州理工學院艾里斯實驗室走廊的公共電話，接到加州大學聖塔巴巴拉分校心理學系主任肯德勒打來的一通電話。也許斯佩里的實驗室不允許個人辦公室裡裝電話是有好理由的。電話鈴響有點像是個反信號：接電話一定會打斷你正在進行的工作。儘管如此，有時你還是得接電話，然後去找別人來聽電話。電話是個麻煩的東西。

總之那次輪到我接電話。我接起來時，肯德勒說：「我們想聘請你到聖塔巴巴拉分校擔任助理教授，九個月的薪水是驚人的九千五百美元。」薪水只有九個月，代表你得為了另外三個月找獎助金或其他薪水來源。一邊聽他說話，我就像是撞車前一刻的情況，心頭閃過許多重要的問題。首先，不論我怎麼想，確實到了該離開加州理工學院的時候。我在這裡已經五年了，新學生紛紛入學接手研究。再者，我已經接受了比薩的博士後研究職位，可以和我的好友貝魯奇一同研究。第三，我回來的時候需要一份工作。第四，這樣我和加州理工學院的距離不到一百六十公里，很接近這些患者，所以還是能繼續研究。此時我聽見自己說：「我接受！」就是這麼一回事。

當然，這項決定不能說一點也不痛苦，當然有也失落感。在加州理工學院，我不只在科學界有所成長，和這裡的社交圈也關係匪淺，包括我在政治界走了一趟的經歷。我和小巴克利的友情日漸深刻，他在一九六四年邀請我和他一起去舊金山的共和黨全國代表大會。同樣在舊金山的，還有偉大的美國作家帕索斯。他在經歷過激昂的左翼年輕時代後，現在已經成為保守派。帕索斯在此準備為《國民評論》寫一篇關於全國代表大會的文章，而小巴克利給我的任務就是守著他。帕索斯當時高齡七十多歲，只剩下一眼視力，卻比六個年輕人還要活力充沛，我根本很難跟上他。那是一次很極端的經驗，最高潮是在出刊前一晚把他的文章打字出來的痛苦工作，花了我一整個晚上。隔天下午，剛結束與出身政治世家的維達爾辯論的小巴克利和我見面。他冷靜地告訴我：「葛詹尼加，我看得出來打字不是你的強項。」沒辦法，那不是我的強項。

我在加州理工學院還參加了其他政治活動，包括金恩博士在一九六五年的最後一次訪問行程。那天晚上，他在帕沙第納舊城區歷史悠久的友誼浸禮會教堂發表演說，那是當地第一座黑人浸禮會教堂。我有幸在教堂的最後方參加佈道，那是我人生中最感動的時刻之一。我另外還有很多類似的經驗：小甘迺迪在一九六四年來到加州理工學院，作家鮑德溫在一九六三年來訪。和這些充滿生氣與動力的公眾人物會面，讓人不禁對社交界的想法變得成熟，其中又以鮑德溫特別打動人心。我曾有幸和他在帕沙第納的資助者家中，一間煙霧瀰漫的密室內促膝長談一晚。他說他曾搬到巴黎住過幾年，希望能感受到身為非裔美人與同性戀者的自己擁有更多自由。我問他為什麼回到美國，他輕描淡寫地說，雖然巴黎有很多優點，但他骨子裡還是個美國人。（世界就是這麼小，幾年後鮑德溫和小巴克利在英國的劍橋辯論學會進行了一場備受討論的辯論，鮑德溫被宣布為贏家。）

從加州理工學院的熱鬧世界，邁向我自己的學術位置的時機已經到了。在學術界安定下來之前，我要先到義大利和貝魯奇一起接受訓練。我們有個想法，簡單天真得讓人受不了，直到今天我們光是想到這個件事就要崩潰了。我們的邏輯是這樣的：胼胝體完整的人可以說出在左右視野內物體的名稱與文字，而話語只存在於左腦。換句話說，在左視野中閃過呈現給右腦的刺激，一定是從胼胝體傳送到左腦才能被表達出來。因此，只要記錄胼胝體內的活動，我們就能找出大腦的密碼了！就像是大腦的摩斯密碼之類的很酷的東西。

好，我有充分的理由去義大利，科學只是其中之一。我經常認為世界應該要把義大利變成國家公園，讓所有人都可以去愉快享受。那裡充滿深刻並且豐富的歷史、藝術以及樂趣；可以用美味、瘋狂、令人屏息、粗魯不敬，還有妙趣橫生來形容。四十五年前，我正要開始在我第一次的比薩之旅中學到這一切。

我的妻子、兩歲的女兒瑪琳和我，一起從巴黎開著小小的金龜車往南，大約半夜兩點才能抵達比薩。路上又黑，風又大，開下高速公路的時候還下著雨。一切都看起來非常悲慘，而且即將雪上加霜：我從後照鏡看見巡警的車閃著紅燈，要我靠邊停。警察走近我的車的時候，我的心頭一沉，因為我不會講義大利文，而他不會講英文。在嚴肅地打過招呼後，他要我拿出駕照和護照。這些文件都無法改變他臉上嚴肅的表情。接著，根據我的理解，他問我們去義大利做什麼。

我想我是因為聽見「觀光客」這個字的義大利文，才猜到他的問題的。還好我有一封莫里茲的信，他是出名的義大利神經生理學家，負責比薩的生理研究所（Istituto di Fisiologia）。我撈出這封信，交給警察。他有些傲慢地接過信，拿著手電筒讀。他一邊讀，一邊在我眼前搖身一變，成為態度恭敬的公僕。「不好意思，教授……」他用義大利文說，雖然我的學術地位很低，但我沒有理由糾正他。很快地，我們就沒有任何問題，一張罰單也沒有地繼續上路了。也許如果我知道怎麼要求的話，我們可能還會有警車幫忙開道。警察尊敬教授？天啊！這時候我就知道我愛義大利，這是我基因上的家鄉。

等我們在安排好的美麗出租公寓裡安頓下來後，就要前往研究所工作。研究所的美麗建築距離我們的公寓只有幾個街區而已，因為主建築裡沒有空間讓我們設立實驗室，所以貝魯奇安排我們使用在花園裡的一間空建築。我們的情況就是這樣：稍微有一點想法，還有一個空房間。該開始工作了。

里佐拉蒂也在這間研究所，這位年輕、才華洋溢的神經生理學家日後發現了鏡像神經元（我們都有的一群神經元，負責追蹤他人的動作）。里佐拉蒂和貝魯奇（圖十三）之後成為了很好的朋友。他們兩個人都是優秀的神經生理學家，並且教我非常多專業的知識。這是一個全新的世界，不同的生物學，需要耗費時間、還要求嚴謹與困難的技巧。然而我們的第一件事是要做好實驗的準備。簡單來說，我們需要一個操作平台、錄製設備、投影機、銀幕，還有貓。貝魯奇決定

圖十三　比薩的生理研究所給里佐拉蒂（上）和貝魯奇（下）以及我，一個在花園裡的空間做實驗。貝魯奇和里佐拉蒂都成為傑出的科學家，享譽義大利與全世界。

我們需要一個四分之一球形的特別銀幕，讓貓可以往上凝視，銀幕上的每個點和貓眼的距離都要相同。城裡的一位金屬焊接師傅會做東西，各式各樣的東西，但我跟你保證，他從來沒有用彎曲的鋼做一個四分之一球體給貓看。不過當貝魯奇跟他解釋這個計畫後，他看起來滿有意願的。雖然有點不情願，他還是做出了了一個四分之一球體。但拉著拖車把銀幕運過來的，是一輛在義大利隨處可見的三輪小卡車。當它接近的時候，所有人都開始哄堂大笑。我們有個問題：銀幕大到過不了實驗室的門。

貝魯奇不慌不忙地用義大利文說：「這不是問題。」他要求把球狀螢幕再切成一半，先搬進房子後再用螺絲組裝，這成功了。同時，實驗室的技師帕斯卡也幫我們找到了貓。唉，以前真的跟現在很不一樣。貓不是像至少三十年前開始的那樣來自受到良好管制的生醫動物機構，而是從後巷抓來的！帕斯卡的工作是持續供應實驗室需要的貓，牠們不是家貓，是街上的野貓，不受控制而且壞心眼。就算牠們被抓到籠子裡，要麻醉牠們都是一大難事。

所有的元素湊在一起後，斯佩里從加州理工學院來看我們了。他行經義大利，在比薩的期間就和我們在一起。如同我之前說過的，我們在這裡有問很棒的公寓，裡面也有客房，唯一要注意的是客用衛浴的馬桶，沖水後加水的時間有點久。斯佩里把這裡當成自己的家，於是拿了必要的工具，爬上天花板把馬桶的問題給修好了。他要確保我們都安頓好了，而且過得很愉快。

最後，實驗室的大日子來了。貝魯奇和里佐拉蒂讓關鍵的操作達到完美，有些人將此操作稱為「隔離腦製備」（encéphale isolé preparation），[6]這可不是一件簡單的事。這項準備工作讓動物可以清醒地接受測試，不會感覺到痛，然後盯著四分之一球形的銀幕，看見我們投影出來的刺激物。除此之外，單一電極會下降到胼胝體，讓我們偷聽左右腦透過胼胝體傳送的神經訊號。

我們滿懷期待，里佐拉蒂慢慢把電極放進胼胝體。如同神經生理學常用的做法，記錄系統接上了喇叭，所以我們可以聽見神經元放電的答答聲。我們準備好要聽見大腦的摩斯密碼了。

然後就發生了。電極刺進了胼胝體。我們沒有聽見預期的答答聲，喇叭裡傳出的是披頭四鼓手林哥史達清晰到令人難以忍受的聲音，唱著「我們都住在黃色潛艇裡，黃色潛艇裡，黃色潛艇裡。」里佐拉蒂抬起頭，冷靜地說：「這就是我所謂的高階資訊。」我們形成了某種封閉的電流接地回路，接收到當地電台的訊號。我們一起大笑，但我們也知道大腦密碼這件事，會有很長一段路要走了。

最後，我們確實完成了很不錯的一項研究。[7]我們展示了胼胝體裡的個別神經元（纖維）如何為中線左右側的腦提供視覺編碼資訊。貝魯奇和里佐拉蒂接下來幾年的後續研究中，成功展現了胼胝體究竟如何讓實際上分成左右兩邊的視覺世界看起來像一個。諾貝爾桂冠得主休伯爾描述這項實驗，並表示這是他所知最能夠展現出神經特異性之精巧的範例。

> 他們沿著中線切開視交叉，錄下了第十七區（接近右腦的第十七區與第十八區邊緣的）的訊號，並尋找能被兩眼驅動的細胞。顯然任何在右腦視覺皮質的雙眼驅動細胞都一定會直接從右眼接收到訊號（透過膝狀核），來自左眼的訊號則經由左腦和胼胝體傳遞。每一個可接收雙眼訊號的接受域都會橫越垂直中線，左邊的區域對應到右眼，右邊區域對應到左眼……
>
> 結果清楚顯示，胼胝體的一項功能就是連結細胞，讓它們的範圍可跨越中線。因此它也連結了左右腦的視覺世界……。[8]

蠢蠢欲動想要自己的實驗室

在比薩過了幾個月後，我發現神經生理學並不適合我。和所有研究一樣，這門學科需要的研究時數太長，也需要很強大的耐心，這不是我的強項。我準備好回家展開我自己的學術生涯。我想念測試患者，我有很多想做的後續實驗，聖塔巴巴拉似乎和比薩有千里之遙，我開始覺得自己很孤單，被排拒在外。我寫信給聖塔巴巴拉分校的心理學系主任肯特勒，問他我能不能提早在一月而不是七月就職。他最後用了些方法達成我的要求，我朋友貝魯奇也安排讓我在比薩的研究職縮短六個月。整體來說，那並不是我最如魚得水的日子，但也就那樣發生了。

新工作帶來的興奮感，新的學術階級，新的命運感，都為我一九六七年在加州大學聖塔巴巴拉分校的第一印象增添許多色彩。這是一個壯觀華麗的背景，心理學系裡都是聰明有才華的人，普瑞馬克就是其中之一。心理學系大部分的人都出身古典實驗心理學，對我來說是個全新的世界。因為我太有熱忱，因此還問了斯佩里願不願意考慮在聖塔巴巴拉工作。原來這是一種常見的模式，所以斯佩里真的過來拜訪了，我想他甚至和校長見了面，但最後並沒有成功。

成功的是我的第一筆補助，這是我在前往比薩之前申請的。我用在加州理工學院的最後一年寫的計畫申請補助，斯佩里和實驗室裡的其他人都幫我檢查過，內容是關於我想要繼續做的動物與人類研究。每個人都說計畫寫得很好，並且祝我好運。在一九六〇年代，補助很容易拿到，我的好運也持續下去。雖然我當時還沒發現，但斯佩里其實是審查補助計畫的國家衛生研究院研究部門主席。我確定他在評估計畫時一定有迴避，但是只要委員會裡有人對研究主題有廣泛的知識，就算他們不能參與，也都算是一件好事。我一抵達聖塔巴巴拉，就能快速設立我的實驗室，再度開始測試患者。

大部分心理學家都沒有機會可以測試左右腦被切斷連結的患者，這使得我在此地可以相對容易的去推動這些實驗。實驗心理學家測量人要花多久時間做事，或是進行同一項任務會犯多少錯，從這些觀察當中建立起模型，說明什麼可能有用，以及確實有一個心智生命在引導我們的行為。他們也真的做得很好。我在聖塔巴巴拉周圍都是這些專家。

早期裂腦研究協助架構起來的議題之一，就是資訊如何整合到一般正常完整的大腦中這個問題。我們在這個世界裡看見一個景象時，左右視野裡的東西會各自進入兩側的腦中。然而我們每個人都彷彿看到一個完整的景象，不會從中間分開來；觀察左邊的景象時，和右邊景象中間不會有斷層。為什麼會這樣？會不會一切並非沒有斷層，說不定可察覺到的時間差確實存在，只是以某種方式被掩蓋了？我們利用一個非常簡單的測試，對這種問題做出早期的貢獻。

隨著聖塔巴巴拉的大學生以及我新的研究生費伯利加入，我們開始進行測試。費伯利戴著披頭四主唱約翰藍儂的眼鏡，留著長長的捲髮，擁有美好的靈魂與自由的精神。他在加州波莫納學院的室友是史旺森，後來成為世界頂尖、最富想像力的神經解剖學家。相反的，在這個實驗過後，費伯利認為自己不適合念研究所，回到加州蓋伯維爾過著藝術家的生活。多年來，他的畫作使我的書籍生色許多，他也依舊風趣，但當時他在實驗室裡，則總是埋頭苦幹。

實驗任務要求志願者注視銀幕上的一個點，銀幕配有聲控電磁開關，以及簡單的手動電子鑰匙。前面的測試中會先出現警報聲，然後銀幕上閃過一個點，可能在左邊也可能在右邊。我們要求一半的受試者如果看到點就說「是」，如果銀幕上空無一物的話就說「否」，也就是什麼也沒發生。另外一半的受試者則接受到相反的指示，如果銀幕空無一物就說「是」（什麼也沒發生），如果有點出現就說「否」。結果非常有意思。當點出現在左邊視野、或是空無一物時，來自左腦的口語反應，會比點出現在右邊視野慢三十毫秒左右。因此看來，當點一開始投影給說話的左腦（接收來自右邊視野的資訊）看時，整體的反應是比較快的。可是在左視野的空白測試時，受試者反應就比較慢，因為整體來說，「沒有任何東西出現」這項事實必須經過會說話的左腦推論，[9]而左腦一直在等右腦回報，所以花了一點時間。

然而這個較長的反應時間（三十毫秒）還是很不合理。我們從生理學研究當中得知，神經要處理經由胼胝體而來的訊息只需要〇．五毫秒。為什麼我們的行為測量出來會這麼慢？如果真的這麼慢，我們為什麼在自身經驗中沒有感覺到這個落差？我們對此再做了一次測試。除了要求大學生對閃過的點和空白說「是」或「否」之外，我們指示他們用右手握住搖桿，在「是」的時候用一種方式推搖桿，「否」的時候換一個方式推。這樣改變實驗可能會顯示，我們面對的並不是從一側腦傳遞訊息到另一側的時間，而是右腦被要求對簡單任務做出反應時，反應就是比較慢。

這些大學生為這項實驗帶來了清楚的答案，至今仍讓研究人員感到困惑。不管「點」出現在哪一邊的視野內，他們的右手做出的反應是一樣快的。這顯示左右腦組織動作反應的速度是一樣快的。可是令人驚訝的是，右手對於「空白」的反應卻慢了四十毫秒。不論大腦是哪個部分做出決定，左右腦對於「空白」出現的時候，都需要比較長的時間才能回報。也許和有事發生相比，大腦要花多一點時間才能判斷確實沒有什麼事發生。也許我們根本沒有碰觸到問題的核心，在科學上確實會這樣，幾乎總是這樣。

還好有其他人研究了這個問題，並且有真正的進展。事實上，貝魯奇帶著一整個義大利的研究團隊在進行研究。[10]我們確實繼續研究左右腦如何協調它們的行動和功能，表面上看起來這好像是裂腦症的特定議題，但其實和大腦研究的一個中心議題有關：大腦的各部分如何互動？如同已逝的喜劇演員楊曼說的：「時間就是一切。」在大腦中，各部位間通常只有幾微米或幾公分的距離。在上面兩個實驗的例子中，局部處理程序必須先處理它們自己的事，接著把資訊送出，或是和來自其他部分的資訊協調。要了解左右腦之間如何做到這件事，讓研究人員得到了一點喘息的空間，因為這些處理位置在實體上的距離非常遙遠。

普瑞馬克和他問了四十年的問題

圖十四 普瑞馬克是一個真正充滿創意的天才，圖中是他和其中一位朋友。透過動物研究，普瑞馬克改變了我們對心智的想法。

我在聖塔巴巴拉發展了很多新的研究方向，並且建立更多延續一生的友誼。我最親近的終生摯友之一是普瑞馬克，我們的友誼就起於這裡（圖十四）。目前還在世的心理學家當中，幾乎沒有比他更有影響力的了。當我們思考自己身為人類的起源、歷史、獨特性的時候，普瑞馬克是引導我們了解自己的最佳嚮導。卓越的哈佛心理學家史蓓姬曾經跟我說：「噢，什麼都是普瑞馬克先發現的。」

在他進行黑猩猩的認知與「可能」的語言能力的開創性研究之前，普瑞馬克對動機的本質提出了基礎的真知灼見。[11]行為學派提出的觀點認為動物會受到外界事件刺激產生動機，但沒有考慮到動物可能也有內部狀態與偏好。他一百八十度地翻轉了關於強化（reinforcement）本質的整個觀念，跳脫容易觀察的部分，利用科學方法挖掘驅使生物採取行動的底層原則。

他透過刺激黑猩猩的心智測試了這些原則，其中又以一隻叫做莎拉的黑猩猩為最。我知道這件事，因為她住在我辦公室走廊盡頭好幾年。我不是很喜歡黑猩猩，我總覺得牠們太有侵略性、太殘忍，而且老實說，當莎拉和她的訓練師瑪莉或普瑞馬克一起走近的時候，我還會繞路避開。

儘管如此，莎拉依舊是一隻不尋常的猩猩。她特別聰明，參與度很高。她也很反覆無常，但普瑞馬克總是能完美駕馭她，因為他比她看過的任何人類都更難以預測、更聰明。這個智人總是能勝過她的所有把戲。普瑞馬克和她建立起一種社交關係，用這樣的關係探索究竟有哪些事物存在莎拉的心中。當時，普瑞馬克開始釐清我們現存最親近的近親的智能限制，並且從中發掘人類之所以獨特的因素。

普瑞馬克的研究受到賓夕維尼亞州立大學的注意。在我知道之前，普瑞馬克和他的妻子安已經帶著莎拉坐上飛機前往賓州的蜜溪了。他們在阿米西教徒生活的鄉間蓋了一間黑猩猩設施，讓他研究所需的黑猩猩居住。就在那裡，經由莎拉和一小群年輕黑猩猩的幫助，普瑞馬克孕育出「心智推理」（theory of mind）理論，這是二十世紀心理學主要理論之一。「心智推理」一如其名，反映出心智為信仰與欲望等心智狀態歸因的能力，不只是為自己的狀態歸因（我相信貓很邪惡），還會為他人的心智狀態歸因（他想要養狗）。所以我們會有一套關於猩猩和狗相信什麼、渴望什麼的推理（我認為菲多想要玩球），但是黑猩猩和狗對我們的信念與欲望有沒有一套推理呢？（菲多會不會一度認為，我對丟球已經感到厭倦？）黑猩猩會不會推理其他黑猩猩的心智狀態？牠是否了解其他黑猩猩有思想、信念和欲望？牠是否對自己的身分有某些原始的理解？如同所有的突破，會造成重大影響的都來自於問題本身的巧妙。這又是普瑞馬克的另外一項特長，他擁有「讓議題一百八十度翻轉」的少見能力。動物對人類（或其他任何東西）有沒有心智推理這個問題正是一例。他改變了我們的觀點，開啟了動物、兒童，以及各種神經併發症研究的寶庫。儘管在關於黑猩猩、紅毛猩猩或是狗的能力的動物研究文獻中，相關的爭議還是十分激烈，但很清楚的是，牠們並沒有太強的心智推理能力，程度顯然也不如人類。因此不意外的是，這個問題對我，以及我思考下一階段的研究有很大的影響。

和艾倫野餐

在大學工作和在醫學院或加州理工學院這種地方工作不同的面向之一，就是在這裡有開課給大學生的義務。有些人在這些任務中茁壯，表現得非常傑出；有些人則是興趣缺缺，表現平平；也有些人覺得這占去了他們太多的研究時間。我屬於最後一種。透過教學確實可以更深入了解一項主題，尤其是當你對這項主題本來只是稍微瀏覽過而已的話。但是當你已經全心投入某個研究領域，幾乎所有其他主題對你都是匆匆一瞥而已。

一成為助理教授，我的義務就是開「心理學入門」的課。我幾乎有一千個學生，在大學裡最大的坎貝爾體育場一周上課三次。這麼大的數量需要一點群眾管控與大眾激勵。簡單來說，就是讓學生保持興趣、有學習動機，並且覺得愉快。一周三次真的讓人累垮了。就像我認識的每個教大堂課的老師一樣，我需要某種放鬆——放電影、請人來演講等等。我想到一個能擊敗所有演講貴賓的人，就是我的新朋友：藝人艾倫。於是我打電話給艾倫，問他願不願意來演講……而且是免費。他毫不猶豫地答應了。演講時間是早上八點，所以他前一天就開車上來，住在大學附近的汽車旅館，一早就精神奕奕地現身。

我們說好他的講題是創意的發展過程。艾倫十分多才多藝，寫歌只是其中之一。他坐在我搬進體育館的鋼琴前，說了他的暢銷曲《野宴》（*Picnic*）背後的故事。這是同名電影的主題曲，艾倫在製作人打電話給他後，在錄音時間就寫下歌詞。我們可以在他回顧這件事時看到，他的創意過程其實十分符合心理學家所謂的「資源分配」模型。他說，向他邀歌的要求通常不會提出任何限制。但是關於《野宴》這首歌，製作人說：「我要你幫我們的電影寫詞，主角是威廉·荷頓和金露華，他們會在野餐時跳舞。」如同艾倫所指出，因為他的精力得以專注在手邊的任務，所以很快就完成了。相反的，在沒有受限的情況下，很多的精力都耗費在試圖定義歌曲的內容與主題，等到真正開始創作時已經筋疲力盡，反而更耗費心神，更花時間。

他的這次來訪空前成功，也凸顯了身為教師與研究者每天的生活有多麼複雜。想好好備課就需要花很多時間，做好研究也很花時間，這兩大事業必然會互相衝撞。斯佩里以前就抱怨過這件事，他總是會提起他在哈佛念博士後的時候，他最有名的導師之一賴胥利是怎麼說的：「不要教書。如果非教不可，就教神經解剖學。因為它永遠不會變。」

當然，有很多同事的口語記憶非常驚人，說話流利，總是能喋喋不休。教書對這種人來說一點也不困難，因為他一整天就是不斷吐出話語，中間打斷他的是所謂「課堂」的時間畫分。這對他們來說很容易。對其他人來說，教書就是挑戰。到現在我都覺得教書超累的。幾年前，我受邀為愛丁堡大學的季富得講座準備六堂課，我花了兩年才準備好。我怎麼能一周講三堂課？

分享資源：科學之心

關於我在聖塔巴巴拉的科學研究，我有一天接到一名柏克萊研究生的電話，他想在裂腦患者身上進行一項視覺測試。此時我還不知道這會衍生出我另一段延續一生的友誼，並建立實驗室裡的一項新傳統。這名學生叫布萊克摩爾，現在是牛津大學的神經科學教授，也任教於倫敦大學學院。他和其他學生對於視覺中線處的深度知覺有一些想法，所以我邀請他到聖塔巴巴拉來，他在此建立了測試NG的設備。這就是科學的發展，從一個故事開始，慢慢地，隨著很多人的貢獻，一點一滴地累積。在這個例子裡，米契爾和布萊克摩爾發現皮質連接的重要性：它能整合獨立存在於左右腦中的資訊，讓人類可以看出視野中央的深度。[12]我們對WJ的早期報告因此獲得了延伸，同時也啟發了人們對於視覺科學專門領域的特別興趣。分離的神經纖維系統以及通道在人腦當中傳遞訊息的重要性，自此開始發展。

這是非常正面的經驗，開啟了讓其他地方的科學家到我們實驗室來的悠久傳統。裂腦患者是了解大腦機制的珍貴資源。外科醫學救人一命，我們則透過試圖了解人腦的運作，以另一種方式幫助人類。顯然我們沒有獨占所有的好點子，米契爾和布萊克摩爾的研究成為經典，而科學家的義務就是促進良好科學的發展。

我繼續調整更多細節，了解一側的腦如何控制同側的手。[13]從人類研究產生的想法出發，我現在能測試猴子的特定機制，反之亦然。我離開加州理工學院的時候，「交叉提示是一種強大的機制」已經是一個發展滿完整的概念了。測試裂腦的猴子與人類患者都清楚顯示，交叉提示的策略可以克服左右腦缺少主要神經溝通通道的問題。在神經生理學上，這就相當於對下面這種人（也就是我）的形容：「如果你把他從前門丟出去，他會從窗戶再爬進來。」在聖塔巴巴拉的這幾年裡，許多關於猴子和患者的研究都證實了這個重要的想法。就算阻擋大腦與其模組間的溝通，它還是會找到其他的策略，達成當前的目標。

當時生活很美好。結果突然間，本系的資深領導者問我要不要當首席教授。「什麼？」我驚呼。是的，他們一起說，你才進來兩年，我們已經將你升等為副教授並提供終生職。他們告訴我斯佩里和其他加州理工學院的教職員，例如生物學家龐納，幫我寫了推薦信，加州大學聖塔巴巴拉分校也同意了系上的提案。系上所有人都熱情鼓勵我接下這份工作，事實上，他們根本是拜託我接下這份工作。

現在我獲得了終生職，我就必須為行政工作出一份力。密西根大學已故的優秀社會心理學家查瓊克曾告訴我，他成功逃過行政工作長達三十年，但最後，他出於感激之情，接下了社會研究所的所長一職。他說：「葛詹尼加，看著你三十年來的朋友在你眼前變成一群混蛋，真的是很驚人的事。」他一語道破，在聖塔巴巴拉也是如此。我的老友來到首席教授的辦公室，關上門，開始逼我做這做那。就很多方面來看，這真是太可笑了，而且隨著時間過去，可笑程度只增不減。

當然，從好的方面來說，在這些位置的人有辦法找到錢，用在良好的學術目的上。我找到一些經費，安排聘請傑出的神經生理學家／物理學家，暨研究心智／大腦問題的學生麥楷來到本校。他定居在英國的基爾大學，非常受到美國神經科學界的喜愛。他有許多關於大腦模型的著作，認為儘管大腦是他所謂鐘錶一樣的機械機制，裡面還是充滿自由意志的。[14]他和斯佩里對於這個議題長久以來都有爭議，但一直維持友好關係。

總之我把他請到聖塔巴巴拉分校來客座幾個月。我實在無法不稱讚麥楷和他的妻子薇拉莉。我們幫他們在陽光充足的山邊租了一間房子，裡面有著波光粼粼的游泳池。我們兩家會在那裡舉行烤肉，有一天薇拉莉注意到我大女兒瑪琳居然在泳池底！還好有薇拉莉看見她，立刻跳進去救了她一命。意外總在轉瞬間發生，從此以後只要有小孩在周圍，我都會特別保持警覺。

當你想要多做些努力建立比現在更有意思的知識份子圈，有時會懷疑到底值不值得。說服其他人思考他們特定興趣以外的事是一場硬仗，這點從來沒有改變過，還好有志於此的人很容易物以類聚。我非常驚訝的是，麥楷的客座課程吸引了加州大學爾灣分校的年輕哲學家丹尼特，他後來也是世界偉大的知識份子之一。丹尼特畢生都對自由意志感興趣，自然也是受到這些演講的啟發。他開車到這裡來聽課，最後我們也成為畢生摯友。這些都是種子，一顆顆累積起來。五十年後，我在梵諦岡有一場關於自由意志的演講，內容就以麥楷、丹尼特，以及斯佩里的研究為主[15]。

充滿活力的我又找到其他經費可以花，於是請來其他著名的神經科學家，像是加拿大蒙特婁的米納兒（她是第一位研究認知神經科學界最出名的記憶患者HM的科學家），還有魅力十足的圖伯，他除了是麻省理工學院大腦研究的主持人，也是該校大腦與認知科學系的創始人。

琳達和我從摩根幫我們買的拖車房搬到密森溪路上的一間紅杉房屋，購買時那間房子還沒完工，但非常美麗，於是我們親自完成這間房子，找了親朋好友幫忙設計和建築。結果那是一間超棒的樹屋，有拱形的天花板，周圍被新鮮紅杉壁板、紅磚、岩石和玻璃包圍。這裡是辦派對的完美場地，我們也辦了很多派對。其中一場是獻給圖伯的。他天生就是個老師的樣子，把我帶到臥房，讓我在床上坐好，拿出我投稿到他協助創立的期刊的稿子，幫我上了一堂編輯課！聽著客廳杯觥交錯的談笑聲，我記得我是這麼想的：我以為我夠努力了。我真是朽木。

一九六八年六月，小甘迺迪在洛杉磯遭到暗殺。當時我正在我們家還沒蓋好的地方洗澡，我太太驚慌又激動地跑進來告訴我這個消息。她的命令是：「你得做點什麼！」我曾在幾年前於加州理工學院和小甘迺迪見過面，因此這個消息對我來說特別是一大打擊。我很快了解到，我可以做點什麼，並且非常確定這些額外的經費能再次派上用場。我立刻辦了一場關於暴力本質的會議，邀請新朋友和老朋友來參加。我找來剛認識的好朋友，社會心理學家費斯汀格，他則找了他最好的朋友，哥倫比亞大學的薛克特以及史丹佛大學的科比。他們又從明尼蘇達大學找了朋友米爾，他同意過來，因為他們的朋友以及過去的學生，也是我的同事普瑞馬克也在這裡。我也找了在加州理工學院擔任生物學首席教授的辛色默。

雖然有人開玩笑說費斯汀格利用我的這場會議找了許多老朋友來聚會，但我可以說，這場活動本身讓我體認到，把所有聰明人聚集在一個空間裡隨意談論所有話題，會帶來多麼大的價值。我當時還沒理解到這一點，但已經辦了我的第一場跨學科論壇了。看見極為傑出的分子生物學家辛色默和電腦奇才暨精神病學家科比，與社會心理學家討論暴力的社會議題，真的讓我徹底改變了。這不只展現了我熱愛並一直以來在追求的新層次的對話，還讓我學到：只有真正聰明的人才能把一切端上台面，這場會議也展現出跨學科的討論可以多麼有建設性。

同時我對公共事務的興趣也持續成長。在一九六九年春天，我為《洛杉磯時報》寫了一篇關於犯罪預防問題的專欄。[16]聖塔巴巴拉的暴力會議帶出的一些重點似乎值得向大眾再次複述。薛克特提醒大家，大約百分之六十的惡棍在出獄後都會再度犯罪，似乎沒有什麼能改變這個數字。普瑞馬克提醒我們強化與懲罰的本質：它們並非無關的項目，而是一個連續體。一個人心目中的處罰也許對另一個人並不適用，而百分之六十再度犯案入獄的人，是否覺得坐牢的經驗不是那麼糟？關鍵在於找到能在每個人身上發揮作用的懲罰。當你思考這個做法時，就知道這是非常客觀的。看看一個一千人的團體，裡面會有人開始出現反社會的行為。要達成限制他們的目標，不應該以報復與正義為核心，而應該是挑選能減少反社會行為發生頻率的懲罰。這是一個很宏觀的概念，直到現在的法律界與科學界都還在爭論不休。

注意到這篇專欄的人不是別人，就是加州前州長布朗。我很快就受邀和他在他洛杉磯法律事務所旁的比佛利山飯店一起用餐，討論這整個概念。在午餐的最後，他邀請我接手他和之前的媒體經紀人發起的一個團糟的書籍計畫。這本書是關於法律與秩序，還有布朗以地方檢察官、檢察總長以及加州州長的身分在這些議題上的歷史角色。當我接下布朗的出書計畫時，改變的風再度吹動我的方向。*

---

*我確實完成了這本書，布朗和出版社也很滿意，但他兒子傑瑞卻不太高興。當時他正開始參選州長之路，並在六年後勝選。這個計畫奇怪的地方在於，雖然在四十三年前就完成了，六個月前卻有一個陌生人寫信給我，問我他發現的一份舊稿件是不是同一本書。確實是。我重讀一次後發現，儘管在最近四年，我主持了麥克阿瑟基金會針對同一個議題的一千萬美元研究計畫，但我在書中以州長的第一人稱表達的本身觀點居然沒有太大改變，這真是讓我不寒而慄。

第二部　分合的左右腦

第四章 揭開更多模組之祕

朋友是什麼？是住在兩個身體裡的一個靈魂。

——亞里斯多德

當時還是裂腦研究的早期，一些基本的發現已經受到廣泛的報導。早期大家喧騰討論的，是在相對簡單的神經外科手術後，各自擁有一套控制方法的兩個心智會同時存在於一個大腦當中，切斷連接帶來的驚人後果讓人討論了數年。僅限於右腦的活動無庸置疑是獨立的，並且處於左腦意識領域之外。清楚、乾脆，而且簡單。這在世界各地的派對上都成為談天的話題。

隨著時間過去，回顧當時，現今知識的詛咒便無法逃避了。我們現在都知道左右腦的思考。我們甚至覺得無聊了，就像是老調重彈般無趣。現在被忽略的一點是，當時這個發現之所以很重要，很大一部分的原因在於當時的心理學出現了重大變革。美國心理學意識型態的骨架，行為主義，正步向死亡；全國聚集知識份子的中心，從哈佛到加州理工學院都醒悟了：認知與心智本身是可以被研究的。這種思維的背後功臣之一是賴胥利以及他的立場：心智特質可以透過檢視大腦的神經生理學過程加以研究。[1]他採用了「神經心理學」這個詞，在當時代表正常大腦的大腦處理過程，而不是大腦因為損傷或受傷造成的功能喪失。諷刺的是，他贊同阿克雷提斯的發現，認為切斷胼胝體似乎不會干擾大腦運作。因為賴胥利認為「整個」大腦才是創造出心智的東西，與特定的部分無關。儘管他協助開展心理生物學與神經科學的現代疆界，也是現在的主流領域，但他也會對於「裂腦」研究提出一個頭裡有兩個心智的基本發現感到震驚。

這是無法逃避的現象，關於人類裂腦的新研究一直讓大家魂牽夢縈。我們生命最珍貴的感受，就是我們個人的主觀經驗：「我的」主觀心靈感受，也就是大家提到「心靈」時所代表的東西。我們都覺得我們每一個人都有一個心靈，就是完整的「一個」。要突然間認為它能一分為二，同時存在一個頭蓋骨下，幾乎是難以理解的。要認為WJ有兩個心智同時凝視這個世界、同時傾聽，並且會互相思考對方——其實應該是兩個心智都在思考「我」——實在令人不安。我們對於有兩個，或甚至多個主觀狀態的想法感到無所適從，這也許正是我們在多年後發現「詮釋者」的原因，這項特殊的機制存在於我們的左腦，描述我們的行動，讓我們覺得自己只有一個心智。

另外也很清楚的是，右腦和左腦做的事不同。左腦塞滿了說話和語言的處理過程。而右腦似乎是啞的，語言能力很貧乏，但能做到很厲害的視覺任務。這些發現帶來了「左腦思維」和「右腦思維」，突然間大家在社交場合裡都變成腦神經科學家了。再次的，這很簡單：左腦做這個，右腦做那個。大腦彷彿很簡單，由大的功能性單元組織而成，由特定的腦部區域加以管理。這個概念如野火般迅速蔓延。

到了一九六九年，科學界已經清楚知道左右腦能發展出聰明的方式互動，彷彿它們根本沒有被切斷連結。大腦像一對老夫妻，多年來住在一起，最後終於找到方法可以同居但各過各的。這讓研究變得很困難。我們想要了解大腦實際上是怎麼組織的，而不只是想知道它怎麼找到行為策略，讓它看起來彷彿是連結在一起的、完整的。同時，我覺得很明顯的是，這些策略正能讓我們學到大腦如何組織的基本原理。大腦用來讓自己看似是一體的這些策略，正是讓我們了解它如何分裂的切入點；要研究大腦，就得和它一樣聰明才行。它強迫我們永遠都對它的計謀提高警覺，持續想出研究這些患者的新方法。

就在這段時間裡，對於大腦功能的簡單描述對我來說已經失去吸引力。如果右腦是至少有某些語言能力的分離的心智系統，為什麼因左腦受傷造成失語症的患者，不能更快、更容易地復原呢？簡單來說，為什麼右腦不像腎，會在左腦受傷時遞補其功能？我知道如果我想在這個問題方面有所進展，我就必須開始和醫學中心合作，才能看到各式各樣的神經學相關患者。

要跨足另一個領域總是困難的，尤其是當你在自己的領域中已經穩如泰山時更是如此。冒險做新東西，或是停留在已經證明為真的領域間的拔河似乎永不休止。當我認為所有人都準備好接受新的可能性時，就有人將這些可能性帶來我們面前。我一邊研究一邊身處於所有後續影響中，就在此時，紐約大學邀請我去工作。

東岸熱潮

在聖塔巴巴拉一個陽光普照的春天早晨，我和費斯汀格坐在我家的紅杉走廊上，在橡樹與鵝卵石的包圍下，將密森峽谷的美景盡收眼底。剛決定搬到紐約市的費斯汀格跟我說：「你知道，大家對於住在紐約的想法都不一樣。有些人覺得那裡像巴黎，有些人覺得那裡像地獄。」他滔滔不絕說著紐約，我忍不住開口：「費斯汀格，你覺得這間房子如何？」他看了看四周，注意到這間房子的木工優秀，有挑高的天花板，石砌的壁爐，宏偉的底座，接著說：「如果你想在曼哈頓有這樣的房子，得花上數百萬美元。」不知怎麼著，他的妙語和迷湯成功地引我上鉤。我暗想，他冒險了。他從史丹佛跳槽到社會研究新學院。那我為什麼不行？

這正是脫離南加州魔掌，逃往東部的時機。費斯汀格是那股吸引力，紐約是未知的地方，未來會怎麼樣大家都猜不透。斯佩里透過各種傀儡，愈來愈清楚表明他不想再讓我測試加州理工學院的患者了。雖然我對此不甚開心，但某方面來說我也了解他的想法。他要把我踢出他的羽翼範圍，讓其他人出頭。後來我覺得這是合理的，於是我們動身了：我們賣掉自己的紅杉宮殿，打包，搬到紐約。

聰穎過人的費斯汀格發現了「認知失調」（cognitive dissonance）現象：當一個人的信念受

到新資訊的挑戰，我們傾向忽視新的資訊，以減少心智上的衝突。一年前，我和費斯汀格在他位於帕羅奧圖的家中舉辦的史丹佛畢生研討會一見如故。此後，他會突然打電話來問我研究的事，然後我就得跟他和他的學生在他家起居室來場演講。費斯汀格會要我坐在他家起居室前面的椅子上，自己坐在我旁邊，總是拿著駱駝牌香菸抽個不停，然後開始針對我研究裡的每個重點提問。當費斯汀格進入新的領域時，就要知道所有的細節內容。他是一個無懼的探險家，深入新的知識領域。後來幾年他再度轉換跑道，走上考古學和史前歷史之路。在他過世前，他的研究主題是科學的出現對中世紀社會造成的衝擊。我跟隨著他研究這些主題的腳步，總是因他的博學與活力感到驚異不已。有他這個朋友就像有一個私人學者，為你拓展思想與分析的龐大眼界。

難以想像有比我們更南轅北轍的兩個人：我們的哲學不同、風格不同、理想不同、世代也不同。我們長久的友誼環繞著彼此對好的想法、好的食物和酒，以及活躍的對話而滋長。當我們兩個都搬到東岸後，我們被紐約的魔力圍繞，而像費斯汀格這種科學家，以及我的政治哥們兒小巴克利的活力，都是魔力的一環。有了這些知識的巨人，一切總是一目了然。以管窺天或以偏蓋全總會被擋在門外。如果沒有，我的雙眼也學會放空。如同詩人惠特曼的觀察：

偉人的生平給我們啟示
讓我們知自己能活得高尚……

我搬到紐約，一部分是被拉過去，一部分是被推出去的。拉力很容易辨識，社會研究新學院是費斯汀格幾乎不可能去的地方，因為他才從社會心理學的領域轉移到視覺感知的領域。他很快組成一個掩護用的團體，美其名叫做「跨校感知聯合會」，事實上是一個行政工具，讓他能邀請自己在哥倫比亞大學、紐約大學，以及紐約市立學院的朋友一起聚會，討論視覺認知方面的議題，當然還順便吃吃喝喝一番。紐約大學在一九六八年的多事之春聘用我，當時我和未來的同僚在辦公室裡，聽著廣播報導金恩博士被暗殺的消息。當時越南也是個大問題，整個紐約熙熙攘攘。一不留神，我也成為了熙熙攘攘的一員。我帶著全家搬到了紐約大學的銀塔，從我們二十六層樓的公寓看出去，世貿中心就在我們眼前施工。

我對紐約生活的抗拒比較不具體。將近有八年的時間我都是有身分的，一個完全被人類裂腦研究給淹沒的身分。前五年我完全投入每一個實驗裡：日日夜夜，每天如一。我在評論文章裡寫我的研究，還應華盛頓大學的托伊之邀，寫了我的第一本書《分裂的腦》（*The Bisected Brain*），並且對內容做最後修飾[2]。但是，要我放棄我知道能了解大腦的有效方法還是很困難。儘管各種線索與暗示顯而易見，前方的路卻模糊不清。真的嗎？要我去紐約？

我從小在加州的格倫代爾長大，是英國作家沃口中的「福樂葬儀社的發源地，死亡的迪士尼樂園」。接下來四年，我則住在新罕布夏州漢諾威的窮鄉僻壤，然後在帕沙第納住了五年，最後三年住在聖塔巴巴拉。這些經驗都沒能讓我準備好住在紐約市。當我們從加州抵達紐約時，那裡熱得冒煙，八月天的氣溫是攝氏三十四度，加上潮濕的空氣、塞車的馬路，以及當地的觀光特色：無禮。我對自己咕噥道：「歡迎來到紐約，沒用的傢伙。你搞砸了啦。」後來只能用每況愈下來形容。

我們幫女兒瑪琳找了一間在華盛頓廣場的天主教小學校，聖若瑟學院。我記得每天早上走路去上學時，我們都要小心閃開路上的流浪漢。我從冷漠到社交活躍到隨時保持警覺。拯救這一切的，是我女兒彷彿一點也不在意這些事。她妹妹安也一樣。在銀塔的遊樂場裡，總是會有些無賴來這裡做一些猥褻的行為。紐約的媽媽通常會把嬰兒車推開，並把視線轉向另外一頭。但我兩個女兒只要在一天將盡之時，共同按下電梯按鈕，彷彿就像沒事發生過。我們漸漸愛上這座城市，接下來的十七年裡，我不是住在曼哈頓，就是住在郊區。美國著名女權作家蒂蒂安曾寫過，儘管所有加州人搬到紐約時，從來不會抱著要長住下來的打算，認真將行李歸位，但很多人最後都在這裡住了幾十年。[3]對我來說，也真的就是這麼一回事。

紐約午餐

生命中的任何順序都不像是線性的敘述，而比較像是做約克夏布丁的時候攪拌的麵糊。在布丁裡有很多小氣泡，會在濃稠的麵糊裡組合起來，變成比較大的氣泡，然後愈來愈大，直到泡泡破掉為止，當然那時候又得重新再來一次。你可能很認真勤奮地做某件事，結果另一件不相干的事卻會來打斷你。或是有人帶著全新的想法進入你的生命，讓你走上不同的道路。雖然有人打擾時我們會感到煩躁，但我們的大腦卻渴望這種干擾。

我們很清楚知道，人生不會永遠都是往上攀登，所有人事物也不可能持續愈來愈好。聽了許多年長教授說他們現在做的是最棒的工作之後，我的統計學家朋友問我：「怎麼可能？」他覺得有人真的這麼想真的太好笑了。事實上，人生的成功與失敗是分散的，而成功與失敗的原因也很難判斷。大部分的成功背後都有努力與幸運，然而我們也很難判斷任何一次的成功，背後到底有多少的成功和幸運。

不過我們還是發展出概括式的說法來描述我們自己以及在研究的課題。這種描述為我們畫下界限，避免我們成為半瓶水的業餘者。我們學會判斷什麼是胡說，並且對其嗤之以鼻。做為「一個腦袋，兩個心智」的故事的一部分，就像是我人生最重大的標記。但是在一九六九年，以及之前在聖塔巴巴拉分校的三年裡，我聽了很多關於動機與強化的談話，還有許多其他的心理學概念，這些都是加州理工學院沒有討論過的。顯然它們對我有潛移默化的效果。當我在紐約大學的辦公桌前坐下時，我除了研究裂腦猴子的大腦機制，也開始在老鼠身上研究強化的大腦機制。沒有人注意這項研究，但我覺得滿酷的。我擴大了我的知識與趣範圍，不再只專注於單一主題的裂腦研究。要對神經學患者展開新的研究只能等等了。

我一方面在紐約大學展開新的科學研究，真實人生中也延續與費斯汀格每周的午餐，形成

圖十五 費斯汀格和我們在紐約市第十二街時常出沒的地點。照片裡這間餐廳取代了我們最愛的「孩子」義大利餐廳。我們共同的朋友薛克特也常常來和我們一起吃飯。我們兩個在費斯汀格過世後一起完成了一本關於他的研究的書。

一個持續二十年的傳統（圖十五）。我們通常會在十二街和大學廣場的小義大利餐廳「孩子」用餐，只要花十美元就能點到馬丁尼和奶油蒜炒蝦。或者我們會去達達尼爾餐廳吃飯，就在大學廣場往下走，還不到十一街那裡，是間地標性的美式餐廳。我們的流程總是一樣：先喝幾杯，吃一頓好料，然後每次一定都會和世界上最聰明的人之一來場精采生動的對話。雖然在大中午的喝馬丁尼已經不再流行，但我和妻子夏綠蒂（我搬到東岸幾年後和琳達分開後再婚的對象）還是會出於懷舊的心情一年這麼做一次。不用說，我們因為缺乏練習，所以喝了以後很快就睡著了。當時我不知道，其實費斯汀格都會回家睡個午覺，我則是會嚼著薄荷提神，繼續回頭工作。費斯汀格讓我學到友誼的意義。我在別的地方已經寫過與他為友的感受，在這裡只會稍稍重複一小部分。[4]

當費斯汀格一心想著要了解某個議題時，就無法轉移他的注意力，相較之下沒有任何東西更重要。並不是他會無視周遭一切，畢竟紐約是他的巴黎，但是他在追尋一個想法時，其他的事全都不重要了。我之所以會知道這一點，是因為在他的生涯早期，他曾經離開紐約前往艾荷華市，與社會心理學先驅勒溫一起進行研究，而要讓個紐約客搬去艾荷華可不是件容易的事。

勒溫是心理學界的權威。聽費斯汀格說，勒溫能熟練地發展出研究心理學機制的新架構。費斯汀格大學的時候讀過勒溫的書，對他的想法深深著迷。偉大的哲學家柯靈烏在他的自傳裡提到，他很小的時候就意外發現康德的作品，雖然他不知道為什麼，但他感覺這個作品很重要。[5]對大學生的費斯汀格來說，勒溫的作品就是這麼有魅力。他對於「事件在進行過程中若受到打擾或打斷，就更容易被記住」這一點感到著迷不已。費斯汀格抵達艾荷華之前，勒溫的研究已經為日後奠定了基礎，最後完全反對連結主義（associationism）的古典法則。連結主義相信，心智生命僅僅來自於事件與經驗的簡單連結——這種看法完全只有在表面上成立。[6]等到費斯汀格搬到艾荷華時，勒溫的研究興趣已經開始轉移到社會心理學了。所以在他們合作那幾年裡，費斯汀格也對社會心理學產生興趣，但他們兩個人從來都沒有接受過這個領域的正式訓練。你想學某樣東西嗎？那就放手去學吧。聰明、有創造力的心智不需要訓練計畫。宣布自己是社會心理學家後，勒溫接下了麻省理工學院的教職，創立「團體動力研究中心」，費斯汀格也加入了這個中心。他對小團體的行為開始產生興趣。最重要的是，他在麻省理工學院的新團隊在實驗室裡發展出研究人類複雜決策過程的方法。勒溫、費斯汀格以及其他很多人都脫離了烏煙瘴氣的經驗論，來到東岸測試他們的假設：個人心智狀態會受到團體動力的影響——特殊的行為會同時在團體內與團體間出現。

費斯汀格最出名的成就是從福特基金會的一小筆獎學金開始的，獎學金的目標是研究並整合大眾媒體與人際溝通的作品，他和同僚一起接下這個計畫。聽他講起來，這個有發展性的觀察是來自於一九三四年一份關於印度地震的報告。他們感到困惑的是，地震後有非常多的流言四處傳播，預言接下來會有一次更嚴重的地震。為什麼在這麼恐怖的事件過後，大家還會想要引發更進一步的恐慌？費斯汀格和同僚得到的結論是，這是印度人面對目前焦慮時發展出來的應對機制。換句話說，因為地震讓大家內心充滿哀傷，他們就必須塑造出更龐大的未來悲劇，讓此時此刻看來比較光明。「認知失調」理論，就是從這個基本觀察中所誕生出來的。把這個現象的所有參數都搞定需要七年的努力研究，但他做到了。

費斯汀格和兩位好朋友，薛克特與利亞根，一起進行了他早期的實驗之一。雖然已經研究過真正的人類團體，但他還是以虛構的人物和地點來描述這個故事。故事的發展是，有一個群體開始相信一個叫做姬琪太太的洪水預言者。在她預言洪水來臨的前一天，當地的報紙《湖城通訊》出現下列的新聞標題與報導：

來自克里翁星的預言家呼籲本市：逃離洪水。大水會將我們淹沒。

十二月二十一日，外太空給郊區居民的訊息

根據居住在西校街八四七號的郊區主婦姬琪太太表示，湖城將會因十二月二十一日黎明前來自大湖的洪水而毀滅。她表示，這項預言並非出自她本人，而是她所接收到並自發地書寫出來的許多訊息的主題……姬琪太太表示，這項訊息是由來自「克里翁」星的高等生物傳送給她的。她說，這些高等生物一直都會搭乘我們所謂的飛碟前來地球。他們來的時候觀察到地殼出現斷層線，而這正是洪水的預兆。姬琪太太說，他們告訴她洪水將會蔓延，形成從北極圈延伸到墨西哥灣的內陸海。同時，她說有一場大洪水會淹沒整個西岸，從華盛頓州的西雅圖到南美洲的智利都無法倖免。[7]

一般的科學家對於這種題材一定避之唯恐不及。畢竟這根本是八卦報《國家詢問報》（*National Enquirer*）等級的題材，可能還會毀了一個人的科學前途。但費斯汀格不這麼想。他和一組人員立刻前往湖城，姬琪太太在那裡還接收到其他訊息：在十二月二十日，一位外星訪客會在午夜時分出現在她家，帶她和她的信徒前往著陸的飛碟，將他們帶離洪水，可能前往外太空。

費斯汀格預測，假設這個重大的事件沒有發生，因為這些信徒會想要減緩他們信念未被證實產生的失調狀態，反而更會試圖說服其他人接受這些信念。現在有各式各樣的實驗數據都支持這個觀點，但當時這卻是個全新的看法。湖城的時鐘敲了十二下。這個團體等待著。沒有外星訪客來帶他們去坐飛碟。一股尷尬的氣氛開始在姬琪太太家客廳的信徒之間蔓延。但是幾小時後，姬琪太太接收到另外一個訊息：

……這天已知地球只有一位神，祂就在我們之間，祂的手寫下這些文字給你們。神的話語至高無上，祂的話語從死神的嘴邊拯救瀕臨死期的你們，這樣的力量永不在地球釋放。從地球有史以來，就有善之力與光，現在滿溢這個房間，在這個房間裡釋放，散布到整個地球上。當你們的神透過坐在這裡的兩人之口說話時，祂已表現出讓你們所做的。

突然之間，房間裡的氣氛變好了，姬琪太太準備打電話給媒體。她從來沒有這麼做過，但她現在覺得自己必須這麼做，很快的，團體裡的所有成員都開始聯絡新聞媒體的各分支。這種自圓其說持續了數天，精采地證實了費斯汀格的預測。

這一切都來自於一個熱愛雙陸棋，可以玩幾個小時都不累的人。不同於很多光說不聽的學術研究者，費斯汀格非常熱中與人交談。一來一往的對話可以加強他的遊戲行為。就像所有我認識的，真正偉大的知識份子一樣，他會傾聽，並且刺激說話的人提出證明。不管是單方面聽他發表言論，或是對他發表意見，都會讓他失去興趣。長期來說，最讓我折服的一點，就是親自體會到他如何堅持不落入大家都會落入的陷阱：被簡單的相關性與結論給嚇傻了。他總是會再深入挖掘表面以下的東西。

認知失調理論的說服力，確實引導了我對大腦模組化和信念形成的研究方向與想法。幾年後我在《社交的腦》（*The Social Brain*）這本書裡也描述了這些。這些午餐和到遠方旅行的經驗，包括考古學的挖掘活動，對我來說都是無價的，教會了我心理學概念的豐富，啟迪了我的思考。我的人生因為認識費斯汀格而再也不同。不管是什麼主題，他都能擴大範圍，注入知識性的能量，從馬鈴薯鬆餅食譜到複雜的大腦掃描資料的數學公式都可以。他的畫布沒有界限，他的友誼也是一樣。我從來沒有過這樣的經歷。

回到實驗室

在此同時，關於動機與強化的研究也有所進展。普瑞馬克給我一套他建造用來進行動機機制測試的實驗系統。我有一個點子延續了他的一個理論，他喜歡我的這個想法，因此樂於提供我測試的工具。這項儀器設計讓老鼠只能在輪子裡跑步或喝水之間二選一。更明確地說，這項儀器可

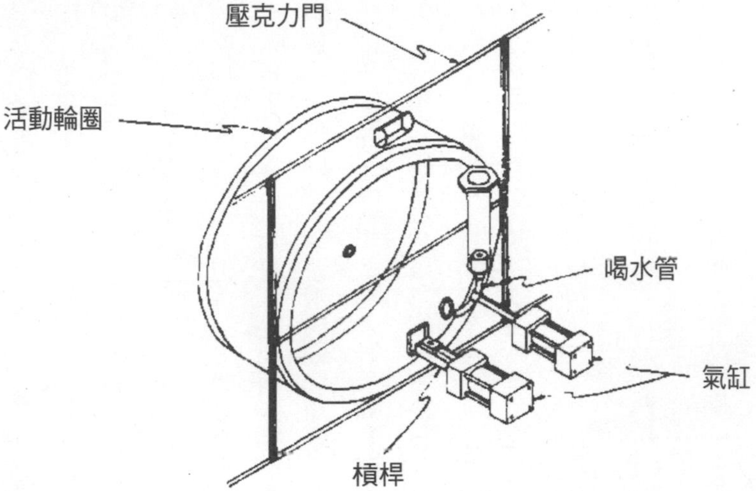

圖十六 為了讓運動輪圈轉十秒，老鼠必須要喝五口的水。牠們很快就像喝醉的水手一樣狂喝。

以測量老鼠在做其中一件事時的反應。我的問題是：有渴感缺乏症的老鼠（因為腦部特定損傷而不會喝水的老鼠）會不會因為想獲得跑步的獎勵而去喝水？老鼠通常都很喜歡跑步，如果牠們跑步的機會被剝奪，牠們也會想辦法自己跑。如果缺乏渴感的老鼠會為了有跑步的機會而開始喝水，我們對大腦功能將會有更動態的觀點，並且讓我們質疑目前愈來愈傾向把結構與功能的關係，看做僵化的一對一模組的觀念。事實上我們發現，渴感缺乏症的老鼠會開開心心地喝水，因為牠們要跑步就得這麼做（圖十六）。[8]

同樣的，就某方面來說，我們看到的是交叉提示的策略，讓大腦這個動態的、不斷改變的系統持續運作，轉換策略，達到目標。在這個例子當中，實驗者創造出新的關聯性（contingencies，如果你做這件事，就能得到那樣東西），激發了新策略出現。更廣泛地說，這顯示：認為某個特定的大腦網絡專門控制某個特定行為，是一種很危險的說法。大腦很狡猾，不會只跟著幾條簡單的規則走。如果一個網絡被擊破了，就會發展出繞路的方法。對我來說，這是一個驚人且重大的發現，但是一如往常，這一點卻被忽略了。

一樣的，一旦抓住了一個想法，我就會進行各式各樣的實驗，進一步展現出大腦中那些有特定功能的部分，其實是天生具有動態的整個系統的一部分。我在一項野外實驗裡測試下顳葉受損的猴子，牠們無法學習兩個視覺圖像間的差異，因此無法獲得食物獎賞。我想知道，如果牠們有機會在我特別幫牠們做的大猴子輪圈裡跑步，會不會因而學會新的辨識策略。我在這裡發現我和猴子的相同之處比我以為的還要多。猴子討厭在輪圈裡跑步，所以為了不要跑步，一群顳葉受損的猴子確實學會了新的辨識技巧，好把輪圈鎖死，讓它不會動！[9]我利用牠們對靜止輪圈的偏好發現，儘管原本負責這種視覺學習的神經通道消失了，猴子還是能發展出相同的視覺能力。同樣的重點，不同的物種。

開始步入神經學診所

我終於聯絡上紐約大學醫學院，希望能研究有完全性失語症（global aphasia）這類神經失調症狀的患者——這類患者因為左腦有損傷，所以不能使用或了解語言。這是一種悲慘的情況，也讓我感到非常的困惑。這是因為依舊保持完整的右腦無法彌補左腦的功能，還是因為用來刺激語言功能的測試設計得太爛了？費斯汀格和普瑞馬克的心理學觀點不斷催促著我。

在紐約，要求和患者合作不是件容易的事。怎麼做？在哪裡？誰說的？什麼時候？你需要一套規畫好的流程以及無數的排演，應付各式各樣的安排。而我再次受到幸運之神眷顧。紐約大學醫學院有一個傳說中的神經心理學*團體，之前由圖伯主持，現在他已經離開前往麻省理工學院擔任大腦科學部的主任。他離開後，我前去與當時的神經學科主任面會，發現他對神經心理學一點興趣也沒有，並且宣稱他根本沒有和圖伯聯絡。但我說過，幸運之神是眷顧我的，有人讓我和紐約大學的薩娜聯絡上，他們的專長就是失語症，於是我們的研究計畫就此誕生。當時我逐漸了解到，紐約的大小事背後都有個故事，我特別記得其中一個。

那天是感恩節，我接到一通電話要我到紐約大學與一名患者進行特別測試。我們那時候已經有車了，所以我就開車到第一大道的醫學中心。現在的醫學中心都有一整條街保留給醫生停車，他們在紐約都很好認，因為車牌上會印上他們的身分。在一般日子裡，除非你擁有那樣的車牌展示你的特權，不然你不能停在那些位置。不過那天是感恩節，所以那裡沒有人停車。我很匆忙，所以就把車停在其中一個一般時候很令人嚮往的位置，然後就進去見患者了。一切都很好，直

*神經心理學研究大腦的結構與功能，藉此了解兩者與特定的心理過程與行為間的關係。

到我出來要開車回家為止。我的車上有一張新鮮出爐的罰單。我氣急敗壞，因為我覺得這沒有道理，畢竟我是在假日特別出門，為了全人類進行醫學研究之類的。於是我選擇對抗這張罰單，寄信給市政府等等。

大約三周後，我在辦公室工作時接到一通電話。是紐約市停車部門的長官打來的。他說：「是這樣的，博士，我們收到你的信了，我們也同意你的看法。你的罰單已經被撤銷、取消、忘記了。」我說，那太好了。接著他說：「博士，你在紐約大學教書對嗎？」我說，對啊。他說：「聽我說，我女兒也在那裡念書。我要你幫我個忙。我希望她要是惹上什麼麻煩，就可以打電話給你，好嗎？」我的老天爺啊！我現在才算真正融入紐約了。每件事、每個人都有影響力。

在聖塔巴巴拉，普瑞馬克從動機研究再往前一步，開始教黑猩猩粗淺的溝通技巧，藉此測試黑猩猩的心智結構。這是極為破天荒的研究，對於因左腦中風所苦的患者來說，可能具有立即的、可能的潛在意義。同樣的，我們簡單的想法是，左腦受損的中風患者右腦是完整無缺的，也許可以經過正確的訓練，以某種方式彌補左腦的損傷。在我前往東岸之前，普瑞馬克和我就對這點很有興趣。為什麼我們不能教導失語症患者使用黑猩猩學會的那種後設語言系統，讓他們用自己完整無缺的右腦進行粗略溝通呢？也許我們能和這些身心交瘁、大多無法開口的患者一起開創過去未知的溝通方式。

當然，我知道被隔離的右腦能做到的所有事，我們已經研究裂腦症患者的右腦五年，讓他們做出遠超過只是積木排列測試那種視覺－運動任務。我們知道有些人還能閱讀簡單的名詞。然而，關於右腦以符號思考的能力到底有多強的資料還是非常貧乏。普瑞馬克的黑猩猩研究推了我們一把，讓我們測試這個點子。如果黑猩猩能學會簡單的符號系統，那麼為什麼倖存的右腦不行？

普瑞馬克在黑猩猩身上做到的成就激勵了我們。他優雅地展現黑猩猩能做到類比。他的推論是，動物可以在不知道兩個物體的關係情況下，判斷兩個物體是相同還是不同的。他是這麼說的：

> 相同／差異不是兩個物體間的關係（例如：A和A相同，A和B不同），也不是特質，而是關係之間的關係：舉例來說：我們來思考AA和BB的關係，以及CD和EF的關係；另一方面是AA和CD的關係。AA和BB都是「相同」的例子，所以AA和BB的關係是「相同」；CD和EF都是「不同」的例子，所以CD和EF之間的關係也是「相同」；AA是「相同」的例子，CD是「不同」的例子，所以AA和CD之間的關係是「不同」。我們用這樣的分析為基礎，教導黑猩猩AA是「相同」，CD是「不同」。黑猩猩在學習這些字的時候，會自發地形成下列簡單的類比：物理性的相似關係（例如小圓和大圓，小三角形和大三角形），以及功能性的相似關係（例如鑰匙和

鎖，開罐器和罐頭）。[10]

這真是一段聰明的分析。表面上來看，有重大語言干擾的患者似乎不可能做到黑猩猩的把戲。做實驗的時候到了。我和我在紐約大學的新研究生格拉絲，以及還在加州的普瑞馬克一起開始行動。靠著飛機、電話以及傳真機，我們還真的做到了。我們密集研究了數名患者，發現有嚴重失語症狀的左腦受損患者，在學習成功教給黑猩猩的人造語言時表現出程度不一的學習能力。換句話說，我們當時認為在某些患者身上，完好無缺的右腦至少有和聰明的黑猩猩相同程度的推理思考能力。[11]

我們假設在這些實驗裡執行認知工作的是右腦。由於有些患者左腦受傷得太嚴重，因此上述的假設是唯一的可能。同一時間，我們對於右腦至少能做到一些簡單任務的信念，卻被我們在紐約大學進行的另一項研究結果所質疑。[12]這項研究處理的是所謂「純字聾」（pure word deafness）現象：無法理解口說語言的症狀。有這項問題的患者還是能閱讀與理解以視覺方式呈現的文字，但是當這些文字被說成話語時，他們就無法理解了，這是左腦的特定損傷所造成的。好，我們說，但這些患者的右腦也都還是好好的，為什麼他們的右腦不能挺身而出，分擔理解話語的重責大任呢？畢竟，裂腦症患者被切斷連結的右腦是可以理解口語的啊。記住，在那時候我們對於大腦運作的理解還是很簡單粗淺的。

沒多久我們就能在一名患者身上測試這個想法，再度證明神經心理學的臨床門診有多豐富。關於大腦本質的各種自然意外，讓我們有源源不絕的機會深入了解大腦是如何組織的。

CB這名患者是一位商業主管，中風造成他出現奇怪的失能狀況。他閱讀時完全沒有問題，書寫也沒有問題，聽覺測試也正常，但是他不能理解口語。所以，讓他看印在紙卡上的「刀」這個字，他可以唸出來，寫出來，從一袋物品中找出來。但另一方面，如果你跟他說「刀」這個字，他就不知道怎麼做出有意義的反應。經過一次又一次的測試，這個情況在他的餘生中依舊沒有改變。這個簡單的發現，和我們從裂腦症研究預期的結果恰恰相反。[13]我們不禁開始思考，也許我們對右腦語言能力的想法太一般性、太廣泛了。無庸置疑的，NG和LB兩位患者的右腦存在一些理解語言的能力，但也許他們只是例外，不是通則。也許，我們在完全性失語症患者身上發現他們能使用簡單的黑猩猩程度的類比，其實只是個幻象。也許，是左腦剩餘的部分在進行這些深層的認知任務。畢竟，也許大部分人都只有主導的那一側的腦有語言能力。五十年後，我們的領域依舊困於這些問題，找不到答案。

挑戰兩個心智的觀念

普瑞馬克丟出來的新知識議題以及每周和費斯汀格無所不包的交叉質詢，形成一股拉力，讓我不斷重新評估過去我和斯佩里提出的大腦中有兩個心智的說法。除了這些不間斷的討論之外，有成的神經科學家暨哲學家麥楷也經常來紐約，我在一九六七年請他到聖塔巴巴拉分校待了幾個月。他對於所謂兩個心智的裂腦症故事也有一些想法。普瑞馬克和費斯汀格都尊重兩個心智的想法，並且給予其道德上的支持，不過麥楷就是不買帳。我們在孩子餐廳喝了幾杯馬丁尼和曼哈頓調酒後，試著打開天窗說亮話。就連麥楷這位物理學家以及長老教派信徒，都會在等奶油蒜炒蝦送來的時候喝一杯曼哈頓。

突然之間，我接到一份邀請，要我為瑪賽科學研究會的期刊，《美國科學家》（*American Scientist*）寫一篇裂腦研究的評論。這是一個討論「一個腦，兩個心智？」這類重要議題的良好平台，我的文章也以此為標題。在四十多年後的現在重讀這篇文章，我可以看見自己內心開始出現的拉鋸戰。我雖然堅定地捍衛並說明兩個心智的觀念，但也引用了我在紐約大學發展出的新實驗與資料。長期來看，不難看出我逐漸在改變我的觀點，並且面對一個比我過去所捍衛的，更加複雜的一個系統。

我在那篇論文裡用一段摘要說明來開頭，說右腦「能靠自己閱讀、記憶、書寫、表達感情以及行動。它幾乎能做到所有左腦可以做的事，但我們承認它的能力有限。」[14]我接著表示，雖然我們有些人專注在這種結果上，但其他人則把焦點放在還有哪些是由較低的腦部系統連結並傳送的，以及左右腦怎麼樣擁有不同的認知風格，處理它們接收到的感官資訊。

不管目前的裂腦研究人員的進度如何，麥楷針對這一切提出了「規範性」（normative）系統的看法。這是由麥楷的同胞之一，休謨努力研究後提出的哲學老生常談：人類這種生物有某些行為和想法，屬於人類條件的一部分：我們做的一切都是規範性的；也就是說，我們在意的是遵守那些核心偏好與能力的指示，儘管它們可能是經由文化所學習到的。[15]麥楷認為，這些受試者就是這樣，內部切斷連接根本不會改變我們採取行動的規範性立場。當這些哲學思想應用在大腦時，他的看法就和維基百科上說的沒有兩樣：「規範性說明、基準以及它們的意義，都是人類生活不可分割的一部分。它們是將目標排出優先順序，組織與規畫想法、信念、情緒與行動的基礎，並且是大多數倫理與政治論述的基礎。」[16]

在裂腦議題方面，這種思考與架構是新穎的，似乎與實際實驗性研究距離遙遠。但是麥楷繼續猛攻提問：對於共同的刺激，左右腦怎麼能有兩個不同的優先排序系統、兩套不同的評價？怎麼可能有一個喜歡柳丁，另一個不喜歡柳丁？這就是培根所謂的起而行的時候了，該要離開孩子餐廳，走進實驗室看看能做什麼。

麥楷尤其想看到更多的直接證據。他想看到左右腦面對相同的刺激，都準備好行動，但各自有不同評價。他想要看到右腦喜歡花生醬果醬三明治，但是左腦討厭，兩個為了午餐吃什麼吵得不可開交。我們先從猴子的研究開始。

吉布森當初和我一起從加州大學聖塔巴巴拉分校過來，現在是紐約大學的研究生。他提出的想法是在一隻猴子一側的丘腦做出損傷。丘腦位在腦的基底，控制我們的進食行為，如果它有一半受傷了會怎麼樣？如果接受裂腦手術的猴子，透過與腦部傷害有關的那半邊腦看世界，會不會比較沒有動機為食物獎賞採取行動？牠還會透過另一邊的腦正常行動嗎？結果正是如此。[17] 左右腦似乎都擁有各自的偏好與優先排序系統。各自為政的規範性系統證據不斷累積，但還不夠。我們繼續追下去。

我和另外一位研究生強森做了另外一個猴子實驗。我必須說，這個實驗非常聰明。接受裂腦手術後的猴子，採用固定獎賞計畫（fixed reward schedule，簡稱 FR2）來學習使用一隻眼睛進行簡單的視覺辨識任務。意思是每隔一次學習練習，看見視覺任務的半邊腦如果反應正確就會得到獎賞。所以獎賞是在每個第二次練習會出現，不是每次練習。這半邊的腦還是學會了這項任務，沒有問題。

現在有趣的部分來了。當一側的腦學會問題執行任務後，沒有接受訓練的另外半邊腦，被允許在沒有獎賞的練習時刻觀看受過訓練的腦的行為。我們先前已經有其他研究，讓沒有接受訓練的半邊腦看受過訓練的半邊腦在每次練習都獲得獎賞，在此條件下，沒有接受訓練的半邊腦學得很快。但是如果沒有接受訓練的半邊腦，看到另外半邊腦正確執行任務，但沒有獲得獎賞呢？它還是能在這些條件下學習嗎？畢竟，如果規範性系統在運作，並且無遠弗屆，那麼左右腦都應該要調整到接受這個事實：受過訓練之半腦的持續正確反應所對應到的刺激選擇，和良好的獎賞是綁在一起的。

結果同樣令人震驚。不只沒有任何跡象顯示沒有接受訓練的半邊腦知道正確刺激的正面價值，這半邊腦還試著干擾受過訓練的腦的選擇，[18]就像有另外一隻動物為了食物在競爭。另外浮現出的一點是「冷」資訊和「熱」資訊的差別；所謂「冷」資訊，就是在規範性過程中可以維持的，「熱」資訊就是充滿情緒的資訊。

最好的例子就是幾年前我們在聖塔巴巴拉測試的病例NG。在那個測試中，目標是讓左右腦在沒有被告知的情況下，學會在面對「○」和「一」的選擇時，要選擇數字「一」。在實驗的一個階段，我們只給予左腦強化，在選擇正確或錯誤的答案時，在右眼前閃過「對」或「錯」。在這個情況下，患者的左腦很快就學會這項任務，但是因為這項反饋只有左腦收到，沒有洩漏給另一邊，所以右腦並沒有學到。簡短地說，右腦彷彿從來沒有從左腦那邊得到線索，不知道要按哪一個鈕，所以只能隨機選擇。

在實驗的第二個階段，我在右腦犯錯時，譴責患者怎麼會犯下這麼簡單的錯誤。她臉紅了，並且覺得很難為情。情緒來自於沒有被切斷連結的部分腦區，因此左右腦都參與了這樣的情緒。難為情的情緒是因為我的譴責所產生的，現在成為右腦的一個反饋線索，一個負面的反饋線索。從這之後，右腦就能在正常時間裡快速學會這項任務。然而非常驚人的是，右腦學會的，不是左腦以為右腦在學的東西。因此，當我在這個實驗過後問她是怎麼選擇的時候，她（的左腦）回答：她選「一」。可是她的右腦學到的其實是：不要選「○」。這再次顯示，她的左腦不知道右腦學了什麼，而右腦之所以學會，是因為訓練過程中的難為情給了它線索。[19]

不只是聰明，是聰明得惹人厭

住在紐約也提供了我各式各樣新的強化。我和小巴克利的接觸增加了，他邀請我參加許多場《國民評論》的編輯晚宴。在資深編輯辛苦工作一天，把雜誌要討論的所有當前議題都搞定後，他會邀請他們到家裡放鬆，一吐怨氣。小巴克利家族一周會舉辦好幾次這種社交活動，對一般人來說，這樣屬於「太多了」的頻率。大部分人總會在某個時候辦個派對，並且可能得到的結論是：一開始很有意思，但後來派對總是會拖得太晚，因為沒人知道怎麼畫上休止符。因此，過幾個月再辦下一次派對比較像是個好主意。

小巴克利家族用優雅的準時解決了晚餐派對如何結束的難題：賓客在七點四十五分抵達，喝飲料到八點十五分，晚餐接著上菜，進行到九點二十分，這時候大家會成群前往起居室喝咖啡，抽雪茄，到了九點五十分，賓客中的椿腳會提醒大家，離開的時間到了。到了十點，派對就結束了。小巴克利會上樓，撰寫隔日的專欄文章，賓主盡歡。我採用了小巴克利的方法，結果非常好，但我並沒有用椿腳這個技巧。在九點三十分的時候（我不像小巴克利是夜貓子），我就告訴大家該回家了。夏綠蒂和我讓晚餐派對成為我們生活中很重要的一部分，我可以大膽地說，我們在過去三十七年裡辦過的三百多場晚餐派對，在認知神經科學領域扮演了必然的貢獻角色。

一九七一年的一個晚上，小巴克利家的既定時間表被打破了。軍方分析師艾爾斯伯格洩漏了五角大廈的文件，事件規模就像今天斯諾登洩密一樣嚴重。此事讓小巴克利和他那些不安分的編輯，想要刊登假的外洩文件。因為我也在房間裡，所以我也被分配到一項任務：假扮從一九六一年到一九六九年擔任國務卿的魯斯克，寫一篇關於越戰的備忘錄。幾年前，小巴克利拒絕了我投稿到《國民評論》一篇關於華茲暴動的文章，上面寫的評語是「用空白牛皮紙袋退回給葛詹尼加」。我確定他對於我接下這個任務感到憂心忡忡，但我做起來卻很容易。對我來說，用備忘錄的形式以政府官員的態度說話非常輕鬆。多年來在優秀大學裡寫獎學金計畫和備忘錄，已經將語言的生命壓得粉碎，這些經驗卻讓我有良好的準備，推敲出為什麼魯斯克覺得越戰應該盡快結束。所有政府體制都會發展出縮寫，所以我想出了STW：短期戰爭（Short Term Warfare）。另外一個就是LTW（沒錯，就是長期戰爭：Long Term Warfare），則不會受到美國人民的接受。等等諸如此類的。

小巴克利很喜歡，幾天後，這篇文章受到熱烈歡迎。電視節目主持人克朗凱不知道這是一篇惡作劇，居然在CBS晚間新聞的開頭使用了《國民評論》報導國防部資料那一期的封面照片，結果雜誌社接到了如潮水般的電話。有人打給退休後住在亞特蘭大的魯斯克，把我的備忘錄唸給他聽。他說，雖然他不記得這份備忘錄，但他可能有寫過。我到現在還不是很明白小巴克利是抱持著什麼想法執行這個計畫。他當時去了溫哥華兩三天，所以沒有發表任何評論。他幾天後回家，辦了一場很大的記者會，並且以史上最巧妙的推託之詞，為他做出這個驚人之舉提出了某種了不起的道德理由。我當時深信，光是憑著小巴克利當總統會帶來的樂趣，他就應該要當美國總統。報業大亨之子小赫斯特把這次的惡作劇稱為「美國新聞史上最成功引起轟動的假報導之一」。[20]

而我在另外一個戰線說服了小巴克利：請偉大的科學家上他的電視節目《火線追蹤》（*Firing Line*）。拜託，你能聽得下多少政治人物說話？所以他接受了。第一個上場的是偉大的行為學派學者斯金納，以及我的好哥兒們麥楷，談的是個人自由的本質。就算用小巴克利一般的博學標準來看，說他們的對話是「高等級」都還太小看這樣的內容了。而這一集穩坐他的節目收視冠軍寶座多年。幾年後，我說服小巴克利製作一系列的節目，他找了費斯汀格再次與斯金納討論道德發展的機制。在另外一次節目中，普瑞馬克和專攻訓練的心理學家亞林，討論了行為控制的極限。我很自豪自己扮演了一個角色，讓這種討論得以搬上電視螢幕（圖十七）。更廣泛地說，這再次顯示不論各自的政治傾向或背景，真正的文化領袖都能一起和平共處。這個發現對我的人生有重大的影響。

再次動起來

我的家庭愈來愈大。我有三個活力充沛的小女娃，應該考慮搬去郊區了。我們選了康乃狄克

圖十七　我的創業冒險基因再度發作，說服小巴克利在電視上訪問我的朋友，他對此也興致勃勃。上方的照片是小巴克利在訪問（左到右）斯金納和麥楷。第二張照片裡，接受考驗的是（左到右）亞林和普瑞馬克。在下面的照片裡，斯金納（中）再與費斯汀格（右）交談。

州的溫斯頓，原因很多，其中之一是那裡美麗的田園風光。但通勤一趟還是必須花兩個小時，代表我每天有四個小時不能思考。早晨一切都好，事實上，很令人愉快。到車站，買杯咖啡和《紐約時報》，放鬆地坐在舒服的火車裡，一路抵達中央車站，換地鐵到格林威治村就好。這時候我的精神還很好，因為大家都這樣，所以感覺很正常。但是晚上回家就是另外一回事了。

我感到無比疲勞，在一天的結尾時來一杯啤酒，一份《紐約郵報》（*New York Post*），然後希望往西港的那班火車上有個位置能坐，因為那裡是我的目的地。車廂的地板已經因為通勤者的啤酒變得黏答答的，大家的脾氣也都不是很好。整體來說，就跟德國啤酒餐廳沒什麼兩樣。這種痛苦的通勤只維持了幾年。

沒來由地，我突然接到紐約州立大學石溪分校的電話，問我想不想過去。我立刻表示對此很有興趣，然後進行一般的工作交談與吃晚餐。我很喜歡那邊，該校也有一個很棒的系所，位在非常美麗的地方，不需要通勤。於是我們在那年夏天換到長島的石溪分校工作，距離曼哈頓約九十六．五公里。

就在我離開前往長島展開新生活之前，我又接到另外一通電話，這次是達特茅斯醫學院的薩奇醫生打來的。他是當時神經學科的主任，邀請我去做一場演講。我欣喜莫名。我居然要在我的母校扮演教授的角色！這是一種特別甜美的滋味，因為儘管我是達特茅斯學院的大學生，我哥哥又是他們的明星畢業生，但這所醫學院在十一年前還是拒絕了我的申請。這種在一個人的過去裡發生的事件，會讓事情的發展有所轉變。如果當初他們收了我，我也去了呢？我就不會做裂腦症研究了，那整個故事又會有什麼不同的發展？我相信人生中的事都是自然而然所發生，而我們總是在木已成舟後，再自圓其說，讓故事看來合理。我們都喜歡那些關於人生中事件連鎖反應的小故事，但是「隨機」卻無所不在。

在我們選擇新的人生道路時，更重要的當然是那些我們因此而認識的人。事實證明，石溪分校對我在科學研究與人際關係上都帶來豐富的體驗。我很幸運擁有許多傑出的研究生，特別

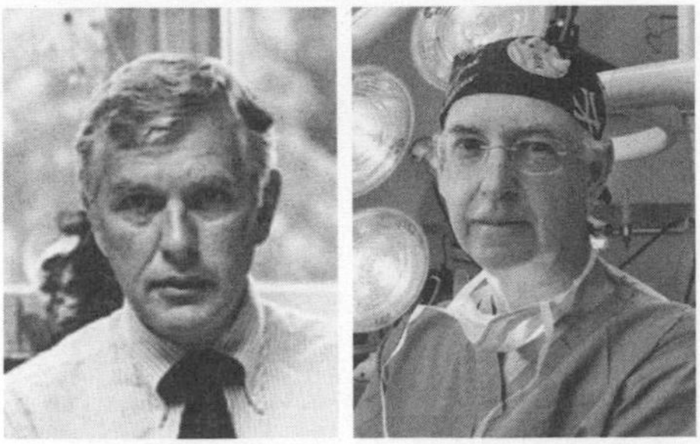

圖十八 威爾森（左）和羅伯茲。這是當時威爾森的住家，兩人展開了達特茅斯的裂腦患者系列研究。羅伯茲後來成為達特茅斯的神經外科主任，並且發明了以電腦為運作基礎的顯微鏡。

是雷杜克，他是創意與活力的化身。在跟著我拿到博士學位之後，他幾乎單槍匹馬地為情緒的神經科學領域，打下扎實的基礎。他是移居路易斯安納州南方的歐洲人後裔，內心深處喜愛音樂（這可能是廢話？），晚上會拿著他的經典電吉他，和他的樂團「杏仁核們」一起演奏。他們也沒有脫離神經科學的範圍，專輯名稱叫做《重精神》（*Heavy Mental*，相對於「重金屬」：Heavy Metal）、《我的心智推理》（*Theory of My Mind*），以及《我們心智中的一切》（*All in Our Minds*）如果我沒有接下這份工作，我永遠都不會有機會認識他。

總之在達特茅斯演講結束後，一位年輕的神經外科醫生威爾森過來找我，說他切開了一些患者的胼胝體，不知道我有沒有興趣研究他們（圖十八）。當然有囉！威爾森開始了新系列的達特茅斯病例，但沒有人研究他們。他決定要動手術，幫助這些無法用抗癲癇藥物成功控制病情的患者。加州患者在大腦深處的前聯體和胼胝體都被切開，但他認為如果避免切開小的前聯體（一小束神經纖維，類似胼胝體，連接左右腦的一些部分），那麼手術的結果就能更進步。因為如果要切開前聯體，就必須進入側腦室的結構，這個過程有時候會造成感染。

威爾森也採用了另外一種新技術。切開整個胼胝體是耗時近七個小時的漫長手術，他認為如果把手術分成兩個階段，對患者的創傷會比較小。因此，他先切胼胝體的後半部，幾周後再把前半切斷。我等一下會解釋，這種做法讓我們對胼胝體的組織出現重大的了解。

我幾乎無法壓抑自己。我一直熱切地想研究接受裂腦手術的患者，而且迫不及待。首先，我得搞清楚要在哪裡、怎麼測試這些患者。很快地，我清楚知道我要在他們位於新英格蘭地區的家中進行測試，實際位置散布在佛蒙特州與新罕布夏州的各地。這要怎麼做呢？為了開始行動，我直接決定要拖著我的測試設備到每個人家裡，就像我在洛杉磯那樣進行。結果這個方法根本撐不了多久。雖然有些值得一提的例外，但很多患者都住在偏僻地方的拖車裡，根本不願意參與這類的事。接著拖車的點子誕生了。我回到家，買了一輛德瑞拖車停在我家車子的後面。如果我沒記錯，這輛拖車要價一千四百美元，然後我和鄰居一起把它改造成了實驗室！我的行動實驗室可以開到任何地方，可以在我們的專業空間裡研究患者，讓患者的家人保有隱私。我們的行動實驗室好幾年以後才升級。

等到我們真的從康乃狄克州拔營搬到長島時，新的裂腦測試計畫也已經開始。我多次前往新英格蘭地區逐漸累積了一些成果，有愈來愈多，而且是重要的患者可以接受測試。儘管如此，卻有一些重大的物流問題。從溫斯頓開車到新英格蘭是小事，但從石溪開過去，不管是往紐約市

圖十九　在佛蒙特州伯瑞特波羅克盡職責的休旅車／拖車。大的橘色休旅車拖著左邊的小拖車。我們的拖車接上患者 PS 住了很多年的那輛拖車（最左邊）。

的方向走窄頸大橋，或是搭傑佛遜港的渡輪都是挑戰。我們已經把轎車換成剛剛從加州開來的橘色休旅車，經過橫越美國的一趟旅行和暑假，這輛車證明了即使在結冰的道路上，它依舊不止一次地保護了我們一家的性命（圖十九）。

不過研究計畫真正的進展不是來自測試裝備和拖車，而是我那一批新的研究生。我們需要的是活力和聰明，他們全都兼備。我們頻繁的新英格蘭旅行成為一項傳奇，當然這些旅程也都非常有趣。每當新的博士後研究生來應徵這份工作時，他們都堅決要研究自己之前論文的內容。等他們說完，我會茫然地望著他們，因為就算他們做了很有價值的研究，我還是有個關鍵問題得問：「你會開車嗎？」

不要放棄本來的工作

紐約州立大學石溪分校的建築是在殖民流放地時期建造的，在長島如世外桃源的沿岸景色當中顯得突兀。斯托克特地方的石溪與傑佛遜港在北岸互相依偎，景色粗獷，令人屏息。州長洛克斐勒在一九六〇年代決定和加州大學系統一爭高下，因此建立了石溪分校，但設計部門出了點問題。設計師彷彿從來沒有離開過紐約州首府奧爾巴尼，來看看這裡美麗的風光以及發揮美學的潛力。多年來，有很多文章寫過這座校園令人沮喪的本質，各種科學期刊裡都有報導。

然而，不管這所大學實體建設上有多少缺點，都無法阻撓他們聘請傑出教職員的決心。我加入這所大學時，他們才開始經營十一年而已。儘管紐約州打從一開始就把官僚體系套用在這裡，這裡充滿活力的教職員卻創造出類似矽谷新創公司的氣氛。這裡很容易形成跨學科的合作，我開始想要利用裂腦手術後的鴿子，結合生物化學的方式來研究學習。也許石溪也是最適合這麼做的地方了。

如同我之前說過的，這裡有充滿活力的研究生，在很多科學冒險中都扮演關鍵角色。他們熱切又投入，會主動找到你。如果他們又聰明，那一切就會自然發生了。他們是所有科學的雙腳、能量以及未來，而在石溪分校裡，這樣的學生數量遠超過一般學校。其中一人是布萊卡，他對這個奇怪的鴿子實驗點子表現出興趣，並且負責讓它實現。[21]這項計畫需要學習複雜的行為訓練方法、解剖學和外科手術，當然還有生物化學。布萊卡找到學校裡這方面的專家，他們個個都能稱上是科學家，在你還不知道的時候，他已經精通了這三門學科。幾年的努力後，這個計畫完成了。不幸的是，我們找不到鴿子受過訓練和未受訓練的腦有什麼差別。我們已經下了注，也做了努力，結果啥都沒有。情況就是這樣，這也就是為什麼你一定要有備案。舉例來說，布萊卡就開創了成功的事業，現在是加州大學洛杉磯分校的視網膜專家暨醫學教授。

我的很多其他計畫都不屬於單純的學術研究。打從我在加州理工學院扮演政治創業家的那段蘇胡洛克經紀人時光起，以及我未能成功和小巴克利成立一間新的錄音帶公司（那又是另外一個故事了）之後，我就得了一種「不突破傳統會死」的病。

我已逝的喜劇演員朋友之子小艾倫是一位醫生。我們後來很親近，他鼓勵我執行我想拍科學紀錄片的奇怪想法。他超好笑的，又很有人情味，而且像他父親一樣對大腦研究深深著迷。有一次，我們還異想天開地想拍一部關於大腦和創造力的電影。我搬到石溪後用的那台玻留新聞十六釐米攝影機，可以在拍攝時直接錄下影片聲音，比我在加州理工學院的那台博萊十六進步，有雙鏈輪，還有一個奇怪的步驟可以加錄聲音。我以為這台玻留可以讓剪接和製作容易一些。我買這台機器是為了作患者研究，但我也覺得它能一物兩用，輔助科學教育這個高尚的目標。

攝影機、碗碟狀收音麥克風、燈光，以及剩下的東西，需要好幾個袋子才裝得下。如果我一個人拿，看起來會非常奇怪而且很重。我勇氣十足地打電話給艾倫，問他我能不能訪問他關於創造力的事，他樂意之極。於是我就往洛杉磯出發了，帶我的攝影器材，神氣活現地在機場走動。

我在周六早上抵達他家，當時艾倫還穿著他的藍色浴袍晃來晃去。我沒想到除了電影以外，真的有人會穿著浴袍閒晃。他帶我走進他的起居室，建議我可以在哪邊架燈等等的。一切感覺很超現實，我內心有個小小的聲音說：你在幹什麼啊？你幹嘛來打擾這個穿浴袍的人？你怎麼不回石溪去做你的研究就好啦？你以為你是誰？名導費里尼嗎？正當我想找個藉口離開時，艾倫就說：「看來你準備好了。」於是他開始彈他寫的一首曲子〈大事可能就要發生〉（*This Could Be the Start of Something Big*），有那麼一瞬間，我覺得自己真的是費里尼。這個經驗令我十分振奮，我發誓要帶著我的器材走遍各地，為這部影片捕捉各種時刻。事實上，我沒多久後就帶著器材去巴黎，在我住的巴黎希爾頓飯店房間裡架起來，對著打開的窗戶往外拍攝。我設定攝影機自動錄影，自己站在窗戶前面以巴黎鐵塔為背景，一心覺得我的事業第二春已經起步了。

唉呀，我們就是會做些瘋狂的事。在拍攝登上巴黎鐵塔以及走了大半個巴黎的旅程之後，我帶著滿滿的影片回到家。我滿心期待地等它沖洗出來，把成果放進我的投影機，舒服地坐好，等著看我的傑作。我就簡單地說吧，我跨足電影界的惡作劇就這麼嘎然而止了。我最愛的飯店窗前那一幕根本是大災難。因為我的攝影機讀到的光源亮度是明亮的巴黎天空，所以站在前面的人看起來就像是參加證人保護計畫的一員。當然囉，事情總是有好的一面。艾倫穿著浴袍的樣子超帥的。

新患者、新發現、新見解

在此同時，處理新的人類裂腦研究的新團隊成立了。領導衝鋒的是研究腦神經科學的麗絲，很快地有很多人加入她的行列。我也從紐約大學帶來我的猴子計畫，招募新學生加入，其中一位是中村，多年後他成為了美國國家精神健康研究院的副院長。我們忙著探索人腦是不是相當於兩個腦這個問題。抽雪茄的中村態度溫和，傾向繼續做猴子的研究。同時，對自己的動物計畫失去興趣的雷杜克也被我找來進行人類研究。

裂腦研究團隊很努力，但是一開始的成果很薄弱。最早的患者情況有點複雜。雖然神經外科報告顯示大部分患者的胼胝體已經完全切開——我們接受這些報告的字面說明——但多次神經心理學的測試顯示，這些手術顯然做得並不完整。後來我們才知道這些報告是錯的，但當時我們以為我們發現了很有意思的事實。不同於加州那些同時切斷胼胝體和前聯體的患者，這些新患者的小前聯體是完整的。當時我們不知道他們的胼胝體沒有完全切開，於是假設如果有資訊可以在這些患者的左右腦之間傳遞，那就是完整的前聯體的功勞。我們知道猴子完整的前聯體可以傳遞各種視覺資訊。[22]

最後我們總算搞清楚了，但我們確實有一段時間是錯的，當我們將數月的神經心理學測試，與達特茅斯神經學家利用新的腦電圖（electroencephalograph，簡稱ＥＥＧ）得到的資料結合後，才明確證實了這一點。[23]一開始，我們以為我們看到視覺、體感覺以及聽覺資訊在左右腦間傳遞的證據，於是得出「前聯體是交叉整合的源頭」這樣的結論。我們開始認為，以這個特徵來看，動物和人類的相似程度大於相異。

結果第一組被部分切斷連結的患者有各種不同的變數。他們有些是被刻意只切斷部分連結。比方說，這位患者可能先接受了前胼胝體切開術。如果癲癇就此獲得控制，那麼就不會進行下一步的手術。另外一些患者則是有部分的前胼胝體不小心成為漏網之魚。舉例來說，有一個病例是前胼胝體被切斷的數月過後，後胼胝體也被切斷。可是醫生不小心留了一些前胼胝體纖維未切斷，因為它們可能位在兩次手術的重疊處。在當時，我們或醫生都不知道有這種情況。於是當這位患者表現出資訊轉移的現象時，我們便假設這是因為完整的前聯體所造成的，因為我們都假設最先的手術報告是正確的：他們都接受了完全切斷胼胝體的完整手術。幾年後，腦電圖的結果解開了所有謎團。

這種雲霄飛車般的結果並不有趣。當一切都改變後，我們準備結束測試這些新英格蘭的患者，此時卻開始發現了一些東西。被切開的那些部分的胼胝體，確實在左右腦整合方面製造了某種特定形式的缺陷。意思是，特定區域的胼胝體，負責整合特定種類的感官資訊，例如視覺與觸覺。[24]但當時只有間接證據，而且並不清楚明確。我們都開始認為應該另闢蹊徑來研究。

接著出現了患者ＰＳ，一名來自佛蒙特州的青少年。他帶領我們走出迷霧，重燃我們的熱情。PS的胼胝體在達特茅斯醫生執刀的一次手術中被完全切開。儘管達特茅斯的手術要求保持前聯體的完整，但他確實是「分裂」的。幾周後，我們清楚看到一個胼胝體完全被切開、前聯體維持完整的患者，和加州理工學院被切斷連結的患者受到相同的影響。左右腦間沒有任何資訊傳遞，各自有專門的領域。我們開始每個月固定前往佛蒙特，持續了很多很多年。

很多事都在我們測試PS的當下立刻不證自明，左右腦之間百分之百完全沒有視覺資訊的轉移，給右腦看的視覺刺激只會停留在右腦，左腦無法說出刺激的名稱或是描述該刺激。這代表前聯體並不會把視覺資訊傳送到另一邊，不像有未切斷的胼胝體的患者那樣。PS的測試提供證據，顯示人腦的組織方式不同於猴子；一隻胼胝體完全被切開，前聯體保持完整的猴子，還是可以在左右腦間傳遞視覺資訊。當然，這也代表達特茅斯病例，又被稱為東岸病例，就和加州病例一樣。這個事實在之後的幾年裡被證明為是兩個研究團體的痛處。在理想的科學世界裡，複製是關鍵也是美德，所有人都和藹可親地互相合作。但科學其實還是由凡人所執行，通常無法實現這樣的理想。

雷杜克蓄勢待發（圖二十）。他開始接觸所謂接受裂腦手術的患者，就是達特茅斯病例裡較早的那些患者。雖然他的研究很有意思，但這些病例並沒有說服力。PS表現出很多現象，雷杜克的實驗也捕捉到其中不少現象。他對過去的科學文獻瞭若指掌，會說：「我們試試這個」，也許是要患者用左手或右手畫一個方塊。在對第一批患者進行實驗好幾個月，並得到令人困惑

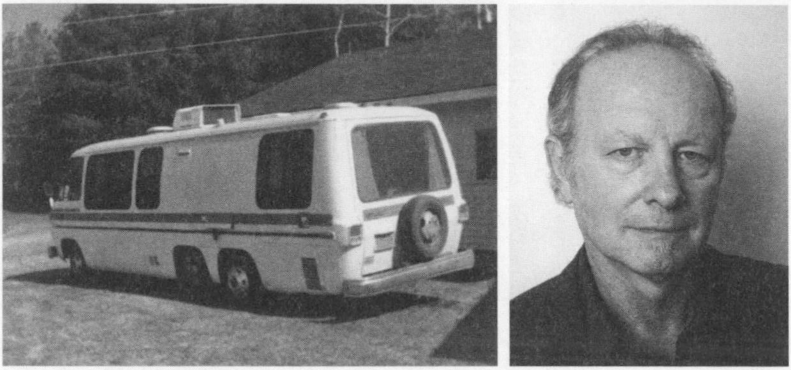

圖二十　雷杜克是最早研究達特茅斯一系列接受裂腦手術患者的科學家之一。現在他被公認為是研究情緒科學的先驅神經科學家之一。左邊是他說服國家科學基金會買給我們的GMC休旅車，好讓我們能繼續研究。（雷杜克的照片由紐約大學相片局提供）

的反應後，他看見ＰＳ輕鬆用左手畫出方塊，但無法用右手做到這件事時，下巴都要掉下來了。當晚回到我們簡陋的旅館房間，我記得雷杜克說：「我們終於找到一個裂腦手術患者可以研究了。」

在一趟又一趟的旅程中，ＰＳ的術後發展漸漸表現出動態的本質（圖二十一）。不同於ＷＪ的例子，ＰＳ很快能用一側的腦來控制同側的手臂。同樣的，這代表不管左右腦都不只能控制相對側的手臂，還能控制同側的手臂，即兩隻手臂／手掌都能很快做到正確畫出方塊這件事。[25]雷杜克記錄這些變化，在十五個月之內，ＰＳ的兩隻手掌已經同樣靈活了。這種學習而來的雙手控制在另外一個加州病例身上也很顯著，所以並不是那麼令人驚訝。不過看到事情如預期般發展還是很鼓舞人心。

圖二十一 讓我們回到正軌的患者PS。他是一個溫暖又容易親近的青少年。我們有一次帶他去加州研究腦電波時，也帶他去迪士尼樂園。這張他與母親的照片就是當時拍的。

PS在很多方面都很特殊，尤其是他活躍的右腦（影片七）。在手術後，他的右腦很快就能做出很多反應，但因為右腦不會說話，所以它會利用一些非口語的管道表達。他是第一個在右腦獲得簡單名詞以外的口語指令時，可以做出反應的裂腦手術患者。如果是像「蘋果」這樣的名詞單字閃過右腦，並要求他在一堆圖片中指出與字相符的物品時，PS就像其他接受裂腦手術的患者一樣，沒有任何困難。但是與其他患者不同的是，如果右腦看見的是簡單的書面指令，例如「站起來」，或是「指」，他也能做得到。右腦不是只像一團樹瘤，而是真的能做點事的（影片八）。事實上，我們很快就會發現右腦也有自己的偏好。當我們更深入研究右腦，也得到了更多新的議題與研究（影片九）。雷杜克對任何事情的描述都比大部分的人厲害，特別是跟我相比。他是和我一起進行這些研究的伙伴：

患者PS特別重要。他的左右腦都能閱讀，但只有左腦可以說話。過去一般認為右腦比較弱，認知能力近似猴子或猩猩，但不如人類。左腦顯然有自我意識，但是高等級的意識是否也存在右腦似乎沒有定論。但是PS的病例讓我們能探索右腦是否有自我意識，因為他的右腦可以閱讀。所以我們向他的右腦問過問題，而他會伸出左手，用拼字版回答問題。在這些簡單的測試裡，我們發現PS的右腦有自我感受（他知道自己的名字），並且有未來感（他有職業目標），這兩項對於有意識的覺知是很重要的特質。特別有意思的是，右腦和左腦對未來有不同的目標。會不會真的在一個腦裡有兩個人呢？

在測試左右腦互動的過程裡，葛詹尼加有一天在我們的露營拖車實驗室裡做了一個重要的觀察。我們給右腦書面指令（站、揮手、笑），然後PS在每個例子中都能適當回應。如果不是葛詹尼加在現場，這項測試可能就僅此而已。我們一直很高興成功顯示出右腦可以對口語指令做出反應。但是葛詹尼加的腦袋轉得非常快，而且非常有創意，他立刻了解到不只是這樣而已。他開始問PS，他為什麼做出當下的行為。記得，只有左腦會說話。所以當右腦得到「站起來」的指令時，PS會解釋他之所以站起來是因為他想要伸展一下。當右腦得到「揮手」的指令，左腦就回答他看見了一個朋友。當指令是「笑」的時候，他回答因為我們很好笑。

葛詹尼加的「意識扮演詮釋者」的理論自此誕生：患者編出自己做這些事的理由，

藉此將自己採取某些行動的衝動合理化。之後我們進行更多的實驗，直接測試這樣的看法。

在下一趟實驗裡，我們同步向左右腦呈現不同的圖片，要他指出符合圖片的卡片。有一個很經典的例子是，我們在實驗中給右腦看一張雪景，左腦看一張雞爪圖片。於是他右手指了一張雞的卡片，左手指了一張鏟子的卡片。PS對這種選擇的解釋是，他看見雞爪，所以他選了雞，然後你要用鏟子才能清理雞舍裡的雞糞。換句話說，左腦會用自己的行為反應當作原始資料，捏造一個解釋，然後接受這就是自己做出某些行為的原因。

對裂腦患者的左腦而言，右腦做的一切都是無意識的行動。葛詹尼加提出，我們的行為是受到無意識運作的系統所控制，而意識的關鍵功能就是合理化我們的行為（詮釋我們的行為）。這就是他的詮釋者理論……[26]

雷杜克對於那段拖車歲月的描述太過抬舉我了，沒能充分描述他在這項發現中扮演的角色。在那樣的環境中，不管發生什麼，每個人都是參與其中的一份子。這從頭到尾都是相互提示的過程，我們唯一的工作就是確認患者不知道這件事。而他真的不知道。

就某方面來說，我們之所以能透過PS獲得重大見解，也就是左腦會捏造解釋合理化右腦發起的行為，是由於我們心態的轉變，而不是他的轉變。在過去二十年裡，裂腦研究者都意圖觀察特定一側的腦能做什麼，不能做什麼，以及資訊到底有沒有在左右腦之間傳遞。因此我們會以某種方式，問某種問題。在我們向一側或另一側的腦提出刺激之後，我們會問：「你看到什麼？」直到二十年後，我們才終於懷疑：「會說話的左腦對於右腦在做的事有什麼想法？」畢竟，左腦對於這些行為為什麼會發生毫無頭緒。最後，我們在寒冷的拖車裡突然醒悟。我和雷杜克問：「你為什麼會做剛剛的事？」光是改變問患者的問題，就能讓宛如洪水般洶湧的資訊與見解湧現。雖然左腦沒有線索，但它也不會滿足於說出它不知道。它會猜、會支吾其詞、會合理化，還會尋找因果關係，但是最後總是想出一個適合情況的答案。我認為這是裂腦研究最驚人的一個結果。

接下來幾年裡，我們持續向接受研究的患者追問這個問題（影片十），而「詮釋者」在很多經典實驗中都有現身。上面描述的是一個典型的例子，會說話的左腦想出某種故事，解釋由右腦發起，但左腦完全沒有相關知識的行動。在其他時候，左腦會解釋因為右腦的經驗所引發的情緒感受。如同我稍早提過的，情緒狀態似乎會在左右腦的皮質下傳遞，不會受到胼胝體被切斷的影響。因此，就算所有帶來情緒狀態的感知與經驗都僅限於右腦，左右腦都還是能感覺到情緒。雖然左腦對於情緒為什麼產生、來自哪裡都毫無頭緒，但一定會嘗試解釋這種情緒。舉例來說，我給病例VP的右腦看了一段恐怖的用火安全影片，裡面有一個人被推到火場。後來我問她看到什麼，她說：「我不是很清楚我看了什麼。我想應該只是白光。」但是當我問她，她是否感覺到任何情緒時，她說：「我不知道為什麼，但我覺得害怕。我覺得提心吊膽的，我想也許是我不喜歡這個房間，或者可能是因為你，是你讓我很緊張。」接著她對一位研究助理說：「我知道我喜歡葛詹尼加博士，但現在我出於某種原因覺得很怕他。」左腦感受到情緒的負面效應，但是不知道是什麼造成的。有意思的是，缺少知識並沒有阻止它想出符合情況的「合理」解釋：我站在那裡，她覺得不舒服。她的詮釋者歸納出一個因果結論：一定是我嚇到她了。

詮釋者可以影響很多認知過程，包括記憶。比方說，當時的博士後研究生，現在已經是紐約大學知名認知神經科學家的菲爾普絲和我，讓接受裂腦手術的患者看了一系列照片。這些照片是關於一個人早上起床，準備去上班的故事。接著我們讓他們看另外一系列照片，要他選出之前看過的照片。這些照片裡有之前看過的，也有和故事無關的新照片，還有一些和故事相關，但未曾出現過的照片。雖然左右腦都能正確辨識出先前看過的照片，但是左腦也會錯誤地選出和故事相關的新照片。

左腦傾向會抓住情況的精髓，做出符合事件大方向的推論，然後捨棄任何無關的東西。這種延伸思考雖然會破壞精確度，但對於處理新資訊卻比較有幫助。可是右腦不會這樣做。它只會忠於事實，並且辨識出原本存在的那些照片。詮釋者也會解釋來自身體的輸入，下列的經典實驗就是很好的說明（但這個實驗現在應該絕對無法通過人體受試者委員會的檢驗）。薛克特和辛葛告訴實驗裡的受試者他們將接受維他命注射，以觀察維他命是否對視覺系統造成影響。但他們其實被注射了腎上腺素。研究人員真的想知道的是，受試者對生理反應的評價是否會受到周遭環境所左右。有些受試者知道注射這種維他命會有心悸、顫抖、潮紅等副作用，有些受試者則被告知沒有副作用。在注射腎上腺素之後（副作用是心悸、顫抖、潮紅），其他共犯研究人員便走進受試者的房間裡，表現出愉快或憤怒的態度。已知注射會有「副作用」的自願受試者都把他們的症狀歸咎在藥物上。至於那些不知情的受試者，則將他們的自律激發反應歸因於環境。那些和高興的成員接觸的人也覺得神清氣爽，而和生氣成員接觸的人則感到憤怒。對於相同的生理症狀，他們的左腦詮釋者會吐出三種不同、合理的「成因與結果」解釋。然而，只有一個是正確的：注射腎上腺素。

所以對於詮釋者來說，事實很酷，但不是必要的：左腦會用手邊的任何東西解釋剩下的部分。有第一個合理的解釋就夠了。左腦會尋找成因與結果，從其他的處理過程向它吐出的混亂資訊中創造出秩序。這就是我們的大腦每天在做的事：綜合來自腦的各部位和環境輸入的資訊，編成一個合理的故事。

右腦學習說話

病例ＰＳ也是第一個揭開裂腦研究重大事實的患者——他的右腦真的開始說出簡單的話語。

在手術後不久，他就表現得像許多裂腦患者一樣。左腦可以了解語言並說話，右腦也可以了解簡單的語言，但不會說話。這是標準的情況。可是PS開始有不同的行為。他的右腦說出了單字，嚇壞了我們。

一個簡單的測試讓我們發現他的右腦在說話。我們在左右腦前都閃過一張圖片，要PS說出他看到什麼。大約在手術後兩年，不論是他哪邊的腦看見圖片，他都開始能說出物體的名稱。為了測試資訊是不是在左右腦之間傳遞，我們改變了問題。我們不問「你看到了什麼」，而是問：「這些圖片相同或是不同？」他答不出來。這真的很詭異。比方說，如果分別向左腦或右腦閃過鴨子和蘋果的圖片，他就會說「蘋果」和「鴨子」，但是分開的左右腦無法比較他們看到的東西，也無法說明圖片是相同或是不同。當然，如果這兩張圖都給同一側的腦看，那麼要他們判斷相同或不同根本是小事一樁。

我們盡全力研究這個部分。右腦的能力改變、可以說話是不爭的事實。在接下來幾年裡，這項能力也開始在其他患者身上出現。我們之後發現VP和JW的右腦也都學會了說話。在一次測試裡，我們顯示出這有多奇特（圖二十二）。

整體來說，我們興奮得快衝上天了。除此之外，所有執業的科學家、學者或探索任何事物的專家，都知道會伴隨著發現而來的那種忙亂。自然界的另外一個祕密被揭開了，你就在那裡，坐

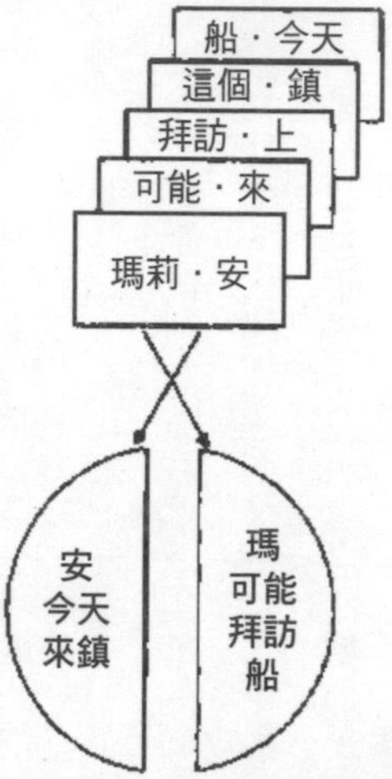

反應

PS：安今天來鎮。
E　：還有什麼？
PS：到船上。
E　：誰？
PS：瑪
E　：還有什麼？
PS：去看安
E　：現在重複整個故事
PS：瑪今天應該要來鎮上拜訪在船上的瑪莉安

圖二十二　病例 PS 未連接的右腦開始說出單字，所以我們給他看所謂的「三重故事」測試。我們按照順序給他看五組單字，可以說出下列的故事：「瑪莉安今天可能會來鎮上拜訪」（Mary Ann May Come Visit Into The Town Ship Today）。這是正常受試者看完這個測試會說出來的話。但是 PS 的左右腦分別看到了不同的故事。左腦看到的是「安今天來鎮」（Ann Come Into Town Today）右腦看到的是「瑪莉可能會拜訪船」（Mary May Visit The Ship）。上面的對話就是 PS 的左右腦怎麼回報這個經驗的。左腦先回應，接著右腦提出不同的文字順序，使得他最後的總結反應會結合兩個輸出。

在第一排親眼目睹。這是一個令人興奮的時刻，前方就要出現更多改變。我決定接下在康乃爾大學醫學院的工作，搬回紐約市。

第五章 大腦造影確認裂腦手術

科學家全心投入研究，本質上就會創造出更多問題，而不是減少問題。事實上，有位哲學家認為，碰到更好的問題時，我們對答案感到愈來愈不滿意的程度，能用來衡量我們智力的成熟度。

——奧爾波特

我加入康乃爾大學醫學院教職員行列後，醫生還不會宣傳他們的服務，金錢也還不是醫院員工隨時掛在嘴上的話題。醫學院是一個新奇、讓人興奮的地方，醫生每周工作一百個小時也不算什麼。第一流的醫學院裡的這種節奏和緊湊感，讓我的活力適得其所。我愛上這種氣氛，我知道我一定能學到很多。

第一件大事是我用研究生交換住院醫師，他們根本是完全不同的生物。研究生接受過科學實驗方法訓練，知道怎麼做實驗。住院醫師年紀比較大，比較有智慧。他們一天裡做的決定比大多數人一年裡做的決定還多。他們互動的對象有瀕死的、開心的、哭泣的、歡笑的，人世間的喜怒哀樂一次包辦。簡單來說，他們的經驗豐富是研究生望塵莫及的。我的工作是協助結合這兩種經驗，用於研究人類的認知。現在我同時要當博士生和醫學生的導師。

普拉姆是康乃爾大學神經學系的傳奇系主任，也是這件事的催化劑。不知道為什麼，他認為住院醫師應該接受神經心理學的訓練，於是找上了當時還在石溪分校的我。一開始的想法是我每周四到城裡和住院醫師進行特別的神經心理學巡房。這個想法很大膽，因為我根本不明白神經症狀的豐富多樣性。我看過相關的書，接觸過失語症，但是實際檢驗各種患者？我怎麼會有專業能力，更別說是巡房了？

但在康乃爾的巡房很快成為我人生中最棒的經驗之一。普拉姆的住院醫師都非常傑出，有些還是我所認識的人當中，最為仁慈風趣的那些。他們很快就發現我是巡房菜鳥，不知不覺中優雅變身為我的老師，我則成為他們的學生。我發現，我深深愛上神經科的病房。

我很快就上手，提出一些實驗，也許能以新的觀點理解經典症狀。忙碌的住院醫師不會亂來。當一個點子去蕪存菁留下精華，他們會馬上動手實驗。他們會說：「好，我們把患者帶到走廊盡頭的儲藏室。可以在那邊的桌上架投影機。」或者是：「東棟六號病房有一個全面失憶的患者，去拿攜帶式的EEG機器，我們可以記錄她的癲癇發作，再用靜脈注射鎮定劑讓她恢復。」儘管工作繁重，他們還是能做到這些事。

不久，普拉姆就判斷把神經心理學加進神經學的計畫是管用的，於是提供我擔任教授的全職工作。我很愛這個主意，我的私生活在此時也發生轉變。這個工作機會正碰上我和琳達決定各分東西的時刻。她周間會在石溪陪我們的四個女兒，她們是我生活中快樂的重要泉源，而我則在周末的時候出城陪伴她們。這很不容易，但是歸功於所有人的努力，相關者都能接受這樣的安排。

從患者身上學習，接觸潛意識

我說服雷杜克加入我在康乃爾的新實驗室，一起試著擬定下一個研究計畫。其中之一是巡房時發想出來的。有一個住院醫師叫沃普，他是很厲害的外科醫生，而且活力異於常人。他開始讓我們看一些右腦頂葉皮質受損的患者，我從沒看過這麼奇怪的症狀。你先要求這類患者看你鼻子的右邊，然後舉起左手，伸出一根或兩根指頭，問患者他們看到什麼。他們能輕鬆地說出正確答案。再用右手做一樣的事，患者還是能說出正確答案。接著才是關鍵的觀察結果。把兩隻手都舉高，左手和右手都伸出一根或兩根指頭。

接下來的事真的很不得了。這些患者都否定你右手提供的資訊，彷彿你的右手根本不存在。這個現象被稱為「雙重同步消失」（double simultaneous extinction），在神經學門診中經常出現，是一種注意力失調。看到這種症狀你可能會很震驚，但恢復以後心頭會浮現疑問：你明知道關於右手的資訊已經進入大腦，那些資訊怎麼了？畢竟，當實驗者只舉高一隻手，也就是右手的時候，患者可以輕鬆說出伸出的手指數量。當兩手都舉高，導致資訊被壓抑，是否代表患者的意識認知系統無法取得被壓抑的資訊呢？或者可以取得，只是患者說不出來，或者無法意識到他使用了該資訊做決定？也許這種異常可以提供我們一條走進潛意識的路。沃普和雷杜克便開始研究。

沃普召集了一群有類似損傷、表現出這種現象的患者，雷杜克則設計實驗，幫助沃普學會一些心理的技巧。主要的實驗很簡單。我們計畫在左右視野中同時閃過圖片，問患者這兩張圖片相同或是不同，這樣患者只要做一次口語反應就可以。然而，要說出正確的答案，來自左右視野內的資訊要以某種方式在大腦中結合，接著進入語言中心做出反應。第一步是要看患者能不能成功完成任務。答案很清楚：之前會否定出現在左邊視野內資訊的患者，還是能利用這些資訊，正確判斷「相同」或「不同」。你應該想像得到，當我們在「相同」的實驗中問患者看到什麼東西，他們只會說兩個蘋果，或是任何看到的東西。如果是圖片「不同」的實驗，那麼他們永遠無法說出在「消失」視野中的圖片是什麼東西。[1]太好了，實驗成功。這個實驗後來也形成一小塊研究領域。簡單來說，我們透過實驗證明，即使是人無法有意識接觸的資訊，還是會以某種方式影響看似有意識的決定。我們得以窺見龐大的無意識，最有可能主宰我們大部分所作所為的那套網絡。我們覺得無比自豪，而且其他人很快也接受了這個想法，並用很多聰明的方式延伸該研究。

為人師、與人為友的喜悅

我不相信「訓練」研究生那一套。我相信要讓他們接觸各種可能性。我假設，如果他們需要知道更多細節，他們會自己學習，因為我就是這樣學到我知道的一切的。說到訓練，大家通常會覺得是把一團混沌塑造成某個東西。這種事會在還沒有高品質學生的大學裡發生，但不應該發生在認真做出新發現的地方。另一方面，指導他人應該有成效，也是必須的，而且會令人感到愉快。

現在，研究所結束後的幾年裡還是要指導他人。現代的知識相當錯綜複雜，因此在年輕科學家的生涯發展過程裡，研究所的經驗已經僅占一小部分而已。多年來，特別是我在康乃爾的那段時間裡，我多半擔任博士後學生的導師。來找我的學生通常有心理物理學*或是認知心理學背景†，而且想要研究有神經學問題的患者。有病灶損傷的患者通常是因為中風（或是所謂「腦部受傷」），是研究心智運作方式的良好管道。

有天下午，費斯汀格和我在格林威治村的達達尼爾餐廳吃午餐。當時他的興趣已經從心理物

---

*心理物理學針對物體刺激與其引發的感官與感知之間的關係進行量化研究。

†認知心理學研究心智處理過程，例如注意力、語言與學習、問題解決等等。

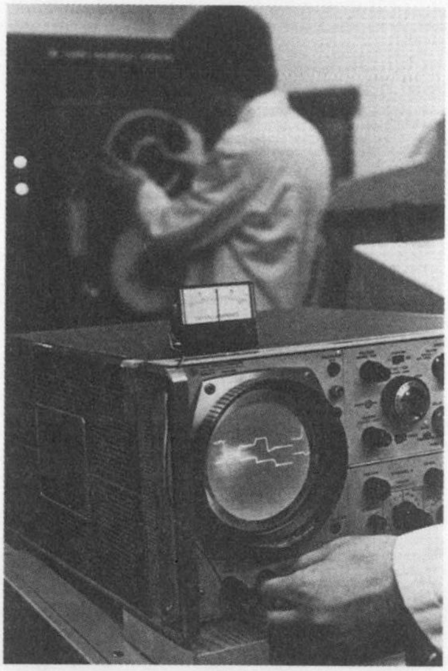
圖二十三　霍茲曼和他的眼動追蹤儀。

理學轉移到考古學和人類的起源。他問我想不想接手他的學生霍茲曼。為了提高我的興趣，他說他會把昂貴的電腦眼動追蹤儀一起轉交給我（圖二十三）。這個儀器非常有用（而且很貴），絕不能被束之高閣。實驗者能使用眼動追蹤儀呈現視覺資訊給受試者，並且非常精準地確認資訊落在視網膜的哪個位置。這表示，如果左視野出現一個刺激——我們每天都會對裂腦手術患者做這種測試——眼動追蹤儀就能追蹤眼睛是否移動，並自動重新定位刺激出現的位置。費斯汀格輕描淡寫地指出，如果沒有霍茲曼操作，這套系統就沒用了。身為熱愛高科技產品的人，我要他叫霍茲曼來找我面試。

很少人會覺得自己會和一個剛認識的人變成摯友。在三十九歲這把年紀，我覺得自己已經認識所有能伴我終生的好友了。從那時候開始，我把認識的每個人都歸類為第二圈的「點頭之交」。但彷彿是要讓我看清這種想法有多愚蠢似的，我認識了霍茲曼，在一周內我們便焦不離孟，孟不離焦。這段美好的友誼僅維持了六年時光，之後霍茲曼就因一場可怕的疾病而過世了。他的離開就像腦部損傷一樣，我覺得有一部分的我就此消失，再也無法恢復。

霍茲曼從新學院畢業的那一年就和蘿依結婚，她是一位年輕美麗的律師，第一個老闆是紐約市長朱利安尼。蘿依後來成為憲法第一修正案的權威，會在每一期的《富比士》（*Forbes*）和《每日新聞》（*Daily News*）送印前閱讀完畢。她也試過要看霍茲曼的科學論文，雖然對她來說這根本是火星文，但她還是硬著頭皮讀了。她的幽默感甚至比霍茲曼更勝一籌，這項了不起的能力讓她可以順利存活於紐約市法律界的高壓環境之下……並且成功經營和霍茲曼的婚姻。他們琴瑟和鳴，但就在他以為自己成功駕馭她時，她又提高了賭注。

和霍茲曼在一起，就像是整天活在《周六夜現場》（*Saturday Night Live*）的節目裡。聽演講的時候，我們會在同一個時間點開始咯咯笑。於是我們會避免眼神接觸，朝著前方看，專心避免我們打斷整場演講。偶爾也會我笑了他沒笑，反之亦然。怎麼回事？我心裡想。霍茲曼有沒有在聽啊？他是不是睡著了？通常不是，於是我們接著會到洛克斐勒大學的酒吧裡，一邊喝酒一邊進行精采的討論。六年來，我們幾乎每晚都如此。他的反應靈活又聰明，他的傲慢根本是一種藝術。有天晚上離開酒吧時，他告訴我：「我睡覺的時候會想夏綠蒂。你會想什麼？」夏綠蒂是我老婆。你怎麼忘得了這樣的人（圖二十四）？我試著贏過他，但從來沒有成功過。

我們當然聊了很多關於科學的事。霍茲曼很重視量化，數字一定要夠漂亮，才能讓他對結果做出說明。他會想到實驗的缺失，也能成功挑戰實驗室沿襲已久的觀點。他會因為下一場演講感到萬分苦惱，或是因為下一次的獎學金資料更新痛苦不已。他總是在該領域裡表現最優秀的，指

圖二十四　霍茲曼和我在義大利拉韋洛享受人生。在溫暖的晴天，與好朋友在能俯瞰亞馬菲海岸的地方用餐，是我理想中的天堂。

導他不只是在相處愉快後把他送上計程車回家而已。

我們的研究經常要用到速示器，也稱視覺記憶測試鏡，一種把視覺資訊呈現給一側的腦看的儀器。為了讓它發揮作用，受試者必須能仔細並專注地盯著銀幕上的一個點，我們稱之為良好的凝視者（fixator），這對很多人來說都很困難，我們也很努力讓患者發展出這種能力。這是我們六年來至少一個月一次，開著裝滿特殊裝備的休旅車去新英格蘭地區的部分原因。患者的家庭都對我們很好，總會準備豐富的午餐讓我們邊吃邊聊。研究人類受試者的心理學處理過程需要很多技巧，也很敏感，因為你深入了某人心智／大腦最底層的運作。我們總是很努力地向參與研究的受試者與他們的家人，傳達我們發自內心的尊重與感謝。

在一個難忘的下午，我們開車到新罕布夏州郊區的一名患者家。午餐休息時間，從餐廳的窗戶看出去，有一隻牛躺在草地上看著山下，彷彿陷入昏睡。我隨口和患者的父親聊聊這隻牛，說牠看起來真是心滿意足。霍茲曼則忙著做第二個三明治來吃，我猜他應該沒有注意到我們在說什麼。當我結束牛的話題時，我說：「為什麼那隻牛整天看著山下就能這麼滿足呢？」霍茲曼馬上回答：「這可問倒我了，不過牠應該是很好的凝視者。不然我們把速示器放在牠前面看看會怎麼樣？」

他一說完臉馬上就紅了，盯著自己的盤子，恨不得挖個洞鑽進去。通常這種莽撞行徑是我負責的，而且霍茲曼總是會讓我為此付出相當的代價，因此我很珍惜這次反擊的機會。我慢慢轉頭朝向他，說：「你說什麼，霍茲曼？」他漸漸恢復正常，說：「我說我欠你一次。」患者和他父母一起大笑了。幾年後，他們聽到霍茲曼死去的壞消息時，也掉下了眼淚。

我們的新英格蘭旅行時間都很長，有足夠的時間探索對萬事萬物的想法。霍茲曼總會聊到蘿依，他很以她為傲。她很快就代表《華爾街日報》（*Wall Street Journal*）、《每日新聞》、《富比士》雜誌等大型出版社出庭，而他知道所有法律細節，一一說給我聽。我會質問他，但他都回答得出來。如果我問到只有特定人士能知道的內容，他就不會回答我，因為蘿依會殺了他。我會纏著他不放，但他從來不會妥協。對此我感到十分挫折，於是說：「你老婆賺得比你多，你有什麼感覺？」他會說：「很好，很好。我愛她……我沒辦法不愛她。」

霍茲曼喜歡一切都有條有理，不過他不特別重視其他人的條理，因為這會阻撓他看待關係的驚人能力。他是一個實驗主義者，沒有人比他更厲害，這也讓他開心得很。有一天，某個實驗的結果他怎麼跑都跑不出來。我說，這樣很好，因為我們可能已經接近真相了。結果他吼回來：「真相？你瘋了嗎？我才不在乎這是不是真相，我只要它們一致。」

他非常慷慨，然而他的自我中心同時也讓人氣急敗壞。他願意對實驗室裡每個實驗的細節提供協助，而沒有接受他的建議的那些實驗也都應該要聽他的。關於自己的研究，他最重視的是報告中不能有任何邏輯錯誤。他對數據的解釋會不會有漏洞？他會因為要演講擔心得整個禮拜睡不好覺，就怕有人會在他的推論中找到問題。我會責備他：「所以你錯了，那又怎麼樣？我們在某個程度上都是錯的。對我們悲慘的人腦來說，這個問題龐大得無解。我們一切努力的目標，是要讓對的比錯的多。我們不需要是正確的。」他的回答是：「胡扯。」我會說他是有強迫症的混蛋，他會說我是亂七八糟的龜兒子。然後我們會去喝一杯，同意我們兩個都是對的。

我和夏綠蒂結婚的時候霍茲曼也在。我們的正式儀式在紐約尤薇勒法官的辦公室內舉行，然後在世貿中心頂樓的包廂吃了一整個下午的午餐。早上的儀式只有夏綠蒂的姊姊和我們的好朋友薛克特參加，他也是法官的表親。有一次，薛克特告訴我們尤薇勒晚上打給他問一個問題。她要判決一個案子，原告和被告的律師都是猶太人，他們對細節的堅持讓她快瘋了。因為薛克特熟知猶太人使用的意第緒語，所以她想問他意第緒語裡的「大方向」怎麼說。法官認為，如果她能找到這個字，她就能突破這些人的堅持。薛克特說，他不知道這個字，但會幫她查。他打給十七個猶太教的拉比，沒有一個人知道。最後他打給一個住在底特律的老拉比，他告訴他：「薛克特，意第緒語裡沒有『大方向』這個字。因為猶太人重視的就是細節、細節，還有細節。」

那是很美好的一天，既簡單又意義重大。霍茲曼在我們情緒激動的時候引導我們，確保我們不會沉溺其中。我們生命中最重大的這件事，就在尤薇勒充滿書香的辦公室裡發生，她的心靈特質更為這個美妙的事實畫龍點睛。我們在午宴時聊了很多事，笑得頭都昏了（圖二十五）。大約兩點半時，法官說她必須先離開，回法庭對一個兩年前殺了自己孩子的男人做出判決。他在殺子後獲得保釋，一直都是模範市民，還做兩份工作養剩下的家人。該怎麼辦呢？

我永遠不會忘記那一刻。在短短幾個小時裡，尤薇勒幫我們證婚，參加歡樂的喜宴，然後要去處理更複雜、意義更重大的事情。霍茲曼雖然語氣輕鬆，但是他也表現出自己隨時準備好思考心智與心靈的問題。不知為何，我們的婚宴以複雜難解的社會議題討論作結，所有人都感到精神一振。如果在包廂裡的陌生人霍茲曼沒有用幽默感，讓我們立刻有深度地開始討論人類尊嚴，尤薇勒也不會讓我們接觸到這個面向。

接著，霍茲曼的健康以迅雷不及掩耳的速度急速惡化，讓人心焦不已。他咳嗽了好幾個禮拜，他咳出血之後就去了紐約市立醫院，結果立刻辦理住院，而他的妻子即將臨盆。過去幾個

圖二十五　夏綠蒂和我由尤薇勒法官證婚。儀式後，我們在世貿中心的世界之窗餐廳舉辦私人午宴。（左至右：）霍茲曼、夏綠蒂的姊姊絲邁莉，我的好朋友薛克特也出席了，他是法官的表親。

月，裝修公寓的事讓他們壓力很大，生活環境裡都是石灰牆的灰塵等等，我們找了一百萬個理由解釋他的咳嗽。細菌培養的結果說不是肺炎，但是肺部攝影說是。霍茲曼知道自己不行了，他找來家人和親近的朋友TL到他的病榻前。

霍茲曼住院第三天時，他擔任醫生的父親告訴我他不指望他能撐過去。我震驚之餘也覺得非常憤怒，這麼年輕的一個人，在世界上最好的醫院裡，卻要死了。他們安排電腦斷層掃描，懷疑他可能得了肺癌，結果什麼都沒有，但他的健康繼續惡化。他們找來肺部專家，快速的肺部檢查顯示霍茲曼的肺已經發炎。切片檢查終於診斷出他罹患華格納氏肉芽病*，一種自我免疫失調症。根據經驗，疾病之後的發展狀況非常悲觀：他們立刻使用大量的抗生素與類固醇，但霍茲曼依舊沒有好轉。TL說，霍茲曼去做肺部切片時對他比了大拇指，說「再肺（會）」（So lung，諧音 So long）。他試著用故事和玩笑讓我們打起精神，而蘿依和TL將這些話語傳達給在等待室裡的我們。

早上五點做完切片以後，他已經進了加護病房，全身插滿管子，不能說話，但我們還是交談了，他用寫的。他最放不下的就是蘿依，覺得很對不起她。我告訴他，他可以撐過去，但他不理我，而是一直探討蘿依的心理狀態。我向他保證蘿依沒事，我會照顧她，但他要我照計畫去喬治亞大學，然後一個護士進來把我趕走了。我們微笑著說再見，然後我再也沒有見到活生生的他了。他隔天早上過世，距離發病只有十天。他在三天後下葬，隔天早上，他的妻子生下了他們美麗的女兒。

在接下來的幾天、幾周、幾個月，還有幾年裡，我們都極力處理這種喪失至親好友之痛。霍茲曼死後幾個月，夏綠蒂和我有了第一個孩子。我們花很多時間陪伴蘿依和她的寶寶。我開始烹飪，藉此專注在新事物上。我們有很長一段時間就像行屍走肉。情緒是很難了解的東西，有人說情緒是由古老的大腦皮質下的部分所管理，是意識分析無法觸及的部分。這可能是真的。表達情

＊現在稱為血管炎肉芽腫（granulomatosis with polyangitis），因為小型與中型血管發炎，影響許多器官。

緒也無法消除鬱悶，我的情緒不肯放過我。光是自己思考這些事還不夠，我開始把故事寫下來。雖然有些開心的故事可以分享，但一邊打字，我還是感到有點苦澀。兩周前，霍茲曼過世後約二十八年，夏綠蒂和我看著一位神采飛揚的新娘走上紅毯，她是霍茲曼的女兒。最棒的是，她聰明又活潑，妙語如珠，連新郎在講話時也不閉嘴。果然有其父必有其女。

霍茲曼比大多數人聰明，比大多數人勤奮，魅力更是世上少見。他擁有這一切特質，在科學上有很大的競爭力，但他卻一點也沒有野心。我們對此聊過很多次，但我直到他葬禮後的聚會才真正了解這一點。霍茲曼的朋友從各地來到紐約，我和他們喝了很多，直到我們對悲傷感到麻木。我們無助地望著他美麗、懷孕的妻子，他明豔的母親、精神飽滿的姊姊、莊重的父親。我們說話、哭泣、計畫、喝酒、大笑，最後崩潰。事實上，霍茲曼根本不需要野心，因為他的朋友是支撐他的力量。他在短暫的生命裡，結交了一群我從沒見過的出色伙伴。電話一響，他就知道那會是他投注感情、喜愛的人打來的。他總會提到其他朋友，但我們大部分人從未謀面，直到他的死亡才讓我們發現了彼此，而這件事最大的恩典是，我們透過這些朋友清楚知道，霍茲曼會永遠活在我們的心中。

有車就要旅行

但我又跳得太快，講到之後才發生的事了。霍茲曼在實驗室工作時，雷杜克在康乃爾的觸角則愈伸愈廣，決定回到他原本著迷的情緒問題以及動物研究。一如往常，他帶著熱忱與才華一頭栽進了研究裡，沒幾年就成為世界知名的情緒與大腦專家。投入新領域代表他要學習全新的研究工具和新的文獻，但這對他來說不成問題。

在雷杜克轉換領域之前，他在我寫的獎助金申請書貢獻了一個關鍵段落。裂腦研究團隊需要一台能良好行駛的休旅車來進行測試。搬到紐約市的時候，我們拋棄了那輛舊拖車，向康乃爾大學在白原市的附設醫院借了一輛退役的舊校車。我們改裝車裡硬邦邦的座椅，但在結冰的佛蒙特州開過這輛黃色大巴士後，我們就受夠了這輛車。我們居然讓美國小孩搭著這種錫罐頭到處跑，真是太不可思議了。

所以我們向國家科學基金會提出申請，在設備的欄位列了一輛通用旗下的吉姆西（GMC）典雅（Eleganza）行動住家拖車。價格接近三萬兩千美元。我一邊在正式獎助金預算表裡打字，一邊自己都覺得好笑。這種東西絕對需要預算說明。這時雷杜克走了進來。「雷杜克，我需要你幫我說明我們為什麼要買一輛典雅行動拖車。」他說，沒問題，然後消失了約一個小時，回來的時候帶著一整頁的理由，說明為什麼這輛車對我們的計畫非常關鍵，以及為什麼特別要「典雅」這個型號才能勝任。我們需要這輛車，不只因為要把它的起居空間改裝成測試實驗室，而且還要能睡覺和吃飯的地方，節省旅途的花費。於是典雅拖車加進了獎助金計畫，附上合理的說明，整份申請書送到基金會。

大約九個月後，我接到基金會計畫部門官員的電話。「關於你的獎助金，我有好消息也有壞消息，」他說，「我們無法提供你要求的研究助理，同樣的，也無法提供你的薪水，你也知道現在景氣不好。但是委員會覺得典雅拖車是個好主意，所以我們會全額補助。事實上他們也只補助了這個。老實說，這聽起來就像是帶著狗橫越美國的《與理查同行》（*Travels with Charley*）那個故事。我們很喜歡。」

我們當天晚上好好慶祝了一番，隔天雷杜克就在紐澤西的經銷商那裡找到一輛典雅拖車，然後去牽車了。我那時候必須去開會之類的，但是他豪邁地帶著一輛全新的車回來時，我們簡直開心得要被沖昏頭了。突然間，我們想到了一件事。我們現在要面對所有紐約駕駛都有的最大難題：這輛接近八公尺的車要停在哪裡？我們開始發瘋似地打電話，最後有人在狹窄的六十八街一棟大樓旁邊弄到一個窄窄的停車位，地點在約克街和第一大道中間，而且大樓就在雷杜克的實驗室旁邊！在此同時，他突然想到自己周間也可以住在拖車裡，因為紐約房子不好找。結果又有另一個問題：我們要怎麼開到在小巷裡的停車位？（圖二十六）

科學真的需要團隊合作，我們需要一個倒車專家。很幸運的，我在一份暑假的工作裡學過倒車技巧。我得說，我做得又快又熟練。停車位的大門打開，我開在兩側都停了車的單行道上，停在車位的門外，雷杜克和霍茲曼坐在乘客位置。莫名其妙有信心的德州姑娘夏綠蒂，甩著金髮活力十足地指揮交通。強悍的紐約客停下他們的車，我只倒車轉了一次就把這輛車停在狹窄的車道

圖二十六 右上方是行動住家拖車的狹窄停車位。一位非常傑出的神經生理學家曾告訴我，她這輩子上過最重要的課是高中工藝課。不能小看實用知識！

上，剩下的空間只有十公分。於是停車變成了我接下來將近十年的工作。經常會有人群停下來看我停車，而且他們不只一次開始打賭。國家科學基金會的官員因為聽到太多這輛車的旅行故事，有一次忍不住打電話問我們，他到紐約的時候能不能在車上住一個周末。

那個停車位在一棟舊的公立衛生建築旁邊，現在由康乃爾管理。第一大道北邊的街上有紐約最出色的義大利餐廳「小世界」（Piccolo Mondo），我們如果要招待來醫學中心的訪客，都一定會去那裡吃飯，那裡的領班很喜歡我們。有一天我和藍燈書屋的傑出編輯沃漢一起去「小世界」，他一走進餐廳就問領班：「你的洗手間在哪裡？」領班冷靜地回答：「我的在布魯克林。」沃漢笑著轉頭跟我說：「紐約每個人都能當編輯。」

有一次我被安排坐在一個出名的角落包廂裡用午餐，他們說鋼琴家霍洛維茲幾乎每天晚上都在這個位置吃晚餐。理應為此感動的我決定要回報領班的善意，所以我告訴他我從哈珊的新食譜學會做出好吃培根起司蛋麵的方法。我一邊解釋，一邊發現領班的表情看起來很痛苦。等我說完，他說：「我們這裡已經不供應培根起司蛋麵了，但是我會為了你準備一份，讓你看看真正的做法是什麼。」他真的送來了一盤，而在接下來的三十五年裡，我和夏綠蒂一個月至少做兩次這道料理。

在紐約的生活就像這樣：一轉彎就能擁有豐富且不尋常的生活體驗。早上我們也許在醫院病房，檢查有疑難症狀、令人著迷的患者。在病房隨時能發現注意力失調的患者，例如剛剛提過的「雙重同步消失」的症狀、奇妙的失語症、早期的癡呆症，或是更短暫的失調症狀，例如暫時性腦缺血（即一般所謂小中風），所以你腦筋要動得夠快才能收集這些資訊，並且在研究的現象消失前加以證實。就算是在走廊盡頭的日光室，看患者在那裡曬太陽，離開病房喘一口氣，可能都會有驚喜。有一天我和一位紳士互相自我介紹後，才發現他居然是著名的洛克斐勒大學教授威斯，也是斯佩里的指導老師。我告訴他我曾經是斯佩里的學生，他很和善地表示，斯佩里是他目前為止最棒的學生。

在這裡也必須隨傳隨到，因為隨時有其他機會能檢查與評估情況很有意思的患者。我們在康乃爾的成功很大一部分要歸功於住院醫師。我們成為彼此的資源，醫生在醫院裡走動工作時，會有一個又一個的患者被送往我們這裡。呼叫器一響，可能就是惠特尼傳來的消息。康乃爾的精神病院位在紐約市立醫院旁，那裡有一個相對年輕的患者罹患柯沙可夫氏症候群，症狀包括因維他命B_1不足造成的記憶喪失、虛談（confabulation），以及缺乏情感，常見於長期酗酒或體重失調造成營養不良。負責的醫師惠特尼一傳來消息，沃普就會抓著我過去，親眼目睹看這個本來完全不知道自己身在何處、滿臉疑惑的人，透過靜脈注射維他命B_1而徹底恢復正常。幾分鐘後，主病房那裡有消息過來：一名出現急性認知遲緩的女性需要接受評估。從科學角度來看，神經學病房是世界上最迷人的地方了。

從睡著的兔子到真正的人類

觀察許多醫療過程都很吸引人，其中之一就是看放射科醫師試圖判斷患者哪一側的腦負責語言和說話。在接近語言區的地方動手術之前，神經外科醫生要先確定語言區的位置。因為左右腦永遠都可能有變化，所以想先確認也是正確的。他們出於單純的醫療理由採用的放射檢查過程，讓神經心理學家有機會稍微了解左右腦之間處理過程的動態。放射科醫師會在大腿動脈先裝一根導管，通過心臟延伸到脖子，接到流向大腦的內頸動脈。接著他們會注射麻醉劑安米妥鈉，使患者半邊的腦陷入睡眠約兩分鐘，接著把導管拉出來一點，重新插到另外一側的頸動脈，測試另外半邊的腦。這些過程都是由放射科醫師使用螢光鏡進行，可直接觀察患者的情況。觀察半邊的大腦睡著，真是我最毛骨悚然的經驗了，完全勝過我過去做的兔子研究。

這個經驗同時也令人筋疲力竭，因為你眼睜睜看著一個人的意識狀態直接以這麼戲劇性的方式受到操縱，而且一定面臨某種風險。一般來說，患者總會被要求把兩隻手舉高在空中。當麻醉藥對一側的腦發揮效果時，相對側的手就會軟綿綿地垮下來。若是負責語言與說話的那半邊的腦，這些功能就會受到嚴重的干擾，患者不是會陷入沉默，就是只能胡言亂語。而且當你知道另外半邊的腦是清醒地看著這一切發生時，這種情況更是充滿戲劇性。

我們試著回答一個算起來滿奇怪的問題。右腦獨掌大局時，也就是主導的左腦睡著的時候，我們可以教右腦事情嗎？此外，右腦會不會在左腦從麻醉中醒來後，把資訊教給左腦？如果記憶建立在右腦，且主導的語言系統睡著了，那麼左腦的語言系統醒過來以後，能不能取得在它睡著時被編碼的資訊？我們的實驗發現了答案：不行。同時，如果我要求患者在我舉起來的卡片中指出答案，右腦（據推測）似乎能順利記住編碼的資訊。資訊就在那兒，但是儲存在語言系統不能接觸的另外半邊腦。

新技術：盲人看得見嗎？

這是很活躍、能實現自我的工作。然而，沒有什麼能比得上我們在對街實驗室裡做的事：扎扎實實的實驗科學正有所進展。霍茲曼裝好了費斯汀格的眼動追蹤儀，讓我們得以進行獨特的裂腦實驗。我提過，在之前的研究裡把資訊送到半邊腦的方法，是要求患者盯著螢幕上的一個點，然後快速讓資訊在固定點的左側或右側閃過。閃過資訊的速度必須非常快，因為如果影像停留在螢幕上超過一五〇毫秒，患者就會移動眼睛，讓左右腦同時看到被投射出的影像。眼動追蹤儀改變了這一切，確保影像只會和我們想要的那一側腦接觸。這代表我們可以讓視覺刺激停留更久的時間，甚至可以放電影給沉默的右腦看。電影的內容會影響到能說話的左腦嗎？

兩個特別的新患者很快出現，使我們可以利用這種進步的技術。病例JW是達特茅斯系列患者中的一員，他的胼胝體切開手術分成兩個階段，而且不論從科學或是個人角度來看，他都是特別有意思的一個例子。另一個病例VP是從俄亥俄州來的，是雷波特醫師領導的另外一個系列手術的患者，她也是一個特別有意思的病例。這兩位患者在本書接下來的篇幅中會特別突出。整體來說，康乃爾的病房以及人數愈來愈多的裂腦患者團體，讓我們每天的工作就像在一個供貨池塘中釣魚。每次灑下實驗的鉤子，就能釣上另外一種見解。難怪我們總是在工作。

我們在康乃爾研究的早期，霍茲曼發現追蹤儀是一個強大的工具，能協助我們例行使用速示器的方式，於是霍茲曼將它應用在沒有接受裂腦手術的患者身上。他開始對所謂「盲視」（blindsight）產生興趣，這個現象由頂尖的牛津心理學家威斯卡蘭茲巧妙命名。[2]正如其名，有這種症狀的人，大腦中負責對視覺資訊產生反應的主要視覺皮質受損，但他們本人則會否認這種現象存在。這和我、雷杜克與沃普一開始在康乃爾研究的「消失刺激」（extinguished stimuli）不一樣，只要在另一邊的視野內沒有互相競爭的資訊，那些患者就能看得見資訊；但是盲視的患者只是看不見物體，卻能以某種方法指出或是撿起物體，或對其有反應。威斯卡蘭茲所領導的很多視覺科學家都在研究這種現象，他們相信患者剩下的能力是因為依舊保持完整的次級視覺通道，以某種方式取而代之發揮作用。

科學文獻中記錄的那些患者，當初並沒有使用這種豪華眼動追蹤儀研究的優勢。只有追蹤儀能確定刺激確實在實驗者希望的視野內出現，並且長時間維持固定在那裡。換句話說，沒有眼動追蹤儀，在解釋為什麼還有其他的視覺功能時就會有犯錯的空間。一旦辨識出盲目區是中央腦部損傷所造成，實驗者就必須確定所有的刺激都在盲目區內呈現，不會落入任何維持完整的視野區域。這只有眼動追蹤儀能做到，而霍茲曼就有一台。

他只需要患者來研究；當然，沒多久後康乃爾這裡就出現了一位。霍茲曼研究一名三十四歲的女性，右腦動過修剪動脈瘤的手術。動脈瘤在她的右枕葉，所以手術預計會在患者部分的視野內造成盲目現象。患者在手術後果然經歷嚴重的左側同側性偏盲（homonymous hemianopia）——看不到注視點左側的東西。磁振造影（MRI）發現她的枕葉損傷顯然沒有觸及次級視覺區以及上丘（中腦最有可能與盲視的殘餘視覺有關的部分）。這些完整的區域應該可以導致很多常見的盲視現象。

但是這位患者並沒有盲視。霍茲曼研究了好幾個月，結果一無所獲。他寫下報告後在頂尖的科學期刊上發表，[3]只換來令人尷尬的沉默。盲視現象太龐大，不能用單一的實驗下定論，就算是一個很棒、執行得非常完美的實驗也不行。霍茲曼說：「很好，葛詹尼加，我來你的實驗室學一些新東西，結果你猜我發現什麼？盲人是盲的。這麼厲害的東西應該讓我能到哈佛工作了。」事實上，關於盲視的本質更廣義的說法，至今都還是個爭論不休的主題。霍茲曼很快就進展到其他更有趣的題目了。

康乃爾在那時候就像是一個磁鐵。這裡在很多方面的研究，在科學文獻裡都占有一席之地，而且這裡是紐約，紐約唷，誰不想住在紐約呢？例如哈佛創意超群的克斯林與學生法拉就注意到了我們。他們和霍茲曼見面，一同展開科學上的狩獵，追尋「視覺想像」（讓我們能在腦海中想像物體與事件，並將其具象化的認知過程）背後的大腦基礎，而才三十多歲的克斯林是這個迷人主題的世界權威。想知道腦海中的影像是如何受到裂腦手術的影響，是很合邏輯的。霍茲曼此時派上了用場。

這個故事很複雜，而且牽涉到各種不連續的細節實驗。研究進行當時正是模組化做為理解認知機制的概念架構崛起之時，模組架構使視覺影像等複雜的心智處理過程，不再是只牽涉到大腦一個部分的單一龐然大物；複雜的認知技巧現在反而被視為是許多模組互動後產生的最終結果，但看起來像是一個統一的認知事件。道理說起來好像很簡單，而且雖然很難提供證據，但克斯林、霍茲曼和法拉還是做了實驗。他們觀察到裂腦患者左右腦處理影像的方式不同，可能表示兩邊各有不同模組，可以處理相同的刺激。[4]相信我，講到這裡就夠了。

紐約這地方能讓人陷入它的魔力。有一天，我收到一封多倫多寄來的信，一個出身義大利波隆納的年輕科學家想知道我們有沒有空間容納她。我們有，於是拉德薇絲，這個除了活潑還是活潑的女孩南下搬進了我們的實驗室，也搬進了我們的心裡。像所有我認識的義大利科學家一樣，她的工作倫理非常耀眼，對生活充滿熱忱，周圍所有人都只能屏息以對。拉德薇絲對視覺注意力的問題深深著迷（就像我周遭幾乎所有的人一樣），並且有她自己一套特別的做法。每個人都想知道視覺注意力是怎麼分配給一個場景的。舉例來說，看見電視螢幕的景象時，人會不會有比較多的注意力放在螢幕右半呢？上方分配到的注意力會不會多於下方？拉德薇絲和一組科學家一起研究這個問題，但她在過程中總是會自己做點變化。當你彎下腰，從兩腿中間看電視螢幕的時候，視覺注意力是怎麼分配的？左邊變成右邊，右邊變成左邊的時候呢？我永遠不會忘記當她提出這個想法時霍茲曼臉上震驚的表情，接下來就是好幾個月的實驗。直到現在她依舊是我們的好朋友，並且已經成為傑出的科學家，成功突破堪稱男性主導的義大利學術界文化。

米勒與認知神經科學的誕生

紐約什麼都有，最不缺的就是洛克斐勒大學裡的許多天才，當中又以米勒為最（圖二十七）。我剛到康乃爾的時候想找一個精通心理學的人當同伴。我隔壁就是米勒，他是心理學史上少數幾個重要人物之一，所以我打電話問他能不能改天過去找他。他說沒問題，提議我們共進午餐。我完全沒想到這會讓我們發展出認知神經科學這個領域。

圖二十七 米勒來我們在紐約長島秀爾罕的度假小屋玩。

米勒和他的辦公室都讓我倍感威脅，不只是因為裡面的書和期刊比整個心理學系的藏書還要多，還因為這些書大部分都被看過了。他站起來迎接我的時候，我很訝異他居然和我一樣高，也就是超過一八〇公分很多。在一陣小小的忙亂後，我們到樓上的洛克斐勒教職員俱樂部，偉人心靈和二流食物的家。我們拿著有湯和三明治的餐盤找位置坐下，隨意閒談了各種話題，他偶爾會插話問些友善的問題，就像：「你想喝啤酒嗎？」我說：「不用，謝謝。」過了一下，他問：「要抽根菸嗎？」我拒絕了。再過了一會兒，他問：「想不想吃甜點？」我再次拒絕。我只想讓我們的關係單純停留在專業領域。他顯然感到惱怒地看著我，心裡一定懷疑我到底有沒有什麼嗜好，最後他問我：「你打炮嗎？」我靜默了一會兒，然後開始大笑。於是我吃了甜點。

我們之間總算正式破冰，而且我了解到一件事，就是有「令人畏懼的心靈」之稱的米勒，確實激發出更好的我。關於第一流思想家的性格描述，通常會發展出它們自己的生命，這使得我這種剛入門的人，以為這些偉大的人想喝啤酒的對象應該是老朋友，而不是新認識的挑戰者。米勒用一個精采的爆點讓那一切被拋諸腦後。幾周之內，我們就成為好朋友。雖然我在後來幾年裡了解到，他會對錯誤的論點無禮地嗤之以鼻的傳說是真的，但我也發現他的評論，不管是正面或是負面，都一定是對良好科學的發展有建設性的。

兩百多年前，美國創業家都彭就向法國國民議會提出了很好的觀察。他說：「對意圖展現親切是必要的；人要相信意圖是好的，而且它們顯然也是。但是我們不需要對所有不一致的邏輯或荒謬的推理親切。邏輯不好的人非自願所犯下的罪，比壞人刻意犯下的罪還要多。」[5]這正是米勒的中心思想。他很少會說起特定學說提倡者的個人層面，只是簡單觀察他們的推理是否合理。他接觸資訊時，會用強大的量化與邏輯思考能力，以某種方式消化這些資訊，決定最後要鼓勵或譴責這個主題。這種天生能力的產物，就是一個難得一見的科學家。他能打破一個領域中因襲的思維模式，建立事物處理方式的清楚形象。米勒一再地進入未開發的領域探險，寫出經典的論文，預示這個將被探索的領域中將會進行的眾多活動。雖然他的根在心理學，但他最有興趣的知識領域一直都是語言心理學。

米勒在大約一九五〇年最早的研究中，借用了很多工程上的技術工具來檢視語言的感知。包括資訊理論*在內的這些工具，使心理學在語言研究方面從未達到的嚴謹。[6]他率先招募了一群同僚與學生加入語言感知研究，這後來也成為了他的標準風格。在建立意義與冗餘的重要性之後，他接著領先群雄，將興趣與注意力轉移到語言理解方面。

大約在此時，喬姆斯基發表了**語法結構**（Syntactic Structures）[7]，米勒很快看出這對於建立心理學的理解模型所代表的意義。他大量接觸喬姆斯基的作品。一九五七年的史丹佛大學暑期課程期間，他和喬姆斯基兩家人住在一起六個月。米勒在簡短的自傳中描述這是他相當受到震撼的一段經歷；因為米勒的個性非常精準，這段描述暗示了喬姆斯基究竟是多麼聰明的一個人物。在接下來幾年裡的研究，米勒探索了變形語法（transformational grammar）[†]和理解之間的關係，為心理語言學建立了扎實的立足之地。[8]

米勒於二〇一二年辭世，享年九十二歲，他一生致力於揭開遮蓋語言神祕的面紗，在過程中不只領導了心理語言學的發展，還重新建構了心理學的領域。透過語言研究，他學到並教導了心理學界：描述一個人的行為時，不能忽略調節刺激與反應的處理過程。意義、結構、策略性思考

＊資訊理論探討資訊的量與質，是應用數學、計算機科學，以及電子工程的分支。由夏儂在一九四八年的經典論文《通訊的數學原理》（*A Mathematical Theory of Communication*）中正式提出。這項理論的發展是為了解決如何在有雜音的頻道中傳遞資訊的問題。

†變形語法是喬姆斯基發展的理論，內容關於語法知識如何在腦中再現與處理。他認為語言裡的每個句子都有深層和表層結構。深層結構代表單字和句子間的關係，透過變形在表層結構上表現出來。喬姆斯基相信所有語言的深層結構都有相似性，只是被表層結構給隱藏住了。

以及推論，都是龐大的部分，就算是最簡單的感知都無法忽略它們。米勒和其他做出發展貢獻的人士，例如費斯汀格、普瑞馬克，還有斯佩里，都改變了心理學的面貌，將這門學科從關於行為的科學，轉變成關於心理活動的科學。儘管如此，多年來讓我最著迷的，是米勒這麼理性的一個人，面對他投注心力的新領域時從不會躊躇猶豫。就像大部分偉大的科學家，他對某些現象產生了興趣，然後就一頭栽進去，試著為問題找出一絲光明。而故事的發展只有兩種：獲得全新的觀點，或者這是個失敗的點子。

和他相處的那些年，我還忙著另外一項事業：建立另外一個領域，即後來所謂的**認知神經科學**，研究大腦如何創造出心智。這門學科的誕生主要來自我們在洛克斐勒大學酒吧的密集互動。大約有三年的時間，我和米勒工作結束後固定會在那裡碰面，聊聊我們的領域。他對生物學一直有很濃厚的興趣，並認為心理學有很多的內容最終將會成為神經生理學的臂膀之一。當時最主要的問題在於，神經生理學家幾乎無一例外地認為，只要用他們討論細胞生理學之類的專業知識，就足以討論認知的問題了。這就像是一個紡織專家，想用她討論聚酯纖維的優缺點時的知識討論高級時尚一樣。這完全是一種傲慢，使得很多認真的心理學家遠離大腦與科學。但米勒不會這樣。

我們開始交換故事。我告訴他在診所發生的事，他告訴我新的實驗策略；我告訴他有些口語智商很高的患者，卻沒有國中生解決簡單問題的能力，他告訴我心理學家還沒有任何類似心智或智能推理的理論。他督促我繼續收集在診所裡看到的認知分裂案例，希望從這些看起來奇異又分散的觀察中發展出一個理論。

一九八〇年代初期，有一天我帶他去巡房，讓他看見從感知失調到語言失調在內的各種現象。他從來沒看過這些情況，事後的感想則是神經科的患者真的是很多心理學家在尋找的對象。畢竟根據他的觀察，心理學家要測試大腦的極限時，只能要求大二生工作得快一些，或是向他們快速呈現刺激，引發錯誤。可是在診所裡，只要稍微動點手腳，或什麼都不用做，這些錯誤就會從受傷的大腦系統中傾洩而出。

我們碰到一個患者，他是紐約的知名高官，從樓梯摔了下來。據說他有全面性失語症，代表他對於別人說的話的理解能力很差，自己也只能說一點點話。我們到他的病房時，電腦斷層攝影技術人員正要帶他去做掃描，所以我和米勒就跟著去。技術人員要C先生移動到推床上，他回答：「是，先生。」等他就位在走廊上被推去掃描機時，技術人員問他：「你感覺還好嗎？」「是，先生，」C先生這麼回答。到了掃描室，技術人員把他從推床上移到掃描台，再次詢問他感覺如何。「是，先生，」C先生這麼說。掃描後，C先生回到他的病房。這名技術人員已經熟知我的研究，轉過來問我為什麼會對這位患者感興趣，因為他覺得他沒有什麼問題。我轉過去問患者：「C先生，你是暹羅國王嗎？」「是，先生，」他十分堅定地這麼回答。米勒咧嘴一笑，明白成功總是來自於問對問題。

然而，事情也不是一直都這麼有趣。當我們開始正式研究計畫，許多知名的神經科學家和認知科學家會來訪，在為期一周的時間裡觀察我們的研究並分享想法。隨之而來的是義務性的社交餐會，其他科學家和神經學家也會一起參加。這些餐會的本意，是以比較不正式的方式繼續討論本周的主題。通常大家都很愉快，甚至覺得受到啟發，但有一次的餐會是個例外。那次大約有八位賓客，用餐地點是紐約大學俱樂部的包廂。酒過三巡後，我們坐下來用餐，湯才送上桌，一位神經科學家就清了清喉嚨，開口說道：「人類心智研究的歷史在神經學裡已經非常豐富了，但你們能不能告訴我過去一百年裡，心理學家發現過什麼？」我簡直不敢相信我的耳朵。米勒解決了這個問題：他往後推開椅子，走出了房間。那絕對是十年裡最漫長最尷尬的一次晚餐。米勒和我從來沒談過這件事，但這確實象徵了要建立一個新領域有多麼的困難。

我們繼續在洛克斐勒酒吧想著有什麼好方法推展這個新研究領域，天南地北什麼都聊。有一天晚上，我們搭計程車離開時想出了**認知神經科學**這個詞。我們所謂的認知神經科學，會慢慢出現。我們已經知道神經心理學不是我們想要的，把特定的認知能力和腦部損傷連結在一起並不是我們的目標。這個想法在知識上的限制彷彿顯而易見，尤其隨著即將出現的新腦部造影技術，更加不證自明。這些技術即將告訴我們一個事實：過去認為僅限於主要組織的損傷，其實對周遭區域也有更廣泛的影響，因此哪些腦部區域負責哪些功能，將會愈來愈模糊。

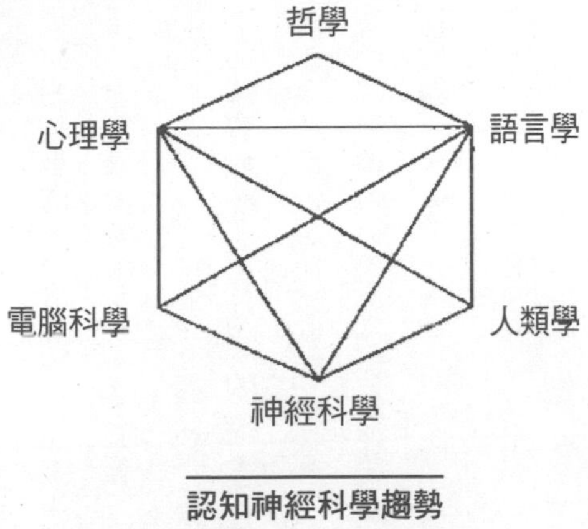

圖二十八 這張圖是米勒提供給斯隆基金會的認知科學長篇報告的清楚摘要，精簡傳達了他的努力研究，並鼓勵科學家將神經科學視為認知科學的一部分。

有一天晚上我問米勒：「認知科學到底想知道什麼？」他看著我，準備採取動作，然後說：「我想一下。」接下來一周，認知神經科學背後的概念逐漸在他的筆記中成形，我將他的筆記編輯後，收錄在本書後做為附錄。

反正最後我們的想法組合在一起，變成了一個計畫。米勒一直是斯隆基金會的顧問，處理認知科學的一般問題。這個基金會向來很支持麻省理工學院，因此他們打算資助麻省理工學院，但在那裡逐漸成形的認知科學，除了語言學之外幾乎沒有包含任何其他科學。米勒用圖二十八說服該基金會，編狹地專注於語言學是過於短淺的研究方向。他認為複數的認知科學應該要涵蓋相關的領域，其中之一就是我的「認知神經科學」。如同他在二〇〇三年的一篇期刊文章中表示：

報告呈交後由另外一個專家委員會審查，並獲得斯隆基金會接受。這項計畫首先提供補助金給數間大學，條件是經費必須用於推廣跨學科間的交流。其中一小部分的補助金提供給當時在康乃爾醫學院的葛詹尼加，使他能建立自此所謂的認知神經科學。因為斯隆計畫，很多學者開始熟悉並能包容其他學科的研究。跨學科的研討會、學術報告會議以及座談會興盛了好些年。[9]

確實如此。霍茲曼的妻子蘿依幫我成立了一個免稅的非營利組織，名為「認知神經科學院」，我們還說服了數間紐約的大學一起參與。幾年後，我們成功向斯隆基金會申請到了經費。我們的目標是想盡一切辦法促進認知神經科學的發展。我們使用了很多方法，而且現在還是繼續這麼做。

特殊會面，特殊地點

我個人的矛盾之一是，雖然我的日常作息跟一般人差不多固定，但我卻很討厭維持現狀，尤其是智力上的維持現狀。協助不同領域發展出新的綜效尤其吸引我。因此為了促進跨領域的互動，當認知神經科學研究開始起跑時，我開始舉辦一年一度長達一周的十人研討會。因為這是我的獨角戲，所以我的策略是挑選一個最有意思的主題，找一個大家都愛去的地方，讓每個人有半天的時間發表他的研究。結果挺有用的，這些地方包括了巴塞隆納、土耳其的庫沙達西、大溪地的木雷亞島、威尼斯、巴黎，還有納帕。

當然，大家總是在正式議程中間的休息時間開起會來。每個人都在打量這個領域，提出專業人士聚會的正式議程裡永遠不會提出的問題。每個人也都用自己的方法判斷什麼可信，什麼不可信。在參加者自發的午餐和晚餐聚會裡、在異國城鎮散步時、在當地酒吧喝酒時、在當地觀光時，這種議程外的討論源源不絕。是啦，會議裡的某個問題偶爾也會引發討論。

有一天，費斯汀格和他一輩子的好朋友，哥倫比亞大學的社會心理學家薛克特，以及神祕又充滿研究熱忱的加州大學爾灣分校分子神經生物學家林區，還有我，一起在庫沙達西的街頭散步。這座位於土耳其里維拉的小鎮以色彩鮮豔的市集聞名。我們偶然走進一間皮革店，賣的是手提行李大小的粗呢包，上面大約有二十個拉鍊。如果把正常大小包包的拉鍊一直拉上，最後會得到一個小小的手拿包。薛克特覺得這是他看過最酷的東西，決定要買一個。費斯汀格也覺得很有意思，也考慮要買一個。就在他掙扎要不要買的時候，他突然說：「等等，你會在什麼時候，還有為什麼要用這個包包？」林區馬上回答：「很簡單啊。假設你要出遠門，一開始包包裡裝滿衣服。然後旅途上你開始把髒衣服丟掉，包包就愈來愈小。旅程結束的時候，包包只剩下口袋那麼大，你只要這樣帶回家就好。」這種建立友誼連結的時刻（圖二十九），是美國心理學協會在華盛頓舉辦的那種一萬一千人出席的會議中無法出現的。

圖二十九　在土耳其庫沙達西的中場休息時間。坐在酒吧裡的人從左到右分別是費斯汀格、薛克特、林區、波斯納、希亞德、布錄克。

林區是由天生的聰明、無窮的好奇心，以及單純的風趣綜合而成的神奇組合。他是我們最早舉辦的會議常客，因為他有最關鍵的個性：跨過各領域的專業術語，輕鬆理解這些想法，而且反應很快。

去庫沙達西時，我要在倫敦的希斯洛機場轉機，搭土耳其航空往伊茲密爾。林區剛剛從洛杉磯抵達，和我在同一個登機門。我們的位置能看見機翼，坐好以後林區跟我說：「你知道機翼上有個地方寫著『禁止踩踏』嗎？我看到上面都是腳印。」我們真的要往新冒險起飛了。

我們贊助了一系列難忘的會議，每一場都圍繞著前瞻的科學主題，例如記憶的神經生物學。這個主題的會議特別值得一提。會議在大溪地的木雷亞島舉辦，因為我發現一個超棒的套裝行程：洛杉磯到木雷亞來回機加酒只要七百七十美元。大溪地耶，而且飯店也很高級，就在海邊，餐點看起來非常豪華。所以我又一次開始安排參加會議的夢幻名單，開始打電話。「喂，我是葛詹尼加，我們要在木雷亞島舉辦為期一周的會議。我們可以補助一千美元的費用。你願意來參加嗎？」我邀請了十個人，十個人都立刻說「好」，總共花了我十分鐘。幾個月後，諾貝爾生理醫學獎得主克里克、「神經網路之父」辛頓、分子神經基因學家古德曼、林區、記憶專家奧頓、數學心理學家魯斯、神經發展專家奇拉基、神經學家暨基本科學家布萊克、神經迴路專家薛波，當然還有我的共犯費斯汀格，就在搖曳的椰子樹下發揮己長了（圖三十）。

圖三十　大溪地木雷亞島，這是我胸懷大志辦的小會議之一。克里克和我在那裡與（右到左）費斯汀格、奇拉基、魯斯、布萊克一同開會。

不管克里克出現在哪裡，幾乎就代表這地方的平均智商會大幅提高。他明亮的藍眼睛，以及對生物機制永不止歇的興趣讓每個人都嚴陣以待。他是神經科學領域的新手，但這只代表他會更專注提問。每個講者發表完之後，克里克就會回到他在這場會議裡的招牌台詞：「但是你做的事原則上是可以解決的。問題是，那代表什麼？」我告訴你，這是很討人厭的問題。每個人回到綠草如茵的房間時，嘴裡都嘟囔著：什麼叫做「原則上是可以解決的」？神經科學還在嘗試取得大腦基本功能背後的資料。收集事實才能建立偉大的理論，說明一切的意義。克里克和分子生物學家沃森已經解決了許多關於遺傳機制的分子事實，[10]但神經科學就是還沒走到那一步。三十多年後的今天，神經科學還是沒有收集到關鍵的資料，因為就某種程度來說，我們甚至還不知道所謂的關鍵資料是什麼。會議結束的時候，每個與會者對於議題都有更深刻的想法，並且欣賞互相衝突的觀點。

中間過了幾年，神經科學需要認知科學的想法已經散布開來。只看分子的研究方法缺少認知的背景，那樣是只研究大腦而不看心智，會限制努力的神經科學家，讓他們只能用腎臟生理學家那樣的研究方法追尋生物學上的答案。雖然這種方法也代表了值得敬佩的一個領域，但是這種方法看來也讓神經科學家無法直擊心智–大腦研究裡核心的整體問題。認知神經科學現在已經是很常見的詞，有自己的期刊、學會以及會議。在大型的神經科學醫學會會議中，出席人數最多的那些會議，有些就是討論認知神經科學的主題。

兩個波斯納，獨一無二

我從來沒有見過麥可和傑瑞波斯納兄弟的父母，但他們是很棒的父母。麥可是世界頂尖的大腦基礎科學家，傑瑞是世界頂尖的神經學家，這兩兄弟智力超群，更厲害的是他們的為人也很棒。麥可住在奧勒岡大學所在的尤金，他很喜歡那座城鎮，可是只要出門旅行能有助於滿足他對人類如何運作的無窮求知欲，幫助他做研究，他也很樂意出門。麥可是密西根大學偉大的心理學家費茲的學生，現在已經自立，並決定認知神經科學這個新領域也許就是他的興趣所在。米勒和我展開了初步的研究計畫，麥可來到紐約幫忙我們。有了他的聰明才智真的很不一樣。另外，他有名的兄弟就在對街的史隆凱特琳醫院，有他來盯著我們也沒什麼不好。麥可最關心的是注意力的現象。注意力是怎麼運作的？有多種腦部損傷的患者的注意力會被干擾嗎？腦部受傷究竟對認知過程有什麼影響？腦部造影在一九八〇年代初期還沒有用於臨床，我們只有腦部受傷的患者。所以，就像米勒參加巡房一樣，麥可認為聽各種專家講這個主題會很有啟發。當然，在那時候和他一起參加各種研討會、圓桌論壇等等的通常是霍茲曼。麥可精準、良好的實驗典範吸引了霍茲曼，所以他開始模仿我並詢問麥可：「我們在裂腦患者身上嘗試你的想法如何？」結果不只是針對麥可的研究，許多早期那些年參加我們研討會的科學家都會被問到這個問題。

麥可基本上展示了注意力的處理可以被精準定義及量化。舉例來說，人可以把注意力導向一個空間位置，一旦這麼做，他對這個位置發生的後續事件反應會比較快。如果一個人被要了，實驗者告訴他要注意某個地方，結果後續的事件（也就是實驗中所謂的**探針**）發生在另外一個地方，那麼反應時間就會慢很多。麥可建立的典範裡清楚表現出注意力確實是一個過程，而且了解它如何運作也會很酷。霍茲曼問：「如果只有左腦看得到某個點，那右腦也會注意到它嗎？右腦對探針的反應會不會也比較快？」換句話說，在另外半邊腦完全不知道自己被設計的情況下，擁有資訊的那半邊腦能不能讓另外半邊腦準備好對事件做出反應？簡單地說，在接受過裂腦手術的患者身上，注意力系統是不是以某種方式依舊連接在一起？

這正是霍茲曼的發現。[11] 被切斷連結的腦還是能以某種方式警告另外一邊的腦，讓它準備好面對接著要發生的事，但不是以認知／感知的方式提供資訊，只能要另外半邊做好準備。這是一個重大的發現，麥可覺得非常值得探討。關於注意力這類複雜心智技能的研究，顯然能從研究某些患者，例如本例中的裂腦患者，而獲得啟發。麥可回奧勒岡後，很快和波特蘭的傑出神經學家馬林建立了開創性的關係。麥可連續多年每周都去波特蘭研究患者，完全對此著迷。幾年後，他到華盛頓大學使用賴希勒等人發展出的新大腦造影技術，協助展開最早的認知過程研究之一。[12] 在我們範圍日益擴大的領域中，愈來愈難保持不動了。

隨著其他的頂尖人才來到紐約，我的任務就是在一天工作後用晚餐娛樂他們。通常的慣例是米勒、夏綠蒂還有我，帶著客人以及兩三位的住院醫師或博士後研究生一起去第一大道的餐廳吃飯，可能是「小世界」或是「麥斯威爾之李」或是「曼哈頓俱樂部」，偶爾我們甚至會去「莫提默餐館」。就算是那時候，在紐約吃一頓晚餐也不可能只要我們預算裡的二十五美元。我們總是知道會花多少錢，但是我們代表大型組織與基金會，接待客人非得有排場不可。事實上，晚餐的帳單通常是一個人將近六十美元，我們也照常報帳。這樣大約過了一年。

有一天我接到普拉姆的助理葛楚打來的電話。她告訴我，普拉姆博士決定神經學系的晚餐預算一人只有二十五美元，就這麼多。我向霍茲曼抱怨這條不切實際的新規定，霍茲曼的反應是：「真是太好了，以後我們去吃飯時，就可以說：『不好意思，康戴爾博士，你可以不要點前菜嗎？』」我想了一想，要我的祕書在檔案前面貼一張便條紙，寫著：從此以後，康森博士夫婦都會參加我們接待客人的晚餐。這兩位虛構的客人可以幫我們補貼一點費用，因為餐廳是根本不可能會幫我們打折的。

幾年後，我又接到葛楚打來的電話。我們的客座計畫已經叫停很久了，後來都在做其他的活動。顯然普拉姆博士終於自己帶人出去吃飯了，而當他拿到這些紐約風格的帳單要報帳的時候卻被打了回票。他想知道：「葛詹尼加過去是怎麼報帳成功的？」我告訴葛楚，康乃爾沒有這種限制，那是普拉姆博士自己要會計對神經學系做的限制。他身為系主任，只要打電話說取消這項限制就好了。「或者，」我這麼說，「寫下康森博士夫婦也會出席就好。」

大腦造影確認裂腦手術

在我們研究裂腦手術患者的二十年裡，有一個問題一直揮之不去：他們的腦真的分裂了嗎？外科醫生說他們切斷的東西，真的切斷了嗎？整個胼胝體都被切開了嗎？還是他們不小心留了一些纖維沒切斷？外科醫生的手術紀錄和他們實際在大腦裡做了什麼可能有所出入，而且經常如此。多虧了電腦操控的顯微鏡等技術，多年來這個問題已經被好好處理，而且當中也有個故事。不過，對我們來說這個問題還是很簡單：這些患者的腦是不是真的被切開了？

彷彿我們在紐約的生活還不夠刺激一樣，醫學腦部造影的領域開始如光速般興起，而且與我們切身相關，因此我們即將能找到答案了。電腦斷層掃描當然已經存在很多年，偵測頭腦與身體內的腫瘤或其他異常的能力，已經讓人嘖嘖稱奇。但在此同時，電腦斷層卻不能偵測到胼胝體的白質，也就是左右腦溝通的神經纖維，所以無法回答我們的問題。

不過緊跟著電腦斷層而來的是磁振造影（ＭＲＩ），這項造影技術後來改變了醫學界，而且就某方面來說，也改變了整個大腦科學界。同樣的，我對大腦造影一無所知，於是紐約市立醫院的臨床醫師再次熱心地成為我們的老師。在帕茲教授和戴克教授的關照下，我們不知不覺地開始掃描患者，判斷他們接受的裂腦手術是否完整。

當時還是這項技術發展的初期，幸好我們有這些專家的照顧。ＭＲＩ非常美妙，而且愈來愈強大，那些掌握第一線技術的人慢慢上手，想建立掃描器的一些參數，獲得最佳的白質影像。經過很多實驗後，戴克與帕茲準備好了。我們的明星患者JW躺到掃描器裡，多年的研究是否需要重新詮釋，就要看JW的腦是否確實分裂了。他到底是不是像多年前神經外科醫生說的那樣呢？在影像控制室裡，緊張的氣氛讓人窒息，而霍茲曼讓人更加不安。

JW靜靜躺在那裡，機器發出MRI機器慣有的砰砰聲。簡單地說，這台機器會發出無線電脈衝，刺激大腦裡的水分子，但被激發的分子很快會恢復原來的狀態，儀器內的巨大磁鐵會偵測這樣的改變，重建資料，讓控制室裡的人看到大腦的影像。帕茲和戴克選擇用矢狀切面看第一組資料，也就是從鼻子到後腦勺方向的切面，不偏不倚，就在大腦中央的影像，左右腦間原本閃亮亮的白色胼胝體的位置，應該要是一個大黑洞才對。

影像開始傳送到控制室裡。首先從大腦右邊開始，然後慢慢進入我們目標的中央切口。那是很驚人的畫面，幾乎可以說是神奇。在此之前，數百名科學家在多個領域裡，多年來一點一滴所建立起來的知識，將在這個關鍵時刻撥雲見日。過去的努力包括一些聰明絕頂的生物工程師及醫學生的幫忙，他們了解身體，知道有什麼問題需要提出；而在我們等待的時候，則是電腦科學家和物理學家發現怎麼讓電腦進行這難以置信的複雜計算。這是超級規模的合作。而當然，在鼓勵進步的文化中生活和工作也沒有什麼壞處。當你停下腳步思考，就知道這是一件美妙的事。大腦磁振造影的影像一張張堆疊起來，所謂「反轉回復」（inversion recovery）這個過程的記錄參數正在運作。應該在右腦中保持完整的其他大腦纖維束也都以影像呈現了。隨著影像接近中線，白纖維聚集在一起，預備跨越胼胝體這座橋，進入另一邊的腦。我們都屏住呼吸。這些纖維會消失，還是繼續進入左腦呢？會不會有的被切斷，有的還保留呢？會不會出現白點，還是一片漆黑？影像出現了。

像八號球一樣，畫面是一片黑。胼胝體真的已經完全切開了。更棒的是，比較小的前聯體，也就是達特茅斯患者沒有被切斷的連結部分，在一片黑當中，就像北極星一樣顯示完整無缺。霍茲曼跟我看著彼此。真是不可思議。我們的寶寶，認知神經科學，又往前踏出了一小步。這些證據聚集在一起，讓我們對自己這門科學能更了解。

我記得放射學家問，他們有沒有幫上忙，還有沒有需要他們做更多的地方。當時放射科和神經科之間的部門之爭很嚴重，爭執在於誰應該要管理這種爆炸性的掃描技術，這都肇因於醫學院經費的經濟與緊張局勢，還有怎麼安排才能有人買單：一切在大眾眼中必須是天衣無縫的安排。但我們完全不受影響，醫學院的高層也很想實現這個讓人期待的研究。康乃爾是世界級的地方，不論在哪裡都能顯而易見。所以我和霍茲曼說，有，他們已經幫了我們不少，而且我們還有兩個患者需要研究，分別是PS和VP。

PS的造影和JW的一樣，MRI掃描顯示他的左右腦已完全切斷連結，只留下後胼胝體裡有一個小「瘤」。帕茲和戴克研究了幾個小時，以數種方式重新修整核磁共振的資料，最後得到結論：這個小瘤是機器所產生的人工影像瑕疵，並不是神經組織。至於他的前聯體，也就是左右腦間較小的神經連結，也和ＪＷ一樣清晰可見。

我們也把ＶＰ從俄亥俄州帶來做實驗。她後來也成為我們另外一位明星患者，所以我們需要知道她的狀態。在康乃爾接受數年研究後，達特茅斯學院也對她進行研究。康乃爾的研究顯示她的腦中所謂胼胝體膝的地方，也就是前額葉互相連結處的前端，還有一些纖維殘留。我們也看到她後胼胝體有些纖維被保留下來的跡象，這一區的纖維很多，在傳送感官資料方面扮演了很重要的角色。被拍攝到的連結位置，在已知能在左右腦間傳送視覺資訊的區域前方一點點。我們在ＶＰ的神經心理學測試中，並沒有看到視覺功能傳送的證據，但我們開始擔心了。從那天起，我們特別加倍檢查，尋找任何資訊傳遞的跡象。

幾年後我們搬到達特茅斯，ＭＲＩ研究更進步了，我們再次檢查ＶＰ的胼胝體，還做了其他掃描。這次是新的方法和新的科學家團隊，使用的是擴散張量磁振造影，使ＭＲＩ掃描能更精準偵測神經纖維是否存在。這個大腦造影團隊由格萊弗頓帶領，他是全國最傑出的大腦造影專家之一。在探索胼胝體，尤其是我們認為曾發現有殘留纖維的關鍵區域後，清楚顯示後段區域確實沒有神經纖維殘留。同時，前面的纖維也是真的，可以輕易以圖像呈現與追蹤。這代表我們有機會找出前額葉那一小部分獨立的神經纖維到底在左右腦之間傳遞了什麼，但那是後來的事了。

整體來說，多虧了新技術的發展，人類裂腦研究的立足點更加穩固。短短幾年裡，加州理工學院的患者也接受MRI掃描，證據顯示他們的胼胝體也都完全切開了。然而剩下的疑慮是前聯體是不是也被切斷了，因為根據發表研究結果的作者的說法，當時使用的造影機器無法保證一定能抓到訊號。但是這些證據對這個領域來說已經很棒了。大部分的情況下，這些患者的左右腦連結是確實被切斷的。

工作與玩樂

就算有了進步神速的科學、新科學領域的發展和我的第一本商業書，[13]我的社交生活還是繼續飛快發展，尤其是我和小巴克利的關係。我們經常和他的朋友一起在三十四街的帕諾斯餐廳吃飯，這是他最喜歡的義大利餐廳，而我們總會在這邊提出一些計畫。我說他應該找一個編劇，改編一本他寫的中情局探員歐克斯小說，再賣給好萊塢。他說，好主意。我說我認識一個年輕的編劇，他說他認識傳奇經紀人拉札爾。於是小巴克利以迅雷不及掩耳的速度雇用了我朋友，他是我的神經科住院醫師的先生，於是我們彷彿開始投入競賽了。

我最成功的就是介紹小巴克利進入文字處理器的世界，後來筆記型電腦出現時也是一樣。他會到我康乃爾的辦公室，坐在我的「數位牌」文字處理器前面。用今天的標準來看，那是一台龐然大物，但是當時已經很時髦了。他先是驚訝，然後當然自己也想要一台。不久後，他又因為我在拉韋洛用我新的索尼錄音設備（Sonycorder）寫信給他感到驚奇，那是一台裝了迷你卡帶的鍵盤裝置，會把你的東西錄下來，然後你的祕書可以重播，看起來非常適合旅行者使用。我也用它來寫我的第一本書《社交的腦》。小巴克利馬上就想要一台，但是很快有其他儀器取而代之。最後因為新產品出現的速度太快，他直接找了個人專屬的電子產品大師來幫他。他就是那樣，而且總會想到其他人。有一次我去他辦公室，他認為我坐太久有害健康，於是幫我付了我辦公室轉角健身中心的會員費，而且是一對一的課程。我只記得我的個人教練一直和我解釋為什麼我的某些肌肉運動後會非常痠：「問題在於你從來沒有用到那些肌肉，所以認真運動過後就會痛。」我問他，如果我從來沒用到那些肌肉，那為什麼會發展出這些肌肉？

但我也不是一直都坐著不動。夏綠蒂的哥哥達比尼在雷尼爾峰擔任巡山管理員，不久後成為美國的巡山管理員主管。他一直熱烈邀請我們和他一起攻頂，我最後終於同意了，因為沃普和神經外科的教授法拉瑟也要一起去。夏綠蒂也想去，夏綠蒂的姊姊也想去，沃普當時的妻子南西也想去。達比尼說他會帶我們上山，但是我們必須能在三十分鐘內跑六．五公里才行。這需要花點時間訓練。我們連續幾個月的每天早上，都從我們在六十三街的公寓沿著東河往上游跑，直到達標為止。我們準備好了。

我們搭飛機到西雅圖的那天下午，法拉瑟和我打了一場壁球。他是專家，我是菜鳥，不過這是我「恢復身材計畫」的一部分。比賽接近尾聲時，我揮拍的時候手滑，打到法拉瑟左眉的位置，他血流如注。法拉瑟立刻說：「別擔心。我縫幾針以後就跟你在飛機上見。」打了幾通電話確認沒事之後，我們就出發了。我們抵達西雅圖的時候已經過了午夜，大家都有點頭昏腦脹。我們真的準備好攀登那座四千兩百公尺的高山了嗎？

搭晚班機抵達的隔天早上，我們醒來，看見窗外宏偉的雷尼爾峰。國家公園的住宿點在海拔約一千五百公尺的地方，空氣清新，以春天來說還格外溫暖。夏綠蒂和她姊姊起得很早，開心地把我們的東西裝到背包裡。包包裝得滿滿的，然後在上面打了一個結。接著她們驕傲地後退一步，決定試背一個看看樣子。此時我們終於體會到自己犯了一個菜鳥背包客常見的錯誤：她們連自己的包包都拿不起來！我們瞬間領悟到另外一個問題：我們練習跑步時，都沒有背著二十八公斤的背包啊。

但我們總算在接近中午的時候出發，然後莫名其妙地順利到達海拔約三千公尺，位在半山腰的密爾營地。我們花了超過七小時，主要原因出在我身上。我身高接近兩百公分，沒有背包的體重也有一〇四公斤，於是我被要求在最後押隊。而背包旅行的另一面是，長得高又背大包包的人，最後總是會背著其他人的東西，讓他變得更重。達比尼和其他人在易碎的早春雪地上會留下漂亮的足跡，每個人都能重複踩上這些足跡，只有我不行。他們的腳都是一般大小，但我一踩上去足跡就會被破壞，我的腳至少得抬高三十公分才能脫離被踩出的洞，然後準備踏出下一步。我都快死了。我必須用到那些鬆弛的肌肉，而那些肌肉給了我一個教訓。

我們最後沒有攻頂。我們前面那一隊出了可怕的意外。他們用安全索垂降到山隙的時候，兩名登山客不幸喪生。達比尼接到無線電通知，有直升機要過來接他，因為他的工作是找回他們的屍體。「為什麼？」我這麼問。「為什麼你要冒著生命危險去找兩個已經死的人？」達比尼解釋：「因為他們是某人的兒子，因為他們住在某個選區，因為他們是每年投票給美國國家公園管理基金的國會議員的選民。總之就是這樣。」他補充說：「這是正確的事。」幾分鐘後，他跑到山上比較沒人的地方，灑了一泡尿，再回來等直升機。在螺旋槳的轟隆聲中，我向他喊：「你怎麼能在這種時候尿尿？」他喊回來：「因為如果直升機墜毀，你的膀胱最好是空的！」這個國家的無名英雄無所不在。

誰知道點子是從哪裡出現的呢？至少我們知道，我們的經驗愈多元，腦袋就會愈靈活。從雷尼爾峰的冒險、健行、旅行、和神經外科醫生社交，還有和許多天生個性「做就對了」的巡山管理員的交流中讓我萌生一個想法，和我對電腦的新愛好、視覺數位記錄器以及訓練有關。為什麼不做一個東西讓年輕的神經外科醫生在類似飛行模擬器的東西上，練習他們的技巧呢？有一個以醫學為導向的基金會支持各種創新的計畫，我何不試試看？我們試了，經費也跟著進來了。

這個任務是將神經外科手術即時數位化，包括正確與不正確的動作、麻醉科醫生的抱怨、錯誤的調整，甚至還有觸覺部分——控制桿會有抗拒的感覺。這項新的技術幾乎能即時感受所有我們事先拍攝的影片段落的數位檔案，和手術影片分開儲存。代表我們能利用視覺呈現突發的危機，例如意外出血，中斷看起來很正常的手術過程。我們建立並測試了這套設備，但是基金會因為外部顧問的建議，收回了他們的支持。當然，電腦模擬現在已經很常見了。短暫的興趣和熱情的興趣是截然不同的兩件事。不過該基金會當時年輕的計畫專員布魯爾，後來很快成為詹姆斯麥唐諾基金會的董事長，對於我們尚未成熟的認知神經科學領域提供了極大的支持。

再次向前

在長島秀爾罕度周末是最重要的事，我們在那裡買了一間超棒又可笑的房子，之前的屋主是才華洋溢又無法安於現狀的匈牙利建築師沙卡尼，對這間房子無止盡地不斷施工。我們買下那間房子之後繼續施工，直到房子適合我們為止。那裡成為我們情感生活的中心，多年以來我四個女兒會帶朋友來，在此演戲、聚會、生活。

當然，周間住在紐約，周末在長島，一個月還要去一次新英格蘭，在交通和其他後勤安排上帶來很多挑戰。再次搬家的迫切性愈來愈顯而易見。

第六章 依舊分裂

我很早就發現，知道一個東西的名字，和真正知道這個東西之間是有差別的。

——費曼

早期推動認知神經科學的引擎，現在已經很強大，並有各種實驗方法為其添加柴火。磁振造影隨處可見，令人驚奇的解剖畫面讓研究人員信心滿滿，可宣布大腦的特定部位是否存在。我們這些研究胼胝體這種白纖維束的人，特別感到振奮，確切知道神經束是否存在（例如有時候還是有些纖維不小心維持完整），讓我們能進行細部的分析，判斷神經束是否在左右腦之間傳遞資訊，以及傳遞的到底是什麼樣的資訊。

加上人類電流生理學領域（研究心智處理過程的電子現象）有了傑出的發展，這些科學家把沉悶的玩意兒變成了貨真價實的科學。帶領這個領域的人不是別人，就是我加州理工學院的老朋友希亞德。他離開加州理工學院後去了耶魯，接受資深心理學家高南波的訓練。他們兩個是最早提出將醫生辦公室裡隨手可得的ＥＥＧ訊號，調整成為追蹤大腦中資訊流的工具的人。他們決定開始將大腦訊號「平均化」，看看當它們在和感知與注意力相連的情況下，是否能偵測到分離的大腦反應。[1]簡單來說，他們在受試者眼前閃過一個圖片，然後短暫（大約百分之幾毫秒）記錄因此產生的ＥＥＧ訊號。然後再次閃過圖片，記錄另外的ＥＧＧ訊號。幾次之後，他們把所有ＥＧＧ的反應加總起來，取平均值。他們想知道能否偵測到與圖片閃過的時間有關連的分離反應。結果可以。這後來成為所謂**事件相關電位**（event-related potentials，簡稱ＥＲＰ），開啟了這個研究領域的大航海時代。所以我們現在有磁振技術讓我們知道位置，ＥＲＰ讓我們知道時間，也就是大腦活動的時機。

攪動這個領域的第三個力量，就是認知科學的角色。經驗豐富的實驗心理學家對大腦愈來愈感興趣，其中又以人類的大腦特別吸引他們。認知科學的領域正式推動與行為學派相反的觀點，認為人類不只是一個刺激與反應連結的集合體，我們也有「心智」生活。心智不只是真的，而且還能用科學方法來探討它。

最後，功能性腦部造影的領域有爆炸性的發展。一開始使用的是正子放射造影（positron emission tomography，ＰＥＴ）這種技術，幾年後則進展到功能性磁振造影（functional magnetic resonance imaging，ｆＭＲＩ）。當時這項發展僅限於幾個大型醫學中心，例如華盛頓大學、哈佛大學、加州大學洛杉磯分校，以及幾個在倫敦的中心，但種子漸漸散布各地，大家迫不及待地想看看這種技術能走到哪裡。研究初期的主要重點放在受試者進行簡單的感知或認知任務時，血流如何在特定的神經系統內改變。當這種現象確實呈現在眼前時，所有人都目瞪口呆。整個領域興奮得無法言喻。

我的實驗室也一樣。我們現在有另外一種強大的工具能用來研究大腦如何運作，可以對接受胼胝體切開手術的患者大腦功能進行更仔細的分析。現在我們能在不受到另一邊大腦相似功能干擾的情況下，研究半邊的大腦打算做什麼。事實上，另一邊的大腦還能扮演控制組。我們可以嘗試了解一側大腦的感知或認知過程，會不會引發皮質和／或皮質下的處理過程，執行它的活動。如果在裂腦手術中保留了一些纖維，我們就能研究它們分離的功能，以及它們所攜帶的任何資訊。如果我們結合這些技術研究患者，又會有什麼結果呢？「興奮」還不足以用來形容我們的心情。我們連一秒都等不下去了。

我組織的小型會議對我的思想和研究都有很大的影響。我們不只有先前描述的那種定期會議，也開始舉辦探討特定主題的會議。這些會議的焦點放在人類的早期歷史，以及人類之所以特別的原因，這是費斯汀格的新興趣。我們探索有豐富考古學與史前內容的地方，像是耶路撒冷、西班牙的塞維亞，以及南法。參與這些探索讓我學會在思考大腦的時候，在更大的一塊畫布上揮灑。這種跨領域的研究在大學的架構下幾乎是不可能實現的。你在學校會被綁在特定的研究領域裡，除了出自個人傾向、時間限制，以及少不了的團體聯合的力量、競爭心態之外，還有門戶之見的影響。在科學領域的邊緣尋求真理，或者嘗試將其他領域納入你的學科範圍，需要在智力和社交上付出很大的努力。一開始只是出於知識上的好奇心，後來轉變成學術成長的嚴肅規畫。最後證明了，這些特殊的會議是我學術生涯很大的一部分。這些會議帶來的訊息既清楚又有激勵效果：在學術身分的邊緣勇於冒險，尋求整合。大部分的短暫研究什麼都不會留下，但有些確實會帶來收穫。

我們決定要使用手邊所有的腦部造影方法，並且要和最好的科學家合作研究。過去他們要用電腦做簡單的測試時，我們都熱忱接待他們。現在因為精細的大腦造影測試需要先進昂貴的設備，所以是我們帶著患者到他們的實驗室去。於是，「有患者就上路」成了我們的座右銘。這代表我們居無定所，只要能做研究，從哪個機場進，哪個機場出，有什麼關係呢？有好幾股力量共同密謀，要讓我搬離紐約。

讓生活簡單化

夏綠蒂和我以我們的兩個小孩為榮。儘管我們很努力適應，但紐約生活還是很有挑戰，特別是我們又覺得悠閒的鄉間生活比較舒適。我們也受夠了年復一年，每個月都要把「典雅」拖車開上九十五號州際公路一趟。過去我們覺得這很有趣，對患者來說也很方便，但畢竟這輛車也老了。我們的測試設備也愈來愈複雜，這些旅程對電子設備來說都是折騰，我們幾乎每一趟都要去當地的電腦店找零件當場修理，因為很多關鍵部分都在路上被撞壞了。同時，休旅車在紐約的停放也令人煩心。有一位博士後研究生要移動它時，倒車撞上了一輛勞斯萊斯。我開始覺得我們應該在佛蒙特州弄個地方，霍茲曼馬上附議。每次開車和做測試的通常就是我們兩個，我們也深信非得做些什麼了。我們可以賣掉休旅車，湊一筆頭期款買間小房子，住在那裡進行測試，節省旅遊支出，皆大歡喜。我們彼此慫恿，但內心深處也知道這個想法成真的機率微乎其微……就跟六月下雪差不多。

就在一九八五年初春，我們找到了解決方案。我和夏綠蒂在一趟旅程中看見一間完美的房子：佇立在森林裡，但又鄰近諾里治的主要街道，只要跨過康乃狄克河，就是新罕布夏州的漢諾威，也就是達特茅斯學院所在地。我們抓住空檔互看了一眼，想法就在我們腦海中形成了。這是一位年輕的南非建築師所設計的房子，才剛由當地工藝精湛的傑克森與惠特曼打造完成，占地約四萬平方公尺的樑柱結構，木屋形式外加護牆板。我愛上了這間房子，但有一個問題：這間房子開價約十九萬五千美元，對一個研究計畫來說高得不可思議。我拍了照片，然後回到紐約。

桂卡是當時康乃爾財務處的處長，我打了一通電話給他。他很清楚休旅車給我們帶來的麻煩。我告訴他買一間房子的邏輯，還有我們如何支付費用計畫。他算是聽我說完，但只問了一句：「多少錢？」我畏畏縮縮地說：「這個嘛，大約十九萬五千美元。」他說：「十九萬五千就能全部都搞定？你知道曼哈頓一間公寓套房要多少錢嗎？沒問題，買吧。」就這樣，我們成功達到目的。結果悲劇發生了。霍茲曼在接下來幾周就因為肺部疾病倒下，隨後離世。他從來沒有看到那個地方。

因為我們在諾里治的時間變多了，達特茅斯那裡的人也再次逐漸習慣我的存在。這是必然的，一切根植於康乃狄克河上河谷的雄偉之美，還有所有神經學家與精神病學家的支持。我和我妻子沒多久就愛上這裡。

我在達特茅斯的研究也進展順利，那裡的神經學系主任瑞福斯實事求是地問我要不要到達特茅斯醫學院工作。我喋喋不休地說了一些話。在我發現之前，瑞福斯已經安排了一個常設講座教席，以及精神病學系的一份教職。只有醫學院科系的人才能以博士身分在達特茅斯醫學院獲得終身教職，像神經學這種臨床科別是不會有的。我幾乎是立刻決定要接受這份職位，此時康乃爾的普拉姆要求見我。

普拉姆用一種「我們無法對抗生命」的口氣開始說話，我很快就知道他想說什麼。於是我說：「普拉姆，在你繼續說下去之前，我想我應該先告訴你：我決定接受達特茅斯學院提供的職位。從我在那裡做的研究來看，我認為這是很合理的決定。」於是他臉上出現大大的笑容，不斷地向我恭喜，一切順利結束。就我所知，普拉姆很清楚這個工作機會，並且打算推我一把。畢竟我已經在康乃爾拿到終身教職，對他來說是愈來愈昂貴的負擔。

變動總伴隨著歡樂的心情，不同地區的人對學術與私生活的想法也都不同。匆忙的紐約生活

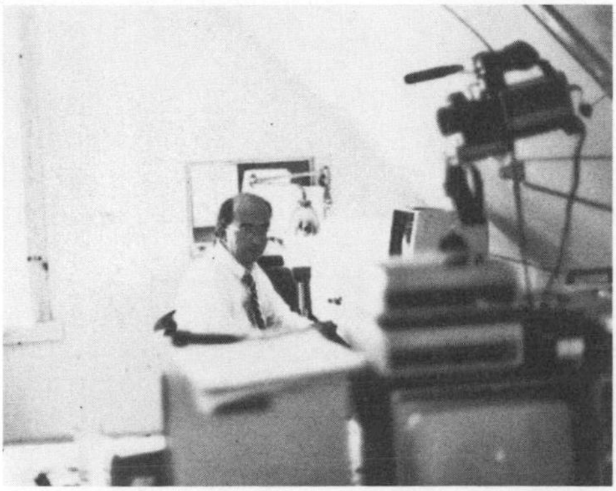

圖三十一　我位於佛蒙特諾里治家中的實驗室。就很多方面來說，自己進行所有實驗讓人非常興奮：操作攝影機、幫電腦寫程式、設計實驗，然後主持測試。

退場，新登場的是「唉唷，我們一起做嘛」的小鎮生活方式。這樣有好有壞，特別是變動匆促發生時。

樹林中的科學

霍茲曼死後的幾年也是我在紐約生活的期間最黯淡的那段日子，我開始變得有點孤僻，莫名的沮喪。我們會開車北上去新英格蘭待很久，我開始自己一個人做實驗準備，進行實驗（圖三十一），感覺很像重新回到研究生的日子。同時，我依舊負責康乃爾那邊大型實驗室的運作，我有很多責任要兼顧。不論實驗室大小，總是有一個人扮演最無私的角色，讓一切順利運作。各式各樣才華洋溢的人幫助我維持這兩頭燒的生活，有些人接受的是傳統訓練，有些人的風格與天分都比較特殊。芬卓奇非常特別，大家都喜歡他。他代表了科學裡最美好的一面，但矛盾的是，他非常低調，幾乎毫不顯眼。

芬卓奇也是眼動追蹤的專家，也在社會研究新學院接受過訓練。我一直到好幾年之後才發現霍茲曼把芬卓奇帶到了我們實驗室。他很會修東西，在各方面都能幫上霍茲曼的忙。霍茲曼過世後，芬卓奇和我碰面討論能不能讓他加入實驗室。我真的對他一無所知，所以我給他一份獎學金計畫，要他讀過後回來告訴我他對這項研究的想法。沒幾天，我就收到了一份五頁的摘要報告，文詞優美、觀點明確，清楚顯示這是一份第一流的報告。於是芬卓奇帶著他所有的怪癖，超群的科學天分和標準成為實驗室的一份子，不論過去或現在，他從來不負期望，個性非常溫和又善良。

隨著我正式轉職到達特茅斯學院，我必須拋棄兼顧兩間實驗室、住在兩個地方，以及必然隨之而來的疲累與眼淚的雙重生活。我需要在上河谷地區建立一個扎實的科學團隊，必須招募我的隊員，也需要資金支付他們薪水。身為一個孤僻的鄉下科學家，在家裡的實驗室工作可沒辦法做到上面這些事。此外還有很多要做的事。我很高興的是，芬卓奇這個資深紐約客說他願意加入我的行列。接著是崔默，剛剛在普拉姆手下完成住院醫師年資的年輕神經學家，他也是個音樂家，因此對了解音樂和大腦間的關係充滿熱忱。在佛蒙特州奎奇的皮爾斯餐廳俯瞰雄偉的瀑布，吃過幾次美味的餐點後，他也加入了我們。要讓拜恩絲加入很容易。她有新罕布夏州的堅毅性格，曾就讀普利茅斯州立大學。儘管才剛從康乃爾大學拿到神經語言學的博士學位，她認為往北發展是個好主意。另外一位選擇加入我們的，是很有才華的博士後學生露特蘿倫。最後，希亞德的學生曼岡打電話來，說他的妻子想在達特茅斯的神經外科擔任住院醫師。他問我：「如果成功了，我有工作機會嗎？」確實有。幾年後，曼岡成為了我的研究主力。我們成立了專業學會，寫書，還

圖三十二　我們深愛的達特茅斯派克宅。

有些挺棒的科學成就。

當然囉，空間不夠向來是個問題：我們根本沒有空間。我們都在想該怎麼辦，結果有個人說我們可以用一間舊的殖民時期白色房屋的一樓和地下室，這間房子叫做「派克宅」，在瑪莉希區卡克醫院對街（圖三十二）。二樓供達特茅斯學院的愛滋病計畫使用，剩下的其他地方我們都能用。我們過去看了情況，雖然懷疑空間可能不夠用，但那裡看起來很典雅，而且獨一無二，所以我們硬是塞了進去。芬卓奇用地下室的一個房間，崔默在另一間小房間裡塞進了隔音的箱子，他很少用那個地方，所以曼岡來之後就在那裡做他的電流生理學研究。[2]拜恩絲把一樓的一間房間當作辦公室，旁邊兩間用來測試患者，一間當作小的會議室，另一間給祕書使用，我自己則在後面的房間。崔默占了二樓前面的房間，其他人則在角落紛紛找到位置。結果就搞定了。

當然，所有這樣的事業都需要錢。我們在康乃爾已經成功從國家衛生研究院獲得「專案計畫」補助金，那是全國第一個「認知神經科學」計畫。這顯示在面對心智／大腦研究的題目時，跨領域的方法可以和比較傳統的單純神經生理學或行為學分析的題目互相競爭。這種補助金有五到六個分別補助的項目，總共加起來是一大筆錢，還好我們能把在康乃爾用的補助金帶過來用。一段時間後，也成功在達特茅斯更新這份補助金。

像我之前說過的，我們也把「認知神經科學院」一起帶過來了。畢竟那其實只是一本支票簿，讓我們能為這些特殊點子拿到經費。在一場辦在威尼斯的會議裡出現了重大時刻，我們齊聚一堂討論演化與大腦。所謂的「我們」，包括古生物學家暨演化學家古爾德、普瑞馬克、大腦功能計算理論一流專家咸諾斯基、比較解剖學和大腦演化一流專家卡斯、視覺系統發展專家察路波，還有我們的記憶細胞基礎專家暨大思想家林區。古爾德決定要一邊帶我們步行參觀聖馬可教堂，一邊說明他的報告。於是我們就在當初讓古爾德獲得靈感的三角壁（spandrel）下，聽他說適應性的觀念與妥協理論（spandrel theory）。隨著古爾德講解的聲音愈來愈大，愈來愈多人加入我們，以為他們在聽一場「免費」的建築導覽。但他們接著紛紛露出困惑的表情，然後慢慢飄走。

幾年後，我們再度在威尼斯聚首，聽古爾德和頂尖法國神經科學家尚則為我們解釋大腦演化與功能。在場的還有普瑞馬克、平克、德國頂尖視覺功能專家辛格、林區、普林斯頓大學著名的哲學家哈曼、卓越的免疫學家斯伽夫、心理學家倫哈特，以及神經生物學家布萊克。我們一起討論丹麥諾貝爾獎桂冠得主傑尼幾年前寫到的挑戰——天擇與指導兩者相較的重要性。[3]他認為大腦也許就像免疫系統，並不是直接對環境做出反應，而是環境以各種方式侵犯包括大腦在內的生理系統，藉此選擇出已存在（也就是天生的）能力。這是一個很極端的想法。

那場會議讓人在知識上獲得豐碩的收穫。平克第一次講起他具有指標性的《語言的直覺》（*The Language Instinct*）這本書，[4]搶走了所有的光芒。我記得普瑞馬克對於平克的犀利和精明多麼激賞：「如果平克再厲害一點，我會一槍斃了他。」確實，幾年後普瑞馬克告訴我：「你知道，平克寫的關於語言的書，是有史以來將複雜科學解釋得最好的書。」普瑞馬克稱讚人從來不保留。似乎每個人都很愛這些會議。整體來說，因為天擇相對於指導的觀念過於強烈，當時的會議也太有啟發性，我回到漢諾威後花了很多的時間，寫了一本關於這個主題的書，也就是《自然界的心智》（*Nature's Mind*）[5]。

創立科學期刊

我有另外一個想法也在發酵。我們想創立一份學術期刊，名為《認知神經科學期刊》（*Journal of Cognitive Neuroscience*），而我們需要一間出版社。我詢問了霍普金斯大學出版社，麻省理工學院出版社，還有剛成立不久的俄爾邦出版社。我希望其中有一間大學出版社會和我們簽約，我認為他們的名氣可以鼓勵科學家投稿。科學家最討厭自己的努力最後離開主流，被丟進知識的陰陽魔界：因為出版他們論文的期刊後來倒閉，再也沒人能看到他們的文章。霍普金斯大學和麻省理工學院都想出版我們的期刊，但兩邊都沒有提出任何財務上的支援。這是個問題：我們沒有多餘的經費。我對此感到很失望，和費斯汀格抱怨了一下。他要我去和俄爾邦吃個飯，他是個直來直往的人，而且是我們共同的好朋友。結果俄爾邦說，我們去「小世界」吃午餐吧。

我們吃了餐廳每盤都用新鮮橄欖油炸的花枝圈（每次都要等二十五分鐘才會上桌）。我向俄爾邦解釋我的困境，他笑著說他可以給我們一萬三千美元的編輯費用，要我考慮看看，隔天他會把合約寄給我。我回到辦公室，思考了一下，把這個提案告訴麻省理工學院出版社，因為我還是很在意聲望的問題。沒多久，麻省理工學院就同意了相同的條件。我立刻打電話告訴俄爾邦，他完全可以體諒我選擇麻省理工學院的決定。俄爾邦後來成名了，也在學術出版界賺了大錢，麻省理工學院出版社成為他傑出的伙伴。這是我和商業決策的第一次接觸，雖然往後對雙方都很好，但我並不喜歡冷酷的經濟與個人忠誠間的衝突。總之我們還是建立了一個明星編輯小組，一切似乎都很順利。

一如往常，兌現承諾時要面對的現實完全是另外一回事。我們要怎麼在沒有任何文章投稿的情況下開始一份期刊？要怎麼準備好印刷？我妻子和我看著彼此，說：「看來要我們做了。」我

圖三十三 完成用來測試患者的實驗室下方區域。這裡後來就是《認知神經科學期刊》的辦公室。霍茲曼的好朋友在他死後來訪，所以我們就叫他來工作。

拿起電話威脅利誘很多有名的朋友，要他們交一篇創刊文章。他們都照做了，原稿紛紛寄來。下一步：要怎麼弄成可以印刷的樣子？嗯，這大約是麥金塔的桌機排版軟體 PageMaker 問世的時候，這個程式讓人能以電子的方式組合、排版以及傳送可複製的印刷版本。夏綠蒂後來變成了這個軟體的專家。最後一步，我們要在哪裡做這些事？我們再次覺得可以用我們在佛蒙特州木屋裡的一個房間。然而我們已經沒有房間了，所以我們改裝了車庫（圖三十三）。

我們覺得自己真是太聰明了，決定邀請我們的創刊編輯伙伴，康乃爾的布萊克、耶魯的薛波還有哈佛的卡斯林，都北上來佛蒙特州。布萊克和薛波是分子與細胞神經科學家，他們對心智的本質有濃厚的興趣。卡斯林大概是我們這一代頭腦最清楚、最聰明的認知心理學家，他讓這個等式變得完整。他們在一個寒冷的冬夜抵達，到處都有車子打滑，但是沒有什麼能嚇跑這些心志堅定的科學家以及他們對這個計畫的支持。計畫做好了，標準設定了，審核要求建立了，工作分配了。我們有一場盛大的派對，一切準備就緒。

林區和格蘭傑投稿創刊號（圖三十四）的文章裡充滿數學[6]，但我和夏綠蒂在開始把論文編排成電子檔再傳給麻省理工學院的過程中，痛苦地了解到 PageMaker 的設計很難表達數學符號。

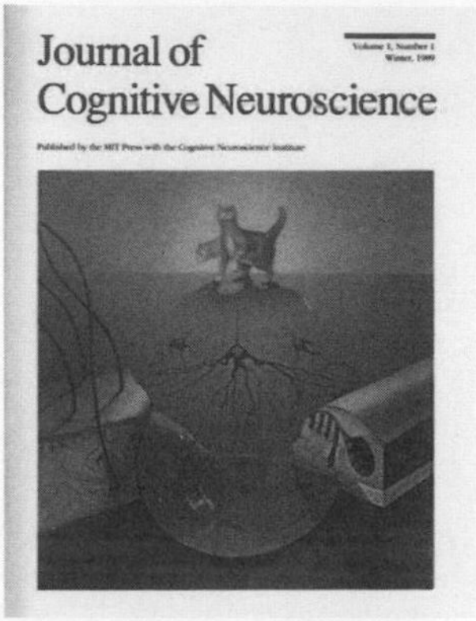

圖三十四　第一期《認知神經科學期刊》的封面，這是神經科學家梅若迪斯的畫作，他也是本期收錄的一篇論文的共同作者。之後的每一期都有新封面。

我們像無頭蒼蠅般弄了五天才把原稿弄好。雖然只有簡單的文字和數字的原稿就很容易處理，但整體來說我們還是花了太多時間。我必須做點什麼。所以我決定去麻省理工學院出版社，搞清楚該怎麼編輯，我以為那裡是地球上最厲害的科學機構之一，一定會知道怎麼讓這個新的電子排版印刷過程簡單一點。

結果我們居然還領先他們。麻省理工學院還沒有準備好進入以電腦為基礎的出版新時代，他們還是用舊的方法：打字機和人工校對。我們很驚訝地發現學術出版界還沒有任何電腦化的轉型。我們想辦法交出了兩三期，把公式的地方留白。當麻省理工學院說我們只要收集所有的投稿，後面的事交給他們就好時，我們超開心的。此後他們就是主角了，當然，現在一切都電子化了。

成功的期刊需要很多的關注與關心才能延續，維持高品質的文章投稿需要技巧。在平面出版的時代，每一期都是一件大事，需要平衡並且有吸引力。我們給每一期一個不同藝術風格的封面，用來宣傳藝術家和攝影師。編輯每一期的時候，我和夏綠蒂會倒一杯科涅克白蘭地，帶著一盒通過審查的文章爬上床。我們會挑出我們覺得有趣的那些，全部擺在一起做為下一期出版的內容，而不是根據他們通過審核的順序來出版。這種方法成功了。直到現在，這份期刊還是很成功，也是心理學與生物科學界名列前茅的期刊之一。對此，夏綠蒂持續擔任管理編輯功不可沒。

更多經費、更多研究、更多知識

在此同時，愈來愈多沾醬油的研究者讓裂腦患者的科學文獻亂成一團。[7]這些研究者似乎不了解什麼叫做交叉提示，這是裂腦患者在世界上正常運作的策略，讓人看不出來他們左右腦的連結已被切斷。很多人基於誤解做出結論，認為他們的腦中有較深的非胼胝體通道在交換資訊，因此裂腦患者的左右腦可能根本沒有完全分裂。如果這些研究和結論是正確的，那裂腦研究的結果會變得非常不一樣。事實上，心智可以從接合點被分開這個概念就在那裡，等著大家發現並提出。

正確地測試裂腦患者似乎很直接，但其實非常累人。有技巧的實驗者從經驗中了解到這件事，並且很清楚患者會無意識、非刻意地使用各種策略與把戲提示自己，他們總是在交叉提示，因此每個實驗都一直有無法適當運作的風險。就算是老手科學家，都可能成為被表象欺瞞的受害者，因為我們多年來已經經歷了很多次這種情況。出於上述理由，科學文獻裡三不五時就有錯誤資訊被發表與宣揚。

我們實驗室有一位資深的客座研究者，我的老朋友麥楷。我們還在紐約的時候他就來了。他和身為物理學家的妻子薇拉莉死命地想證明，被切斷連結的大腦裡沒有兩個不同的「我」（agent）。他們要求測試患者ＪＷ和ＶＰ，我們當然同意了。他們兩個都是傑出科學家，又是我們的朋友。可是他們並不了解裂腦患者的把戲。麥楷的任務是要讓一邊的腦和另一邊的腦打賭。他們覺得，如果成功了就能顯示有兩個心智系統存在，各有自己的「自由意志」，他們也會接受確實有兩個心智系統存在，各自有一套評量系統的概念，承認自己的想法是錯誤的；但如果不成功，他們就認為沒有兩個心智，只有兩個不同的執行系統，各自管理非關鍵的處理過程之類的。他們設計了一個很聰明的測試，但注定無法帶來結論，因為裂腦患者可以互相提示，控制情況，破壞實驗的設計。

在麥楷的實驗裡，第一件事是要向ＪＷ溝通怎麼扮演「猜謎人」的觀念。在左右腦都可以分別看見的完整視野裡，薇拉莉在一張紙上寫了〇到九其中一個數字，ＪＷ看得到，但是扮演猜謎人的麥楷看不到。接著這個遊戲要麥楷猜那個數字是什麼，ＪＷ的左手必須指向卡片上印好的三個選擇之一，藉此提示猜題人：「再多」、「再少」、「對」。如果ＪＷ看到薇拉莉寫「三」好了，然後麥楷猜「七」，左手的正確答案就是要指「再少」。要學會這些都很簡單，也示範了我們在多年裂腦測試後逐漸懂得的一件事：訓練患者時，一定要先讓他理解測試的整體策略，然後再開始檢視任一側的腦怎麼在單獨運作時做出反應。簡單來說，這個「給提示猜答案」的遊戲很簡單，JW很快就了解規則。為了結束這個階段的測試，麥楷和JW交換任務，JW成為猜題人，要猜出薇拉莉偷偷給麥楷看的數字。同樣的，JW也很快就學會了，當然他的反應都是猜的，因為他不知道薇拉莉給麥楷看了什麼數字。

現在要單獨測試右腦了。麥楷的實驗要JW先說出左視野閃過的是〇到九中哪一個數字，以及在右視野閃過的英文字母。當然，JW的反應是標準的裂腦風格，他只能說出能使用語言的左腦從右視野看到的字母是什麼。接著麥楷要左手對猜數字做出反應，也就是在卡片上指出「再多」、「再少」，或「正確」。同樣的，JW的右腦學得很快。從實驗者的角度來看，這是一個緊張的時刻，並且開始讓人覺得疲累。畢竟，你正目睹不會說話的半邊腦感知到一個數字，根據自己的主張，在喋喋不休的左腦沒有意識的情況下，選擇要做出什麼反應。這就是親眼看到一個獨立運作的模組，彷彿它有自己的心智，但和會說話的左腦在同一個頭骨裡。我們所有的直覺都是「不可能」，但這就活生生在眼前上演。

麥楷即將進行他的關鍵測試：有沒有可能讓JW的左腦變成猜題人，右腦保守祕密呢？同樣的，祕密數字被投射給沉默的右腦看。不過這次猜題人不是麥楷，而是讓JW自己開口來猜，也就是左腦猜。JW再一次自己玩了一場「給提示猜答案」的遊戲。我們一開始覺得非常詭異，後來才想到，可能每個人都做過一樣的事。你有意識的心智做出猜測，你無意識的心智聽你的猜測，接著變得活躍，讓你想到其他的關連，然後一一排除其他可能，找出問題可能的答案。最後階段來臨。麥楷在JW前面放了兩盒代幣，一個在左手邊，一個在右手邊。麥楷接著告訴JW，左腦（右手）每次需要一個解決問題的線索，就要付一個代幣給右腦（左手）。因此，在右腦前閃過祕密數字後，左腦需要資訊，判斷左腦猜的數字對不對。而現在左腦每次要猜之前，都要付一枚代幣給右腦。為了公平起見，如果左腦很快猜到答案，也會獲得代幣。如果右腦的提示有誤，那麼也會被實驗者處罰，左手邊的盒子裡一次會被拿走三枚代幣，投入左腦（右手邊的）盒子裡。這是為了確保右腦誠實，不會誤導左腦，以免左腦被迫付出比較多的代幣！遊戲就這樣進行，看起來好像都沒問題，但我們並沒有學到新東西。

麥楷接著端出了牛肉。他問JW的右腦，何不要求左腦每次問問題時，要付三個代幣，而不是本來的一個？右腦立刻同意，這樣一來馬上掏空了左腦的代幣盒，遊戲就此結束。那左腦（右手）為什麼不拒絕三個代幣的提案，和右腦（左手）開始談判呢？因為沒有任何接近這樣的情況發生，於是麥楷覺得這是初步的證據，顯示左右腦並沒有個別的評價系統，因此在頭骨裡只有一個心智而已。他們認為資訊會以某種方式，在中線以某種未確認的皮質下系統被整合。

我不同意，有太多可能性可以解釋這種現象。最簡單的事實就是，他們假設這個遊戲的獎賞價值僅限於單側的頭腦，但可能其實是左右腦共有的。我們已經知道情緒效價有交叉提示的現象。麥楷在幾個月後投稿《自然》期刊的文章中，仔細地記下我對他們的實驗詮釋的反對意見。[8]可是這篇論文依舊引起了注意，其他人開始檢視其他的研究，基本上都是在測試左右腦間是否有某種資訊的傳遞。來訪實驗室的下一位，是來自蒙特婁麥基爾大學的年輕神經心理學家，才華洋溢、充滿衝勁，同時難以理解，最終以悲劇收場的瑟潔特。

我們經常觀察到，狗和主人，老夫老妻之間，或是據說能算數的馬「聰明漢斯」和訓練師之間，總會給彼此細微的提示，大部分都是在意識領域之外發生。訓練師不需要花太多力氣，就能提示他的狗停在空間中某個位置，這讓人不禁想問搜索炸彈的狗是不是真的找到了炸彈，還是只是照著主人的假設行動。心理學中著名的「聰明漢斯」案例說明了，可以算數的馬只是因為主人無意識地提示了馬停止踩腳的時機。

夫妻和老朋友通常可以互相接話，完成對方的句子，因為他們在社交互動中已經練習過非常多次。事實上，夫妻幾乎能預測所有東西，包括彼此的想法。建立這個前提後，你認為左右腦會不會在分分秒秒年年月月的練習後，協調出如何共處的方法？我打賭，它們透過擁有對於自己所在世界的私密、共有的期望，快速找出了互相提示的方法。也許你很難預測剛認識的人的反應，但要猜到配偶、小孩、父母等人的反應卻不是太難。因此，預測住在腦隔壁那半邊腦的行為也不太難，畢竟它們看著相同的世界，感覺相同的情緒，接收生命給它們相同的獎賞與懲罰。就因為這樣，研究裂腦患者才會這麼困難：看起來像中央整合後的資訊，通常不是這麼回事。

儘管如此，麥楷夫婦還是傳播了這個想法，其他人認為他們的想法必須加以測試。在和這些患者日日夜夜合作了好多年以後，我的實驗室和我本人對此都不苟同。如果正確的話，這對裂腦研究來說不只是新聞，也會讓其他研究者感到驚訝，因為高階處理過程居然會在皮質下結構發生。瑟潔特也想發掘在胼胝體切開後，左右腦之間是不是保留著某種高層級資訊交流。她也在某次我們從紐約北上新英格蘭時做了她的研究。她的實驗說起來真的非常簡單。首先，看左右腦能不能判斷子音和母音不一樣，然後記錄它們的反應有多快。很容易，左右腦各自都能做到這點，而且母音引起的反應比子音快一點。接著她向一側的腦閃過一個子音，另一側腦閃過一個母音，或是兩邊都閃過子音，或兩邊都閃過母音。不論是哪個情況，總是只有一隻手做出反應，另一手跟著做——如果是母音就某個鍵，子音就按另外一個鍵。在只能有一個反應的情況下，左右腦似乎必須交換資訊，特別是在一邊看到的是母音，一邊是子音的情況下。既然在這個情況下，左右腦有不同的目標，那手要怎麼反應呢？因為這個測試沒有不正確的答案，只能從反應時間來收集提供給背後機制的線索。

JW在做這項任務時沒有任何猶豫。如果沒有測量反應時間的話，你只會覺得看到的是患者在做簡單的視覺運動任務。但如果記錄反應時間，就可能有另外的解釋。JW的反應在左右腦都看到母音的時候是最快的。如果一邊是母音，一邊是子音，他的反應會比較慢。最後，他在左右腦都看到子音的時候反應最慢。這個模式的發現，使得瑟潔特得到一個結論：左右腦之間一定有更高層級的資訊交流。她的評估是，如果左右腦都沒有互動，那麼所有的反應時間都應該是一樣的。霍茲曼和我不同意。我們告訴她，最符合邏輯的解釋就是發生了交叉提示。一個完全獨立的心智系統和另外一個難分難捨的心智系統糾纏並合作，因為兩者必須使用同一個身體表達自己。在這種獨特的情況下，行動策略會有順序。策略看來是這樣的：如果是母音就快速反應。這解釋了為什麼兩個母音的情況是最快的，因為左右腦都知道這條規則。這也能輕易解釋為什麼兩個子音是最慢的。因為此時左右腦都在等對方會不會做出快速反應。當快速反應沒有發生，左右腦就能獨立判斷兩邊一定都看到了子音。在衝突的情況下，就是一邊想快速反應，另一邊透過各種皮質下策略，試圖放慢速度。

霍茲曼和我深信我們是對的，但是在此同時，瑟潔特也有她自己的看法。在一個月裡面，她的研究就發表在《自然》期刊上了！[9]我們寄給她我們在患者VP身上做的實驗資料，支持我們的看法，但她不這麼認為。所以我們決定不同意這個論點，隨它們去。但接下來幾年裡，瑟潔特和其他研究者，包括斯佩里實驗室裡的不少研究，都大肆宣揚這個論點。雖然瑟潔特在幾年後承認她對JW做的實驗有缺陷，但她還是繼續測試一些西岸裂腦受試者，並且覺得整體而言她的想法還是得到了確認。就這樣，「有較高層級的資訊在左右腦間傳遞，但詳細的感知資訊細節則沒有交流」的論點開始頻繁的出現。這是怎麼回事？該是進行詳細研究，讓達特茅斯新研究生希摩兒表現的時候了。她最後花了幾年的時間才完成這項出色且完美的研究。

希摩兒回顧了美國所有裂腦患者所有公開的資料。她判斷只有兩位患者支持所謂裂腦症「重新統一」的觀點：在加州患者中的LB和NG兩個病例。患者LB問題很多，原因也很多，其中一項原因是我們不確定他的胼胝體到底是不是完全切開了。MRI的結果滿混亂的，跨領域比較感知資訊時，他的分數也比一般裂腦患者還要像正常人。因此，在嘗試了解LB和NG令人困惑的測試結果之前，希摩兒決定在JW、VP和DR這些東岸患者身上，重新進行一次瑟潔特的測試。瑟潔特的研究代表了某些最強烈的意見，認為皮質下的通道負責在左右腦之間整合高層級抽象資訊。[10]事實上，她認為正是資訊的抽象本質，才讓左右腦之間的比較成為可能。瑟潔特推論，皮質下通道比較沒有效率，沒有能力傳遞或交叉比較刺激的身分。簡單來說，她認為當簡單的物理特徵被強調時，表現就會被犧牲；若是比較多個刺激的意義時，表現就會有改善。我到現在還是不是很了解瑟潔特是怎麼推論出來的。

總之，希摩兒使用瑟潔特測試加州理工學院兩名關鍵患者的方法，重新測試了東岸的患者，她也測試了瑟潔特所提出的說法：只有抽象表徵可以在分裂的腦之間傳遞，感官資訊不行。在這個測試裡，她在一側視野內呈現一位數的數字，在另一側視野內呈現數量不等的小點，要求患者比較小點加總後的值是否和數字相符。唯一可能完成這項任務的前提，就是左右腦共享例如「七」這類的抽象觀念。

最後我們就是無法複製瑟潔特在西岸的LB和NG，以及某種程度而言還有AA，身上做出的結果。這是怎麼回事？確實，其他幾位研究人員也開始提出報告，說他們測試加州理工學院的患者，發現左右腦間有互動。這更令人困惑了。如同我先前所指出的，他們比起東岸的患者，左右腦間連結被切斷的程度應該更大。簡單來說，儘管東岸患者的次級聯結，也就是前聯體還是完整的，他們左右腦被切斷連結的程度好像更徹底，而不是還有聯繫。怎麼會這樣？

我們嘗試了感知領域裡所有想得到的東西。比方說，我們試著了解VP能不能比較在視覺中線的兩邊各呈現一個的簡單波形。不行，做不到。她無法交叉比較兩個無法命名的符號，這是很簡單的一個任務，但是JW也做不到。PS也無法比較文字或圖片，次數非常多。

為了開始了解可能的解釋，我們必須先牢記一點：裂腦患者表現出自己是一個整合個體的能力，是隨著時間發展出來的。讓被切斷連結的左右腦間看似能傳遞資訊的這種能力，在手術結束的當下以及之後的一段時間裡顯然都不存在。只有經過多年測試，充分練習過的患者才有這種效果——就像我說的類似曾經跟某人住在一起很多年的情況。如果兩個人之間出現這樣的羈絆，沒人會驚訝或覺得神祕。

現在，想像有一個連體嬰，從脖子往上一分為二。是的，兩個完整美好的人類，從同一個脖子出現，就像從同一枝莖長出兩朵綻開的玫瑰。這樣的例子確實存在，也有文獻記載。[11]海瑟姊妹現在已經二十多歲，在明尼蘇達的農場長大，在二〇一二年取得教師資格畢業，她們擁有截然不同的個性，絕對是兩個分開的心智個體，但她們也揭曉了無數交叉溝通的方法。她們以一體的方式使用她們共有的身體，達成各種具有目的的行為，例如打壘球。[12]

假設這種連結發生在更高的層級。基本上，裂腦手術切開了一個心智系統，使其一分為二。其中一個系統，也就是左腦，非常聰明又有創意；另外一邊也有一套技能，但兩邊很不一樣。儘管如此，兩個過去連在一起，有明顯不同的心智系統，將學會如何在原本的直接神經溝通網絡消失的情況下相處。它們必須學會很多關於提示和非口語溝通的事，學習大多數人類實際上在日常生活中都會利用的非常非常細微的提示，將它們的欲望、挫折，以及即將採取的行動透露給對方。關於這個事實，沒有太多的爭議。

我們的論點是，這種提示的技巧隨著時間過去會有顯著的進步，使得裂腦患者在多年的與眾不同後，看起來像是重新建立起連結一樣。因為缺少更好的詞彙，所以我們就把這些策略稱為「敏捷反應」（readiness response）的一部分。[13]因此，當我們觀察到一側的腦看見數字，一側看見數量相同或不同的小點，且左右腦能互相比較的時候，可以利用提示的系統來解釋這個結果：左右腦各自獨立，不知道對方看到的刺激是什麼，它們會根據面前數字的大小來決定它們的反應。傾向較強的那一側，則會做出動作。換句話說，如果左右腦各自決定要在數字大的時候採取行動，可能就會有百分之七十八的正確度，策略就是以單一視野內的數字為基準，如果小於四，就猜另外一邊比較大，如果大於六，就猜這邊比較大，如果是五，就隨便猜。我們對ＪＷ做了這個測試，他達到了這樣的準確度，接著告訴我們這正是他的策略！左右腦之間根本沒有溝通，只是採取了合作策略。

這些實驗存在無止盡的變化，但是重點很清楚：兩個心智系統強迫分享相同的資源，結果成功了。這都靠兩個非常聰明、有天分的年輕科學家才弄清楚了這一切：希摩兒和露特蘿倫。

注意力的腦部機制

正當其他同仁已經準備好、願意並且能夠來漢諾威對我們的患者進行研究時，我們這些科學家和患者卻也準備動身前往更遠的地方做測試。特別是去希亞德在拉荷雅的加州大學聖地牙哥分校的實驗室，那裡周圍的自然環境特別獨特。

我之前提過，希亞德利用事件相關電位這種複雜的腦部造影流程讓人研究時間，以及某種程度上找到大腦產生特定腦波的實際位置。[14]希亞德剛到加州大學聖地牙哥分校時，他住在沙灘上的斯克里普斯海洋學研究所。幾年後，大學在懸崖上蓋了一間比較傳統的大樓，希亞德就失去了他夢寐以求的空間。我就在這裡認識他自命不凡的學生拉克。拉克描述他第一次測試和我們一起西進的JW的情況。

我第一次接觸的裂腦患者是JW，我們做的是視覺搜尋的實驗。出於我至今還不了解的理由，希亞德實驗室的人居然覺得過去沒有任何經驗的我，具備了測試ＪＷ的能力。我帶他到實驗室，讓他坐在房間裡，向他解釋接下來的任務。

我大約是這樣說的：「這個任務的目標物是一個由下方藍色正方形和上方紅色正方形所形成的長方形，干擾物是一個由下方紅色正方形和上方藍色正方形所形成的長方形。你的任務是如果在銀幕左邊看到目標，就按下左邊的按鍵，如果在銀幕右邊看到目標，就按下右邊的按鍵。換句話說，如果看到紅上藍下的長方形出現在左邊，就用左手按按鈕，看見紅上藍下的長方形出現在右邊就用右手按鍵。」

接著我問他懂不懂，他說：「當然。」他顯然是個專家，所以我想他已經充分了解了。嗯，他的左腦，也就是在跟我說話的那一側的腦，確實了解這項任務，但對他的右腦來說，這個語句的構造卻太複雜了。所以我開始進行任務，每次目標出現在右邊時，他的右手就會按下按鍵，但是左手沒有做出任何反應。

我停下任務，回到他所在的房間裡。我再次解釋任務內容，但他一直不滿地表示他了解這項任務。我離開房間，再次開始進行任務。ＪＷ的右手／左腦再次完美執行任務，但是左手／右腦依舊沒有反應。

我停下任務，試著再次解釋。他也再次表示他懂，而且開始有點惱怒，覺得我這個小伙子試著向他這個專業的受試者解釋他早就懂了的東西。但再一次的，他的左手沒有反應。

我突然了解到，我剛剛一直試著用口語向語言能力有限的腦，解釋這個複雜的任務。

於是我回到房間裡，說：「請容忍我再試一次。」我開始任務，每次目標出現在左邊時，我就指著目標和他的左手說：「藍上，左手，藍上，左手。」他一直抗議，說他懂了，接著他臉上出來出現了「啊」的有趣表情。然後他說：「好，我現在確定我懂了。」

我離開房間，開始進行任務，從這次開始，左右腦都能完美執行任務了。我們得到了很棒的資料，最後在《自然》期刊發表，我也學會怎麼向裂腦患者的右腦——句法能力不好的半邊腦——解釋任務。15

這是拉克的科學初體驗，但已經清楚顯示他會成為一位明星。事實上，希亞德大部分的學生後來都成為科學領袖。他有非常嚴格的標準，並且經常提出真知灼見。在拉克加入希亞德的實驗室之前，庫塔絲、曼岡、伍鐸夫、奈特、奈薇兒等現在神經科學界家喻戶曉的名字，都是希亞德實驗室的一份子。和他們任何一位合作都能有扎實的研究成果。不過他們每一個人在研究患者方面，都還是新手。他們都從檢查正常的大學生開始入門，用拉克描述的那種方式和他們說話就可以，所以需要時間才能學會怎麼做才能向被切斷連結的左右腦描述你想說的東西。要學到這一點，唯一的方法就是親自嘗試——在壓力下展現真功夫。你應該開始發現，我們的患者都非常有耐心。

了解人類的注意力是現代認知神經科學最大的挑戰之一。就很多方面來說，最傑出最聰明的研究者，都很堅持要研究這個問題的各種面向。這個領域開始了解注意力是怎麼引導到空間裡的特定一個點，加強感官的重要時刻，或是如何被引導到對話以外的地方，聽別人的對話。過去認為注意力像是燈塔，不斷掃視我們感官經驗建構的豐富景象，然後聚焦在我們所參與的景象中的特定位置。這對於感知和認知都是很好的強化力量。自然地，我們會開始懷疑：裂腦患者的左右腦都有自己的注意力系統嗎？還是它們共用注意力系統？會不會有一邊的腦注意左邊，同時另一邊的腦在注意空間中的右邊？如果胼胝體完整，你絕對做不到這件事。

再一次地，是霍茲曼建立起這項研究的基礎。就很多方面來說，注意力的問題似乎很反覆。裂腦患者的腦，不論哪一邊，都可以把注意力轉向感官世界裡的位置。我們驚訝的是，左腦和右腦都可以把注意力轉向它們無法直接接觸的那一邊的感官世界，也就是另一側腦管轄範圍內的位置。空間注意力可以跨越被切斷連結的大腦，這項規則之外的例外看起來很奇怪。[16]所以我們想知道，有沒有可能讓左右腦同時把各自的注意力轉向不同的位置？這會不會是異想天開？是不是會像要美式足球比賽裡的邊鋒同時站在兩個地方一樣？顯然是的。

露特蘿倫在達特茅斯確立了這個重要的想法：[17]注意力系統是單一焦點的。簡單來說，被切斷連結的左右腦無法針對在分開的空間位置裡發生的事件做好準備。分裂的腦當中還是有某些東西是連在一起的。似乎有一個共有的資源由雙方分享，因為我們沒有更好的詞彙，暫且把這資源稱為「活力」（oomph）能源，不論做什麼都要靠它。這個觀念讓我們進一步細分大腦要工作時需要的各種注意力。

我和霍茲曼在康乃爾的早期研究裡發現，如果JW一邊的腦在做簡單而不是困難的問題時，另一邊的腦的反應會比較快。我們推論，解決困難的問題會比簡單的問題用到更多的資源，所以看到困難問題的時候，另一邊的腦對同時被要求解決的困難任務的反應會變慢。資源是以某種方式由左右腦所共享的。[18]我們認為我們已經確認了這一點。

可是我們還沒有對這個現象做出完整的描述，總是覺得有點疙瘩。從我在加州理工學院時候開始，我一直在證明面對簡短閃過的資訊時，接受裂腦手術的猴子能比正常的猴子對更多的資訊做出正確反應。某種程度上，動物的資源似乎已經擴大並改善，而不是被縮減。霍茲曼和我在人類身上發現類似的結果。到底是怎麼回事？

這是我們進行的測試：想像你看著空間中的一個點，更好的方法是看著你筆電上的一個點（影片十一）。在這個固定點的左右各有一個九宮格方塊。現在想像實驗者要在九宮格裡依順序放四個X，你要記住他放的位置順序。此外，這個記憶測試會同時在左右視野中呈現。你覺得我在開玩笑吧？沒有，我們真的這麼做了，而且有簡單的也有困難的做法。簡單的做法是，左右視野裡的九宮格出現X的順序相同，這是冗餘條件。困難的做法是，左右視野裡九宮格出現X的順序不同。相信我，這是困難條件。在簡單或困難順序刺激出現後，會出現另外一種X出現的順序，這叫探針（probe），這次的順序可能和剛剛視野中出現的一樣，也可能不一樣。所有受試者要按下「是」或「否」的按鈕，回答探針和剛剛看到的一樣或不一樣。

非裂腦受試者在簡單實驗裡勢如破竹。他們又快又準確。當左右視野中X的出現順序模式相同時，他們總是能輕鬆確認，就算一次有八個不同的X快速出現（因為一邊視野中有四個），也稱不上困難。上述這算是冗餘的情況，因此很容易就能做到，連JW也覺得這很簡單。但困難的測試則完全不同了。連那些自視甚高的大學生都表現得零零落落。這個測試在短時間內呈現了太多要記住的資訊。著名的NBC科學記者貝索曾經在我們實驗時來訪，他在看完混亂的刺激呈現後，驚呼：「剛剛是怎麼回事？」顯然正常的記憶系統無法處理這種情況，要做出正確反應只能靠運氣。

但是JW不是這樣。混合測試的時候，他的左右腦個別接受出現在九宮格的四個不同位置的四個X資訊，而且能保留這個資訊，一直答出正確答案，就像他有兩個獨立的處理器，在組合起來的時候會有更好的成績。[19]看來，我們以為在先前研究中發現的尋常單一焦點注意力系統，並無法解釋這種有顯著提升的能力。科學很酷的地方在於，用來解釋機制的解釋模型是可以改變的，只是會讓研究者的熱忱覺得掃興。身為科學家必須保持彈性，如果新資料無法證明你的信念，就要改變你的信念。注意力的科學領域中充滿真正了不起、意氣相投的研究者，很樂意配合新的資料調整自己的想法。霍茲曼、露特蘿倫、拉克、曼岡和庫塔絲即將開始改變裂腦研究。

有這些年輕的專家，以及當然還有注意力研究的老手希亞德，當他們一起研究一個病例的時候，一定會有好結果的啊。從別的角度來看，這樣也非常足夠。經營一個包容百川的實驗室時，會有很多空檔、很多錢、很多議題要研究，因此必須限制能加入研究的人。那些是計畫，而這是管理理論。接著金斯頓走進了我的生活，他是加拿大新斯科細亞省戴爾豪斯大學的著名研究者凱林的學生。太好了，我喃喃自語。還不如挖個洞讓我摔死好了。關於這段故事，金斯頓很厚道地這麼說：

……波斯納派我來找葛詹尼加……所以我開心地以初生之犢的心情以及博士的天真，拿起電話投了錢打給葛詹尼加。他接了電話，花了大約一毫秒推論出我對大腦和大腦與人類認知間的關係一無所知。我們的對話大約是這樣的：

葛詹尼加：你了解任何有關大腦的事嗎？〔這邊我要聲明，這是標準的葛詹尼加問法：他會直接切入重點，也可以說是我通常憂慮的部分：直搗弱點。〕

金斯頓：不。〔這不是我期望的發展啊！〕

葛詹尼加：你不覺得這是個問題嗎？

金斯頓：不，我會學。

葛詹尼加：來美國吧。我們看看你有什麼能耐。

真的，當時就是這樣。沒多久後，我就搭上了往蒙特婁的飛機，然後在一個美好的春日早上搭上火車，穿過充滿魔力的佛蒙特鄉間風景，南下到了白河匯口。從這裡搭計程車只要十分鐘就能到達在新罕布夏州漢諾威的達特茅斯學院。等我踏出計程車，走進傑出的長春藤聯盟名校之一，達特茅斯學院這個能天衣無縫融合新舊的校園時，我完完全全地覺得折服了。我的人生真的從此再也不同，而且是往好的方向改變，我開始要懷疑一切是不是真的了。

隔天我前往葛詹尼加的實驗室。當時是一九九〇年代早期，葛詹尼加和他的團隊在一棟白色，有護牆板，側面有三角牆的房子進行研究，是派克太太在一八七四年蓋的房子。我在派克宅認識了很多認知神經科學界的明日之星：包括露特蘿倫、曼岡，當然還有葛詹尼加本人。他讓我跟團隊簡短說了一下話，接著迅速帶我到一間優雅的法國餐廳，問我要不要在他的實驗室工作。「說好，然後來做你的研究」，這是他的提議。我當然接受了。我們握手，就是這樣。

我大約只花了三分鐘就決定雇用他，他大約花了兩秒鐘決定接受這份工作。他的眼裡閃著光芒，有著蠢蠢欲動的活力，還有和其他人一樣的聰明才智。他也對新的問題、新的角度、新的冒險充滿渴望。所以我當場改變了我的理論，判斷我們需要更深入挖掘注意力的相關議題。

注意力回歸

拉克在聖地牙哥忙碌研究，想知道裂腦患者能做到哪些事，又是怎麼做到的。他進行了一項超級聰明的實驗，某個程度上確認了裂腦患者真的具備強化的資訊處理能力。為什麼會這樣？拉克應用了注意力實驗文獻當中，存在已久的一項測試來探討這個問題。他拿了一排黏在一起的藍色和紅色的方塊，藍方塊在上，散布在電腦銀幕上。每次呈現一排方塊時，他會偷偷塞進一個與眾不同，紅方塊在上，藍方塊在下的方塊組。這一排方塊都是干擾物，只有那個紅上藍下的方塊是目標物。這個任務很簡單：找到目標物。

神經連結完整的受試者在做這項任務時，會出現很有意思並且一致的行為。干擾物變多時，找到目標的時間也會變長。事實上，我們的反應時間會規律增加：每多兩個干擾方塊，就需要多七十毫秒的反應時間。這些干擾物會放慢我們找到一個目標的速度。實驗進行得很順利。不管干擾物出現在左邊或是右邊視野都一樣。

裂腦患者的反應卻是驚人地不同。如果在單一視野中加入額外的干擾物，患者不意外地會花比較多時間找到目標物，就和一般人一樣。可是當左右視野平均出現額外的干擾物時，他們整體的反應時間卻比一般人快很多。換句話說。被切斷連結的半邊腦似乎都有自己的注意力掃描機制，各自可以同步且獨立地進行作業。拉克對JW和另外一個加州理工學院的患者LB都做了這些實驗。

這是令人興奮的發現，有詳細的紀錄而且非常確實。我們開始認為注意力系統裡似乎有很多元素存在。看來注意力當中，有很多層面和掃視視覺景象，尋找特定資訊有關。其他和認知作業有關的部分，應該是透過較低階的腦部系統維持左右連結的。金斯頓推動這些想法，讓它們變得更有意思。他想知道左右腦是不是用相同的策略在掃描，畢竟左腦是聰明的、會使用語言的那邊，而右腦的專業在於將視覺部分分組，成為合理的整體。也許它們背後的注意力機制，會提供它們不同的方法來探索視覺世界。金斯頓把挑選目標物的過程變得更困難。他加入了更多干擾物，因此在使用前述的低階自動系統時，人類會開始崩潰。我們是聰明的動物，所以我們會利用認知策略指導我們的注意力。換句話說，我們開使始用「上到下」的目標導向策略，「指導」我們將資訊分門別類。就把這個任務叫做「找到路薏絲」吧。一種策略可能是「找有蓬蓬頭髮的！」但金斯頓發現，我們只會在左腦這麼做。[20]右腦在做這些搜尋的時候，只能用標準的自動化方式。「每個都找，直到找到路薏絲為止。」這些作業讓我們回到關於裂腦患者更強烈的一個觀點：不只是左右腦被分開了，裡面那些小傢伙也不一樣！

腦紋和瑞士連結

實驗室裡活動不斷。部分原因是我天生就無法只關注一個主題。我在七十年前成長的那段時間裡，沒有什麼注意力缺失／過動症，所以我不可能有這種症狀！不過現在回頭看看，我懷疑我可能有，我母親總是說我褲子裡好像有螞蟻一樣。大家通常都很喜歡終其一生鑽研一項主題，但是這不是我的風格。當我和患者合作，研究那些與注意力有關的轉瞬即逝的主題時，需要成千上百次無聊的測試，要求患者對簡單的光做出回應。我開始無法專心，我想做不一樣的事。和基本的神經科學關係更密切的東西。

我們在派克宅安頓下來，但那裡擠爆了。我們如果想擴大該怎麼做？派克宅有一個戶外的門廊，我問醫學院能不能把門廊封起來，就多一個辦公空間可以使用。我找來幫我蓋新房子的包商提出標案，教務長很快就同意了。多年來我學到的是，如果你要把問題丟給管理者，就要同時提出解決方案。接下來只剩錢的問題了，通常管理者都能處理一些小額的預算項目。增建很快完工（這也是建築業賺錢的方法），大學很喜歡我的包商艾斯特司，後來也常常雇用他。

然而，我們很快又擠不下了。隨著我們獲得愈來愈多的獎助金，博士後研究生紛紛進駐，我們新的研究生計畫也有很多學生參加。醫學院對我們的業務開始愈來愈感興趣，把我們搬到真正的醫學院大樓裡。那裡的牆是可怕的黃色磁磚，只有老舊的亞麻氈地板的醜能和它搭配，那其實是他們提出的第一個方案。我說，我不會離開我們親愛的派克宅搬到那種地方。好吧，院長說。後來他們重新油漆，換了地毯，我們才搬過去。結果那裡是個很舒服的地方，實驗室也更有活力了。我們現在可以擴大實驗室的延伸計畫：建立人腦圖譜。

我之前說過，我的職位是在精神病學系。出於一些行政體制上的理由，博士可以在醫學院的科系裡獲得終身教職，而精神病學系正好符合資格。我的專業領域同僚是神經科醫生，特別是神經外科醫生。我認識羅伯茲的時候他還是住院醫師，在達特茅斯裂腦手術的發起人神經外科醫生威爾森手下工作，現在他已經是達特茅斯神經外科的主任了。威爾森不幸死於咽喉癌後，羅伯茲接下領導的任務。儘管現在已經很少有裂腦手術，但羅伯茲已經是裂腦手術的權威。

羅伯茲也是普林斯頓大學畢業的。幾年後，我在短暫休假的時候去了一趟普林斯頓。從洛克斐勒大學過去的米勒當時是東道主，建議我找羅伯茲過來，聊聊MRI主導的神經外科顯微手術。那時候是死氣沉沉的冬天，但因為是普林斯頓大學打的電話，所以羅伯茲就接了。他搭上小飛機，從新罕布夏州的黎巴嫩飛出來，出現在心理學系和我們談他在顯微手術方面的研究。我只能告訴你，那是我聽過最精采的一段話了（我真的聽過很多人說明自己的研究）。所有不是外科醫生的聽眾都如同被催眠般深深著迷。對神經外科醫生的挑戰之一是，儘管MRI可以看到大腦腫瘤，但手術時要在立體的大腦中找到它還是有困難。羅伯茲使用的是以MRI引導的顯微鏡解決這個問題，這種建立大腦圖譜的形式非常有吸引力。

回到實驗室以後，我們開始進行自己的大腦圖譜建立計畫。我們在康乃爾就已經開始做這件事，因為我的一個研究生喬丹特對此很有熱忱，他在我在石溪那段時間就已經加入我們。喬丹特非常有才華，很主動又很聰明。他一開始就幫實驗室組了一台電腦（裝在手提箱裡，那時候可以算是一台攜帶型電腦），協助我們的研究。他在坦迪公司，也就是睿俠這間電子零件商店買零件，靠自己找出方法，變魔術似的，我們就有了最早的資料處理機。不過其實喬丹特內心是一個解剖學家。他提出建立大腦圖譜的點子，我們興匆匆地稱為「腦紋」，類似指紋的觀念。我們要我們自己的獨特腦紋了：又是一個說得比做得簡單的點子。

喬丹特總是能在科學與生活間看見更廣泛的可能性。在康乃爾的時候，我和夏綠蒂一度打算請特休，讓我好好把第一本科普書《社交的大腦》寫完。大部分的特休都是一年，但對我來說行不通，因為我要養家和負責一間複雜的實驗室。所以不可能離開這麼長的一段時間。於是我想到把假期拆開，去一個地方一個月，然後回家，然後再出門。我在信中和喬丹特提到這件事。沒多久，在洛桑大學讀博士後的喬丹特就幫我們在科城找到了一間完美的瑞士山間小屋，從蒙特霍搭齒軌火車就能上去，這間三房的農舍一個月只要一百五十美元的租金。我們不只馬上預定，而且連續好幾年冬天都會回科城過一個月。

在科城，我們滑雪，我們工作，我們接待訪客，還享受了一年一度拜訪小巴克利的樂事，因為他和妻子每年冬天都會在山腰的魯日蒙度假。我和小巴克利在魯日蒙的十周裡，他成功寫完一本書，維持每周三個專欄的稿子，繼續編輯《國民評論》，而且每天在「鷹巢」吃完午餐後還會滑一趟雪。

小巴克利曾經抱怨過，瑞士人有一套帶狗坐飛機的規矩讓他很沮喪：每個等級的機艙內只能有一隻狗，而飛機只分為三個艙等，但是小巴克利家有三隻狗，代表他們搭飛機時不能坐在一起。他的妻子佩特要坐在頭等艙陪一隻狗，小巴克利坐商務艙陪第二隻狗，管家坐經濟艙陪第三隻狗。多年來，小巴克利試過各種方法想取消這條聯邦規定，沒有一種方法成功。啊，我心想，也許我的大腦科學連結可以拯救這種社交困擾。我告訴小巴克利一些事，他看著我，臉上帶著「對喔」的表情。這件事就此擱置。

當下一季來臨，我想起這件事，決定打電話給波莉絲。她是一位神經科學家，以許多方式對這個領域有非常大的貢獻。我寫過一份專題論文給她的基金會，並且參加過幾場她組織的優秀工作坊，包括世界衛生組織前往中國了解當地神經科學發展的一次旅行。她對北京的天主教教會有很大的貢獻，因此我們也不得不聽了五個小時的京劇演出。更重要的是，她是瑞士航空的大股東。我打電話給她，說我有個特別的美國朋友，常常從紐約去蘇黎世，然後……她說她不能干預公司營運，但是她可以讓經理打電話給我。

一如瑞士人的風格，我馬上就接到了電話。這位經理很有禮貌，並且覺得我的要求很有意思。我希望他們讓小巴克利家的人至少有一次可以都坐在頭等艙或商務艙吧？他謝謝我如此關心朋友，含糊地回應一下以後，這段對話就結束了。

小巴克利家要搭的班機在兩周後起飛。隔天晚上，我接到小巴克利的電話。「葛詹尼加，昨天我在甘迺迪機場飛機要起飛前，瑞航的空服員過來跟我說我可以把狗留在商務艙的位置，不會有問題，然後帶我到頭等艙讓我坐在佩特旁邊！你完成了整個瑞士旅遊勝地格施塔德的社交網做不到的事，連演〇〇七的羅傑摩爾都沒辦法。」我們大笑了一陣，但我知道腦科學家在他心裡的等級又上升了。

不論如何，當我們到達特茅斯的時候，大腦圖譜計畫已經吸引了實驗室裡很多人，包括我們自己的神經科學家崔默。我們的想法是對患者的橫切面做MRI掃描，用電腦程式自動讀出數百份的掃描，再從中產出大腦的平面圖，這會比真正的立體大腦影像更容易理解、視覺化以及測量。讓我們驚訝的是，專精治療嚴重心智失調的精神病學家格林，也很喜歡這個計畫。他開始投入描繪切面的繁瑣作業，動不動就耗費好幾個小時。當時還沒有自動描繪系統，因此有技巧的神經解剖學家需要在大腦掃描圖上鋪衛生紙，用手描出大腦圖形。看著白天有工作的人因為有想法，願意花好幾個小時做這項額外的工作，真的是一件令人感動的事。這種方法延續了好幾年，直到有一個康乃爾大學的聰明大學生洛福斯出現。他開始了解如何用電腦來做這件事。美國海軍研究辦公處買了一台高級電腦給我們，洛福斯成功利用它來工作。

在科學裡，技巧是很重要的。但更重要的是用在重要的問題上。在開發腦紋之前，我們已經從MRI掃描判斷，和無血緣關係的控制組相比，同卵雙胞胎的胼胝體比較相似。這是最早顯示出同卵雙胞胎的腦部結構，比非雙胞胎的人腦部結構更相似的例子之一。[21]而我們想用腦紋延伸這個想法，仔細描繪出皮質表面，看看雙胞胎腦中其他特定區域是不是也比其他人相似。我們嘗試後發現無法確認這件事。最後，我們的腦紋處理過程太耗費人力，受試者數量又太少，不過這並不代表這個問題沒有別人研究。加州大學洛杉磯分校的大腦造影小組接棒研究雙胞胎大腦間的相似與相異，他們利用遠超過我們的成熟且先進的大腦造影技術，扎實地證實雙胞胎的大腦在結構和功能方面都有相似處。[22]不過我們這次的經驗，也算是我們幾年後另外一個「重大科學」計畫的熱身。種子已經灑下，但還需要八年才能開花。

只有部分被切斷連結：半分裂的心智

就某方面來說，生物研究的整體目標是努力讓觀察結果愈來愈明確。第一次成功展現完整切斷胼胝體手術的重大後續影響，也就是左右腦之間似乎沒有任何交流後，很快就出現一個問題：如果只有胼胝體的某些特定部分被切開了呢？如果只有特定區域在手術後還是維持連結會怎麼樣？這兩個議題總在我們心頭揮之不去，而研究這兩個問題的機會無預期地出現了。

經典的胼胝體解剖顯示，和腦後方的視覺腦區會透過胼胝體的後側區域互相連結。繼續往前，負責聽覺、觸覺及其他身體感官與運動的連結纖維也愈來愈明顯。以這項知識為前提，你可以預測：胼胝體後側如果有損傷，可能會對左右腦的視覺資訊傳遞造成問題。這樣一來，你可能會看到所謂「模組特定」的分裂情況。也就是說，這樣的患者可能只有在視覺方面是分裂的，測試其他感覺時就沒有分裂現象。

幾年前，我坐在紐約大學的辦公室裡，一位布魯克林的神經學家打電話給我聊幾個病例。他在追蹤兩個患者，他們在接受神經外科手術切除第三腦室的腫瘤後，後胼胝體也被切開，因為第三腦室就在後胼胝體的下方。他問我想不想研究這些患者。我高興得從椅子上跳了起來，安排好一切，最後寫了一份我們共同列名作者的論文。我愛科學生活的這部分。一位執業的神經科學家，雖然他完全不認識我，卻一直都有在看文獻，當他發現辦公室有些患者可能是某個基礎研究者會有興趣的，他就和患者討論並取得同意，花時間去找出這位研究者（當時還沒有網際網路），然後最重要的是，他還參與了研究。誰說我們不是一個利他的物種？

這兩位患者教了我們很多。第一個病例是在視覺上分裂，如同我們的預測。他其他的感覺都還是完整的。（他也是少數大腦支配地位翻轉的人。[23]從他的反應模式可清楚看出他的右腦主導了語言和說話，左腦主導一般由右腦專門處理的功能，例如立體繪圖。）一個病例，一通隨機的電話，我們就更了解胼胝體的各部分是如何組織的。

多年來，臨床醫師的很多其他案例也引起了我們的注意，他們對於胼胝體的組成也提供了很多精闢的意見。舉例來說，患者ＥＢ後方分裂的情況比較廣一些。如我們從已知的解剖學中所預期的，這種分裂似乎影響了觸覺與聽覺的整體性。她也表現出單向整合運動資訊的卓越能力：從左腦到右腦，但是不能從右腦到左腦，這再次顯示連結具有強大的特定性。[24]畢竟，外科醫生究竟要把胼胝體切到哪裡，或多或少是隨意決定的，因此被切斷的資訊系統會不一樣也是很合理的。這些以間接方式呈現給我們的臨床病例都非常有意思。他們的數量愈來愈多，而裂腦患者的主研究計畫讓我們知道應該問什麼問題。

不過還是我們的兩位明星患者真正揭露了胼胝體的幾個祕密。JW的胼胝體是分成兩個階段切開的，那時我們還在康乃爾。他的後胼胝體先被切開。十周後，他才接受第二次手術切開前胼胝體。因此我們有一個獨特的機會在手術前先檢查他，每次後續的手術後再次進行檢查。手術前，他在我們測試裡的表現完全正常，左右腦完全能互相溝通。我的另外一個王牌博士後研究員西迪斯、霍茲曼還有我，在JW的後胼胝體被切開後再次檢查他。威爾森大約切斷了他一半的胼胝體，然後就停止了，比剛剛描述的兩位患者被切開的位置再往前一點。根據標準測試仔細檢查過每一種感覺後，判斷JW的左右腦似乎完全被切斷連結了。雖然很令人興奮，但我們也知道他整個前胼胝體都還是完整的。既然後半被切開好像就已經帶來完整的裂腦症狀（就我們對裂腦症的理解），我們開始懷疑前半部到底傳遞什麼呢？在前胼胝體的那一億多條的神經都在做什麼？西迪斯和霍茲曼繼續探索。

我們先做了例行的測試，在左右視野都閃過簡單的圖片，判斷JW可以輕易說出向左腦閃過的圖片的名字，對右腦閃過的圖片則不行，接著我們想知道他能不能進行其他種類的資訊交叉整合。我們設計的方法是在左右視野內都閃過一個刺激。左腦看到的是「太陽」的文字，右腦看見是用簡單的黑白線條畫的紅綠燈。我們向JW提出一個簡單的問題：「你看到什麼？」這段對話如下（影片十二）：

MSG：你看到什麼？

JW：右邊是「太陽」的文字，左邊是某個東西的圖。我不知道那是什麼，但我說不出來。我想說但我不能說，我不知道那是什麼。

MSG：那個東西是做什麼用的？

JW：我也沒辦法告訴你。右邊是「太陽」的文字，左邊是某個東西的圖……我想不出來那是什麼。我可以用眼睛看到它，但我說不出來。

MSG：那個東西和飛機有關嗎？

JW：沒有。

MSG：那個東西和汽車有關嗎？

JW：對（點頭）。我想是的……那是一種工具之類的……我不知道那是什麼，我說不出來。太可怕了。

MSG：……那東西有顏色嗎？
JW：有，紅色和黃色……是紅綠燈嗎？
MSG：你說對了。25

前胼胝體開始揭曉它的祕密了。右腦以某種方式，把我們覺得線條畫裡比較抽象的資訊，傳送到比較有認知能力的部分。和黑白線條畫的交通號誌綁在一起的各種不同聯想，以某種方式被啟動，而大腦以前胼胝體為基礎，支援那些聯想的部分依舊維持連結。這些聯想會接受我和JW玩的「給提示猜答案」的提醒，開始由左腦加以管理。胼胝體的前半部處理高階資訊，不負責實際刺激中比較原始的部分。再一次的，這並不是實際影像的呈現，而是另外一種知識上的聯想，是左腦從右腦接收資訊，試著找到代表的文字。

還是有人可以說，其實沒有什麼是真的經由胼胝體所傳送的。相反的，也許左腦只是以下列的方式，接收了獨立的右腦的提示：當我問：「那個東西和汽車有關嗎？」右腦聽見「汽車」和紅綠燈有關，所以點頭表示「是」。左腦注意到點頭的動作，跟著這個提示說出了「是」。接著我問：「那東西有顏色嗎？」右腦再次聯想到紅綠燈的顏色，再次點頭表示肯定，於是現在左腦知道「汽車」和「顏色」，很快就能靠自己想到另一側的腦看到的圖是什麼，就和聽到這段對話的任何人一樣。這個論點認為，其實沒有任何資訊是真的透過胼胝體所傳遞的。相反的，也許根本是兩個完全分開、獨立的模組在互相提示，就像兩個人用眨眼的方式互相提示一樣。

但是JW的情況繼續改變。紅綠燈的事件是在他第一次手術後很初期發生的。隨著時間過去，我們看到JW不需要外界的指示，開始自己玩起「給提示猜答案」的遊戲。另外一項改變大約在八周後出現，這是第一次和第二次手術之間的階段。我們向右腦閃過「騎士」的文字。接著他自己和自己開始對話：「我腦海有張圖，但我說不出來。兩個人在圈圈裡打架……古老的，穿著制服、戴頭盔……騎在馬上，想把對方打倒……騎士？」「騎士」這個詞激發了右腦這些高階的聯想。這些都是透過「說話」和「聽」這種外界的溝通傳達給左邊，左腦抓到這些部分，然後解決了問題。[26]這很特別，尤其在第二次手術後，也就是胼胝體完全切開後，他再也不能成功說出向右腦呈現的文字和圖片的名字，更顯示前面的過程相當獨特。但他在某個東西改變後又能說出這些東西的名字了，不過那是後來的事了（第七章）。

只有左腦會對命令微笑

患者從過去到現在都非常迷人，我們的測試計畫也一直持續。每個人都認識彼此，患者非常支持我們，我們對他們也一樣。我妻子夏綠蒂是讓這一切順利運作的重要潤滑劑，就算不是她做測試的日子，患者都還想要找她。在那些日子裡，夏綠蒂還是會一起帶患者出去吃晚餐。或者，那天可能是患者小孩的生日，夏綠蒂會記得這種日子，送禮物到實驗室讓患者帶回家，夏綠蒂天生的德州式友善永遠不會缺席。患者需要覺得自在舒服，來訪的科學家也一樣。我數不清有多少次夏綠蒂親自下廚做菜，同時她還貢獻了她在神經心理學的知識，並且進行她自己的實驗。如果這項科學和人有關，那麼這種科學生活的社交層面其實非常值得考慮，而且極度的重要。在我們開休旅車的那段日子，她總是能把測試區變成用餐區，用小小的烤箱和爐子，神奇地端出共四道餐點的全套晚餐。真的就像你聽到的這樣，跟變魔術一樣，她就是這樣充滿魔力。

夏綠蒂從書上看到關於自主與非自主微笑的有趣解剖學事實：大腦把這兩種非常不同的技巧分配給兩個不同的大腦系統，當你自主微笑，也就是被要求微笑時，是由左腦控制這項動作，涉及跨越到右臉的皮質神經元，還有跨越胼胝體的皮質神經元。它們會啟動其他的皮質神經元，最後啟動左半邊的臉。一切都發生得很快，因此當你微笑時看起來是非常對稱的。可是如果中風傷害了這個通道網絡裡的任何一部分，那麼根據損傷出現的位置，微笑就會出現相對應的下垂。

自發的微笑就不一樣了。它們使用到的神經硬體完全不同，是分散的，大部分出自皮質下稱為錐體外系統的地方。當你聽見一個精采的笑話，這個系統會介入，產生一個咯咯笑的臉孔。為什麼那些得了帕金森氏症的老爺爺看起來面無表情呢？因為這種疾病會破壞他的錐體外系統，造成他無法自發微笑的悲傷後果。

夏綠蒂推論，如果我們設計出適當的測試，患者應該會表現出上述情況。我們知道該怎麼問問題：只要把指令閃給左邊或右邊的腦看，然後用影片記錄反應就可以。我們覺得只要把攝影機對準臉，就可以抓到哪一邊臉先反應的可能差異。把「微笑」這樣的指令閃過左腦前，應該會發現臉的右邊先開始笑，然後左邊才笑。把指令閃給右腦看，應該就會相反：左邊臉先開始笑，但前提是右腦能執行指令。聽起來很簡單，不過當然還是有陷阱。當時的攝影機還不夠快，無法捕捉這種不到一秒的差異。

我一直都有買一台松下數位影碟片錄影機的念頭，但也不算太認真。實驗室裡還有其他計畫，包括我們的腦紋計畫，它們都需要方法儲存大量的資料。松下的錄影機不只能儲存資料，還能用比較快的拍攝速率捕捉資訊，然後逐格倒帶播放。這會管用嗎？

夏綠蒂和我搞定了一切，開始測試JW、VP，還有DR。

結果非常成功。以JW為例，很肯定的是當「微笑」的指令被投射給左腦時，他右邊的臉帶領了微笑的動作，然後左邊很快跟上（影片十三）。看到這個畫面非常驚人，我們急著想知道右腦會怎麼樣。讓我們大吃一驚的是，右腦根本無法執行這個指令，就是不行。發起一個自主的微笑對右腦來說不是選項。[27]然而，要遵守「眨眼」或是「吹氣」這種指令卻不是問題。同時，患者對於笑話或其他自然情況也能毫無問題地自發微笑。皮質下的控制系統沒有受到裂腦手術的影響。

研究型大學的誘惑

此時我的生涯來到一個時間點，我開始思考是否要扮演帶領更大團隊的角色，比我的實驗室還要龐大的團隊。霍普金斯大學正在找人帶領他們發起的一個新的心智／大腦計畫。在幾次會面以及深夜電話之後，我們並沒有談成。追根究柢，原因出在我們對於要找誰來當新生力軍有不同的想法。我當時就知道，如果我開始提出特定的名字，對方就會有反應。總是會這樣。我一直保留，不提出我的候選人名單，直到有一天，委員會的主席打電話到新墨西哥州洛色拉莫士的旅館找我。我們就要一分勝負了，但我還是重申我拒絕提出特定的人選。雖然我是獨立行動，但我總是會事先諮詢我的同僚。我告訴主席，這就是我的做法。可是他一直堅持，最後我說了幾個名字。他謝謝我，然後就這樣。我再也沒接到他們的消息。

可是這已經引發了我內心想做更大的事的想法。當我終於決定接下加州大學戴維斯分校的工作時，我的心情其實有點矛盾，這也不意外，因為我們當下生活在一個美麗的地方，享受許多生氣勃勃的同僚和我們一起工作。當這個決定到了關鍵時刻，我記得我站在神經科學會在紐奧良會議的電話亭裡，打電話向達特茅斯學院的教務長史卓班做最後一次確認。學術界總是有討價還價的餘地，我要求達特茅斯醫學院保證我所有的薪水，而不是只有百分之五十而已。前方情況不妙，而且我還算很客氣，因為加州大學戴維斯分校不只提出全額薪資的條件，而且還比原本薪資高。

最後兩間學校的差別大約是二萬五千美元，就是這樣。如果教務長願意提出兩萬五千元支援我的薪水，我就會留在達特茅斯。出於行政方面的理由，他做不到，而這太難查證，也並不重要了。史卓班本身是一位很棒的教務長，他是生物工程師，和羅伯茲一起研究MRI引導的顯微手術，很想讓這個計畫成功。我謝謝他和我講這通電話，掛電話後，盯著地板整整五分鐘。好吧，我想，就這樣吧。我們要搬去戴維斯了。

我打電話告訴夏綠蒂。她一如往常地支持我，但我感覺得到她的緊張。我們住在這間我們親自設計、量身打造的房子才兩年。松木框的窗戶和實木地板，磚砌的壁爐以及四萬平方公尺的佛蒙特樹林，都要成為歷史了。我們在這個家建立了很多傳統，最值得一提的是我們幫兩家人和來訪的科學家辦的晚餐聚會，我們的餐廳是歡樂與智慧所在。我們真的要丟下這一切，搬到加州的中央河谷嗎？為了緩和這項衝擊，我預訂了納帕的高級度假村太陽旅社的套房，讓全家打包，一起去看看加州生活會有多麼美好。

太陽旅社真是集加州大成之所在的地方。鋪了墨西哥磁磚的套房裡有嵌入式沙發，放滿大大的粉紅色抱枕，但又不完全是粉紅色，是某個新設計師的粉紅色，讓我們覺得超時髦的。在冷颼颼的冬天裡，還是能在泳池邊喝飲料，不過我們是一月的時候去，那周真的有點涼。聖赫勒納的三豇豆餐廳的晚餐精緻美味，去各地葡萄園參觀的行程也非常美好。只有一個問題：納帕不是戴維斯！我不應該先讓全家看到天堂的！

儘管我們舊房子還沒賣就要買新家，所以出現了一些困難，但最後一切都好好解決了。在這個過程中，達特茅斯學院都對我們一直很寬容溫和。離開是很有破壞性的行動，不只對我們家庭是這樣，對相關的學校也是一樣。你當然不會希望你離開的那間覺得太開心，但是如果他們不開心，他們會怎麼樣？以達特茅斯的情況來說，他們幫我們辦了一場盛大的派對，所有參加的人都祝福我們，包括校長費利德曼、教務長，還有院長。我們驚訝萬分而且感動不已，雖然我們要離開了，我們和這間學校的羈絆卻更深了。

第三部

演化與整合

第七章　右腦有話要說

此刻是人類這個種族起步之時。和問題糾纏不休並不合理。但是未來的日子還很長，我們的責任是盡我們所能，學習我們能學到的，改善解決方案，然後傳給下一代。

——費曼

我在一九九二年搬到加州大學戴維斯分校，因為我在一九八八年舉辦的小型會議中認識了神經科學家查魯帕。現在我已經愈來愈常辦這種會議了。當時的討論主題是人腦的演化，很多世界知名專家都參與了這場會議。因為我只提供一千美元的費用補貼，所以舉辦會議的地點一定要很吸引人才行。那一年向大家招手的是地球上的夢幻城市：威尼斯。查魯帕的狀態極佳。

我安排大家住在艾狄阿堤絲泰斯菲尼斯酒店，這間飯店小而美，鄰近著名的鳳凰劇院。會議場地則是我在麻省理工學院擔任教授的多年老友比茲幫忙安排，他是研究大腦如何執行動作的基礎科學家。會場在飯店對面，是傳說中的威尼托學會，由拿破崙在一八一〇年為了推廣科學、藝術，與文學而創立。我們借用三樓的圖書館，安排一間當地酒吧定時送濃縮咖啡來給我們。這場會議激發了很多火花，有像古爾德以及神經網絡新領域的巫師咸諾斯基這樣的人，也有常客卡斯和林區這些人。查魯帕是新加入的，他輕輕鬆鬆地就能融入，就算他四點在和英國女王喝茶，也能在六點準時和朋友見面喝馬丁尼。查魯帕的態度與說話方式是標準又討人喜歡的紐約客，他知道自己的身分，更了不起的是他知道其他人的身分。一個共同朋友曾經跟我說：「查魯帕是那種，其他人都丟下你以後還是會陪著你的人。」除了建立深厚關係的能力之外，他也非常風趣。

會議開了幾天，輪到查魯帕發言了。先前幾位演講者都提到了諾貝爾生醫獎得主克里克，說他是「我的哥兒們克里克」。這相當於表示：「我研究這個點子，我問過克里克，他喜歡，所以別釘我。」這不是查魯帕的作風。他想表達自己的反對意見，但不想得罪人，所以先用了一個猶太人的老笑話開場。他說這是他父親在他六歲時告訴他的：

有兩個人走在路上，兩個都不是克里克，其中一個人對另一個人說：「我問你一個謎題，看看你有多聰明。」另外一個人說：「好啊，是什麼謎題？」

「在樹上綠色的，會唱歌的是什麼？」

「很簡單，是某一種鳥。」

「不對，絕對不是鳥。」

猜錯了幾次後，第二個人說：「好吧，我放棄。在樹上綠色的，會唱歌的是什麼？」

第一個人說：「簡單，是鯡魚。」

「鯡魚？怎麼可能是鯡魚，鯡魚不是綠色的。」

「有人把牠塗成綠色了。」

「但是鯡魚又不會出現在樹上。」

「有人把牠放在那裡了。」

「就算是這樣，但鯡魚不會唱歌啊！」

「你說對了。我加上這個條件，就是要讓你這種聰明人想不到答案。」

我不太確定大家有沒有聽到「兩個都不是克里克」那句話之後的內容。查魯帕成功地打破我所謂「無止盡的顧慮」那種沉重感，會議自此才真正開始出現活力和變得更有意思。我想更了解查魯帕。

結果加州大學戴維斯分校開始規畫新的神經科學中心，查魯帕是計畫主持人，也是尋找新主任的委員會成員。我們一開始只是在書信裡討論這件事。我很滿意自己在達特茅斯安穩的生活，一切都很好。可是隨著時間過去，漸漸發生了一些事。查魯帕和我開始在科學會議上碰面，增加共進「非正式」午餐與晚餐的次數。神經科學會的年度大會等這類大型會議，會有兩萬到三萬五千名科學家從世界各地前來參加，大家盡量在這種場合和朋友或熟人碰面，而且通常不是在有好幾百人聽講的演講會場這麼做。因此午餐和晚餐的邀約都排得很緊，幾乎所有事都在這兩個時段搞定。

這個新的科學中心背後的想法，是要成為神經科學這個蓬勃新領域的聯繫與合作中樞。查魯帕根據運作需要開出了十個職位，要找一個新的主任負責招募人員。這個中心會有新的空間、新的職位，還有新的經費來雇用新的人員。如果用私人機構的方法來計算這個新中心對此的承諾，相當於約兩千五百萬美元的投入。這確實是能嘗試「大科學」的時候，至少在一九九二年的時候是這樣。而查魯帕向我提出了這個機會。

我去了戴維斯幾次，看看那裡的環境、工作的條件以及這個工作的本質。在過程中我認識了各式各樣的新朋友，包括其他教職員、學生，還有對這樣的任務最重要的角色：行政人員。「誰是我老闆？」如果是我就會想這麼問。是生物學系系主任。「誰是他老闆？」副校長。「那他老闆呢？」就是校長了。我告訴查魯帕，「我最好跟他們都碰個面。」於是查魯帕安排了我和他們碰面。

有些戴維斯分校的行政人員是我在大學生涯中認識最好的人，他們說的話絕不打折，童叟無欺。這很重要，因為像加州大學這麼大的組織，收入和資產都不是一眼看得出來的，你沒有帳戶數字可以去檢查經費有沒有真的被分配給你的計畫。新職位的經費來自一個來源，新創計畫的經費是另一個來源，新空間的經費又是另一個來源，諸如此類的。在州立大學裡，每一個類別的數字會不斷變動，隨著大型組織的需求起起落落。這也是「信任」如此重要的原因，而沒有人比我在協商當時的生物學系系主任蓋瑞更值得信任了，他之後榮升為副校長。堅定地支持由國家提供土地給大學的政策的他，出生於堪薩斯州，愛喝蘇格蘭威士忌，個性如磐石般穩重。他相信這個計畫並接納了我，他最偉大的天賦是願意冒險，不害怕自己的教職員，在很多小事上也都會額外多盡一份心力，例如說服他的老闆，校長霍樂，讓他在佛蒙特州度假到一半，還到我們在諾里治的家來找我們。不意外的，我接受了這份工作。

當然，如果要說這次轉換工作環境的決定完全出於完美的理性，本質上是個單一、一次定案的決定，絕對是錯誤的。當我的心試著找出符合邏輯的解釋，說明我為什麼要把全家連根拔起，離開這些朋友和美麗的家時，我的情緒翻騰不已。目前一起工作的朋友也都提議要你留下來。我記得我和妻子前往紐約拜訪著名的社會心理學家薛克特。他曾在住院時要求住在四人房而非單人房，以便他觀察病患的社會互動，諸如此類的事不勝枚舉。薛克特倒了酒，讓我們在他位在上西區九十四街的戰前公寓裡坐下。面對讓人如此痛苦掙扎的決定，你隨時箭在弦上，準備向人傾訴要走還是留下的難題。我們去找薛克特的時候，各大學提出的待遇已經差不多了，我們面對的是非具體的因素。

我妻子告訴薛克特她如何仔細探索過戴維斯。她去了公園，和在那裡帶小孩散步的媽媽們聊過天。她聊到學校、天氣，以及所有媽媽會對一個地方感興趣的事情，發現所有人都很喜歡住在戴維斯。薛克特看著她，然後說：「夏綠蒂，妳要問的是那些離開戴維斯的人才對。」這行不通，因為薛克特從來想不透怎麼會有人想住在哈德遜河以西，也就是紐約以外的地方。再喝了幾杯後，我們提醒薛克特，我們的共同朋友費斯汀格總是說：「你不可能控制所有事。」儘管薛克特依舊抱持懷疑，我們決定接受這份工作。

從無到有：做就對了

事先和負責的人建立信任關係，最後證明是一件好事。初來乍到戴維斯，我發現我們沒有一個能長久使用的空間，而且情況會維持至少十年。動物研究占了新計畫很大一部分，但研究人員必須在遙遠的靈長類中心工作。其他人也散布在校園各處的辦公室／實驗室裡。這一點也不理想。

我在戴維斯周圍開車繞，熟悉環境，找房子，還有找一個讓中心能落腳的地方。有天我看見研究園區裡有一棟大樓要出售（圖三十五）。那是一棟很好看的建築，標價大約三百萬美元。我從窗戶看了看裡面，就找電話打給蓋瑞，這時候他已經從系主任升到院長了。我說：「蓋瑞，我發現研究園區有一間大樓要賣三百萬。你可以買嗎？」他要我等一下，等他回到電話旁時，他

圖三十五　我在加州大學戴維斯分校外的研究園區，發現這間空蕩蕩沒有整修的大樓。我打電話給院長，大約一兩分鐘後，他就說大學同意買下這棟大樓。

說：「可以，我們可以買，把資料傳給我。」只有這樣而已。現在我們的中心有家了，但還需要時間設計內部空間，再進行工程，這很花時間，因為市政府的查驗員和加州大學的查驗員都會參與其中。那這段時間我們要在哪裡工作呢？

我繼續開車亂晃，結果就在新中心跨過一條街的地方找到另一棟大樓。那裡正在出租，而且有足夠的臨時空間供使用。我又打電話給蓋瑞，他又答應了。新團隊進駐了這棟在研究園區的空大樓，和大學的關連很弱。說不上是溫馨的學術環境。這是一棟由混凝土打造的大樓，周圍是停車場。但是我們在這裡可以進行緊密的合作。

此外，這也是我們家私人的搬家時間。我們要怎麼在舊房子還沒賣掉的時候買新房子呢？當時是一九九二年，房價開始下跌，而且跌勢蔓延所有地方。在戴維斯可以便宜買房，代表在佛蒙特州要虧本出售。因為我們美麗的新房子還沒賣掉，所以我們別無選擇，只能先租房子。真是一團糟。

我在國家衛生研究院旁聽某場會議，在會議室的最後面看《紐約時報》。幾年前，我朋友林區成立了一間叫做「皮質」（Cortex）的公司。在威尼斯開小型會議的期間，我和林區會半夜在聖馬可廣場上休息，聽他講新公司的事給我聽，他隨口說我應該擔任公司董事會的成員。為了取笑他，我說當然沒問題，我用二十五美元買下兩萬五千股；說完我就忘了這件事。那天早上，我在看《紐約時報》的商業版時，發現「皮質」公司剛剛接到了一筆價值一千四百萬美元的合約。我看了一下股票，發現這間公司現在一股要五美元！我從椅子上跳起來，跑到走廊上打電話給那間公司。我問我的財務經理我的股份能不能賣，我以為會有什麼限制，因為我曾經是董事會的成員。結果他告訴我，因為我已經不是董事會的成員了，而且也過了三年之類的，所以我可以賣掉股份。我掛掉電話，打給我的交易員，跟他說我要全部賣掉。他照做了。幾天後，我收到了一張十萬美元的支票。我們現在可以在戴維斯買房子了。單純的幸運帶來的快樂占了生命中很大一部分，所以直到現在，只要我和林區有辦法碰面，我都會請他吃晚餐。

戴維斯真的很小，有一塊農地和一間蕃茄醬工廠，就跟人家說的「蕃茄地」沒兩樣。這裡夏天非常熱，晚上卻很宜人，因為有來自沙加緬度三角洲的沁涼空氣吹拂。這座城以農業起家，加州大學戴維斯分校則是加州占地遼闊的農業活動主要的研究引擎。農業需要肥料，肥料公司的老闊蓋了很多豪華的房子。靠著林區公司的股票，我們買了一間西南方設計風格的豪宅，有面向大游泳池的落地窗，周遭有棕櫚樹和粉紅色的歐洲夾竹桃形成的圍欄。前院是一座仙人掌花園，看起來非常有地中海風情。整間房子和我們在佛蒙特的家沒有一個地方相似，而且有一個很強大的地方：游泳池。在堪稱感傷的別離後，孩子們一到新家幾乎就立刻把佛蒙特拋在腦後了。

三千三百萬人不會錯的，加州每個轉角都有與眾不同的壯麗風景。距離戴維斯四十分鐘車程，就是納帕的葡萄園和餐廳，往南開六十分鐘就到舊金山，往東北方開一百分鐘就會到太浩湖。我們很快就被太浩湖的美所折服，在那裡買了一間小木屋。在那裡滑雪當然超棒的，但是夏天的太浩湖更崇高雄偉。而且戴維斯還有德州出身的夏綠蒂思念不已的：遼闊的天空。整體來說，戴維斯確實是讓人夢寐以求的居住地。

不管任何計畫，最嚴肅的部分都和聘僱的人有關。加州大學可說是世界上最頂尖的研究型大學，所有被聘僱的人都必須達到學術成就的高標準。過去一般都以為這樣的人自然一定能教書，這種看法直到最近才開始改變。這個迷思已經被打破，現在被聘僱的學者就真的是兩種能力兼具。當然囉，有空間的是在教學部分，加州大學在聘僱頂尖的研究人員方面從來不妥協。我最早的行政能量也被導向這個目標。

大學的聘僱過程繁瑣複雜，需要職員投入心力，而且是所有的教職員。他們讓在華盛頓特區的那些特殊利益團體，看來就像溫馨可人的兩黨對立狂熱份子。學術的世界裡每個人都有特殊利益，我要怎麼將所有的特殊利益鞏固在一個和諧的計畫裡？我們的焦點放在神經科學的哪一個領域？要以哪一個學術單位為基礎，聘僱哪些新人？由下仰望一切，突然間所有事彷彿都無法完成。

這些查魯帕當然都知道，因為這座中心是他一手建構的。身為校園裡的老鳥，每個人都認識他，他也認識每個人。學者可以是溫和的、順從的、疏離的、有侵略性的，或是蓄意阻撓他人的，有一百種的面貌。但查魯帕不是這樣的人。他個性活潑，頭腦靈活。就算有時候他帶來的訊息不討人喜歡，但大家都喜歡他，也都信任他。查魯帕對教職員下功夫，總是讓他們能了解情況。他在我身上下了賭注，所以他要幫我完成這件事。

一個計畫動了起來，大家都很開心。基本上大家都說：「葛詹尼加，找人進來吧，我們會給最好的人才工作。如果你搞砸了，我們也會告訴你。」信任感再度蔓延。儘管我們根本還沒選擇要針對哪個領域研究，但主要的觀念就是先找到高品質的人，剩下的事自然能迎刃而解。我接下了獵人頭執照，開始動工。

我們一直都在談手上能提供的十個職位，但我們忘記每一個職位都固定在一個特定的學術單位裡。一開始我一直以為這些人要隸屬於哪個學術單位只是細節問題而已，後來才發現我錯了，大錯特錯，錯得讓人笑掉大牙了。在這個例子裡，有一位新的候選人來城裡接受面試，發表他對這份工作的看法，接著我要快速在走廊進行意見調查，收集新同事的共識，了解這個候選人從他們的觀點來看是否適任。根據這個快速盤算的結果，我得在我的辦公室裡進行軟誘推銷。不意外的，候選人會問：「我會屬於哪個科系？」我會說：「你可以選擇在醫學院、生物學系，或是心理學系。」他們會問：「有什麼差別？」我會說：「在醫學院，這是十一個月的職位，錢比較多，基本上不用教書。如果是生物學系，職位聘僱時間是九個月，必須教一門課。在心理學系也是九個月的聘僱期，而且必須教三門課。」幾乎所有候選人都毫不猶豫地說：「醫學院的哪個系最適合我？」我很快就學會不給他們任何選擇，直接告訴他們是哪個系在招募人才，這麼做大幅加速了面談速度，問題也少了很多，甚至完全沒有任何問題。

雖然隱約有壓力要我做點大事，並且要我透過聘僱傑出人才在科學界激起波瀾，但我最後還是放棄了這種方法。結果所謂「資深聘僱」的做法，百分之八十五都不成功。不論從投資的時間以及無節制的利誘角度來看（從數周到數月到數年都有），代價都很昂貴，而且最後都沒什麼好結果。研究計畫會受到大學者的要脅，最後一個人都找不到，想要研究的計畫只能不斷延後，成為受害者。知識淵博的人已經把這些都解釋給我聽了，但我無可救藥的樂觀主義還是讓我嘗試了這一切，但僅此一次，我已經學到教訓。我現在只相信統計數字！大學者不一定要離開他們所在的地方，他們會在緊要關頭突然提出一份連英國女王都無法實現的願望清單。一旦同意這些願望，他們就會接下工作，如果不，他們也會用最簡單的方式，就是在原地不動，通常伴隨著優渥的留任配套。最痛苦的部分就是聽他們在做決定後，想辦法合理化他們為什麼「覺得」他們不能接受（大腦的詮釋者在說話）。

我的解決方法非常簡單。這個領域裡的資深明星之所以是明星，就是因為他們訓練出非常有天分的人。如果一個實驗室一直產出很有意思的研究，很有可能那裡的領導研究生，或是經驗豐富的博士後研究生就是你要找的人。他們很年輕，聘用的費用也比較低，充滿活力，而且通常都在找工作。此外，在加州大學體系中獲得一份工作，是人人夢寐以求的。所以只要聯絡一個成功的科學家，問他誰在找工作，並且確保他們都知道我們在找人就好。像變魔術一樣，沒多久就有超級聰明又熱切的年輕科學家排成長長的隊伍，魚貫進入我們的中心。要挑出菁英中的菁英很容易，他們會以一種難以定義的方式，在人群中特別顯眼。聘僱的決定向來必須是全體一致同意（圖三十六）。

輪到患者旅行

沒多久我就發現我們可以繼續研究裂腦患者JW。儘管加州距離他們在新罕布夏州的家非常遙遠，但他的妻子似乎可以接受搬到戴維斯，JW本人則是因為到拉荷雅旅行而認識加州，並且一直都很喜歡這個地方。現在我有足夠的同仁和研究生在加州大學戴維斯分校幫我做事，足以讓JW每天都很忙碌。透過我的計畫主任的行政長才，我們得以提供足夠的補助給JW和他的妻子，讓他們在戴維斯南部住在一間很好的房子裡（圖三十七）。這樣持續了一年半，直到他們開

圖三十六　加州大學戴維斯分校神經科學中心第一次聘用的八位傑出的年輕教授：查蒲蔓、葛雷、布雷頓、庫碧絲、歐薩森、瑞肯松、曼岡和薩特。

始想家為止。結果他大約比我早兩年多想回到新英格蘭。

因為幾乎能天天測試JW，所以我們能做幾十種實驗。曼岡是受雇的其中一個年輕科學家，他原本是我在達特茅斯學院的博士後學生。我身為新的中心主任，他們把十個名額裡的一個指定給我，不只是出於禮貌，也是因為這些行政人員知道，面對那些在我意料之外的事，我必定會忙得不可開交。我立刻找了身心靈都寬大無比的曼岡，問他願不願意回到加州開始新生活。他一口答應。這是我第一次隱約發現大家都想搬到加州來，尤其是那些年輕又有抱負的人（圖三十八）。曼岡很快就被也成立了新中心的杜克大學挖角，離開我們在

圖三十七 JW 和他妻子在戴維斯的家。JW 喜歡組裝模型車，這個嗜好維持了一輩子。我們到新罕布夏去接他們，幫他們搬到加州，再幫他們搬回去。

加州大學的中心。然而，後來他回到戴維斯，負責管理緊接著神經科學中心所成立的新的心智／大腦中心，現在他是戴維斯分校的社會科學院院長。

身為大腦電子記錄領域的專家，曼岡開始想知道一個簡單實驗的結果：如果測量大腦中只對某些特定視野部位的光刺激有反應的腦區，是否足以追蹤出神經活動的流向？我們知道在正常的大腦裡，資訊會從一側的腦傳遞給另外一側。我們也一直在辯論左右腦間是否可能有皮質下的溝通。也許記錄實際的神經生理學訊號，可以為這個問題帶來一線光芒。目前已經知道特定的腦波會伴隨著視覺資訊的處理而出現，稱為 P1/N1 複合波（P1/N1 complex）。[1]這些腦波很容易就能偵測到，而且在左右腦驚人地對稱，就連刺激只出現在單一視野中也是一樣。這一切是透過什麼神經迴路，以什麼

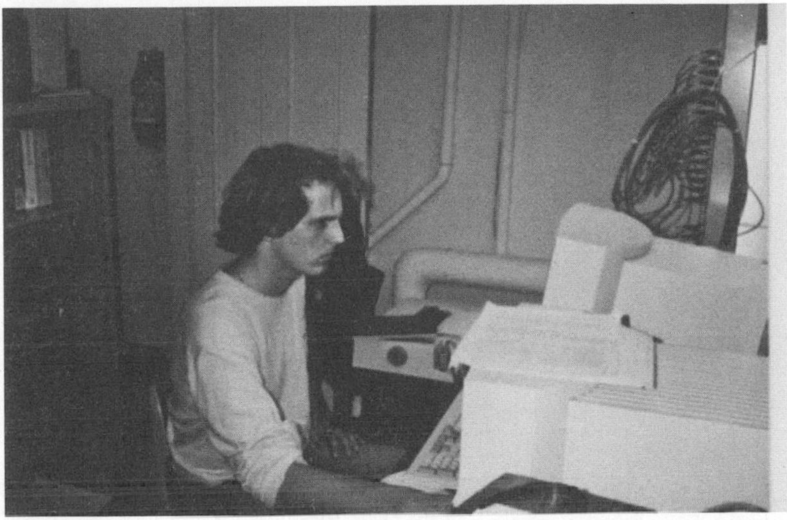

圖三十八 年輕學術人員的生涯無法百分百確定，因為才華和導師都難尋。照片裡的是新加入的漢迪，一開始加入我們在漢諾威的實驗室，之後也在達特茅斯學院派克宅地下室工作。他很快發展出對研究的熱情，跟著曼岡來到戴維斯分校進行研究生學業。我離開戴維斯前往達特茅斯時，說服了漢迪一起到為我們所建造的新穎、時髦的實驗室。現在他是英屬哥倫比亞大學的教授。

方式所完成的呢？

記住，如果有一個字在左邊視野裡出現，資訊會直接送往右腦。如果你大聲說出那個字，資訊已經從你的右邊視覺皮質傳送到使用語言的左腦。這種電流活動真的可以被偵測到嗎？只是做頭皮記錄算是簡單的，任何做過EEG的人都知道該怎麼做。先擠出導電凝膠在頭骨上，然後放上敏感的電極。電極會和前置擴大器／放大器連接在一起，最後和電腦連線進行分析。這都是簡單的部分。

如我們所預期的，曼岡證

實了訊號會先出現在右腦。幾毫秒後，訊號也出現在相對應的另一側腦。清清楚楚，毫無疑惑。接著他發現一名即將接受完整胼胝體切開手術的患者，但是手術會分階段進行，首先先切開前端。這位患者第一次手術結束後進行實驗時，他的 P1/N1 複合波持續從右腦傳送到左腦。這名患者進行了三次手術才完全切開胼胝體。第二次手術將切開的範圍擴大到更接近後方區域，但對腦波沒有任何影響。因為有些纖維在無意間被保留下來，所以他接受了第三次手術，完整切開胼胝體。之後，上述的腦波就只會出現在他先接收到刺激的右腦，不會出現在左腦。本來就應該這樣。現在沒有問題了：造成腦皮質出現腦波同步的，不只是一個可辨識的腦部結構——胼胝體——還有腦部結構裡的一個特定區域，他的資料也清楚顯示你可以追蹤資訊交換的時間點。[2]這些都證實了我們心裡的另外一個想法：只要夠聰明，找出引導視覺注意力等心理現象背後的神經處理過程的位置與時間點，都將唾手可得。

JW加入曼岡的實驗時，他同時也在進行其他好幾個實驗。有他在真的很方便，他非常願意合作，而且就住在附近，這些條件讓他成為研究的夢幻患者。他很聰明，幽默，而且尊重所有的研究人員。這一刻他可以光芒四射，表現出似乎只有裂腦患者做得到的、一目了然的技巧，下一刻他也能參加需要進行數百次嘗試的實驗，讓研究人員藉此獲得反應時間的顯著反應差異的資料。那些研究揭曉了很多有意思的現象，但這些只有在資料分析時才能明顯看出，不是一眼就看得出來的獨特行為技巧。

其中一個顯眼的技巧，就是一心二用。伊萊森是跟我們從達特茅斯過來的研究生，他很想知道JW能不能引導左右手做互相衝突的任務。伊萊森是個聰明伶俐的史丹佛畢業生，一向都很有紳士風度，總是能讓人感到愉快，同時帶著一雙銳利堅定的眼睛檢視實驗的所有細節。他會一絲不苟地量化所有東西。由於他研究的現象因為在行為上非常顯著，因此被公共電視台邀請上一集特別節目，由知名演員艾達擔任主持人。他們在攝影棚裡安排了這項研究，要讓艾達進行伊萊森做的實驗。

想像你手邊有一疊紙，左右手各拿著一枝筆，坐著並看著在電視螢幕正中央的一個點。接著簡單的幾何圖形會閃過你的眼前，你要做的就是同時把圖形畫下來。很簡單吧？如果左右眼看到的圖形相同就很簡單，如果是兩個圓圈，那沒有問題。但如果閃過的是一個圓形和一個正方形，那麼這對你、我和艾達來說都是大問題了。我們會開始畫，然後停下來，然後畫出很不正常、不一致的圖形。我們無法同步做到這些事。左右手會交替動作，一次只能有一隻手動。簡單來說，這個小任務讓人類和偉大的人腦頭昏腦脹。

現在JW要做一樣的事情。

畫兩個圓圈，沒問題。

一個正方形一個圓形：一樣沒有問題，馬上完成（影片十四）。彷彿在場的是兩個人，一人指導一隻手，完全不會干擾彼此。要看到這個效果不需要任何統計數字，不過依舊需要徹底的實驗描述，才能把看起來難以理解的技巧，分成空間與時間的層面來討論，了解這是怎麼做到的。[3]

另一個右腦說話了

雖然實際上有數十個實驗在進行，但大多數都只能顯示被切斷連結的左右腦彼此的溝通很弱，難以傳遞感官與運動資訊。不過我們眼前也看到了另外一個發展：JW的右腦似乎開始說話。雖然右腦沉默了很多年，但它就像發展緩慢的兒童一樣，突然說出了單字句型。這件事發生時，這個人好像再也不是裂腦患者了。左右腦都能描述並在自己的感官領域內做出反應，合在一起對外界來說就像是一個完整的個體。畢竟，在半邊的腦裡，有成千上百的模組會彼此互動，創造出這半邊腦的心智。也許左心智和右心智雖然是分開的，但看起來會是一致的；不只是外界的觀察者會這麼感覺，內在的觀察者也這麼想。

拜恩絲決定要弄清楚JW的情況。她認識所有患者，因為她和我們一起去過紐約與達特茅斯，現在還一起來了戴維斯。她是讓大學和研究中心真正可以運作的人之一。她打從心底樂於與人合作，儘管她的主要研究重心是人類語言的本質，她也從不吝於向其他計畫貢獻她的聰明才智。當然囉，最容易讓她上鉤的餌就是「語言」，而JW似乎發生了某種語言的改變。這是他的大腦可塑性造成的嗎？還是聰明的交叉提示？感官訊息是不是傳遞到臭屁的左腦了？第一件要做的事，就是仔細定義JW的行為改變。

如同現在你們知道的，裂腦患者接受的主要測試之一，是在左右視野閃過物體的照片、文字，或任何東西。如果患者只能用左腦說話，那麼只有出現在右視野的東西名稱會被說出來。如果患者開始說出只傳送到非語言的右腦的左視野內刺激物的名稱，一定發生了某事。是什麼呢？

JW在二十六歲的時候接受手術，左腦和右腦至今已經分離了十五年。大多數時候說話的都是左腦。如果有人問他問題，左腦會回答，患者的右腦表面上看起來是無關痛癢的角色。JW的右腦開始說話時，我們都嚇傻了。右腦會像睡美人那樣，用各種忍耐的故事讓我們目瞪口呆嗎？它會不會讓我們看到智力、能力、個性的差異，顯示它是另外一個「我」(agent)？

我在上一章提到BBC的一集連體嬰特別節目，[4]那是一個關於愛與常態，以及如何在最不可能的情況下努力進取的故事。連體嬰海瑟姊妹在胸部與驅幹相連，只有一雙手和一雙腳。雖然姊姊控制一隻手和一隻腿，妹妹控制另外一隻手和腿，但是她們的運動動作非常協調。科學上而言，她們是被困在同一個身體裡的兩個人，各自有自己的渴望，不同的喜惡，個性也不盡相同。聽起來雖然很奇怪，但她們的生命對她們來說似乎又很自然。所謂的命運捉弄，對她們而言卻是正常的情況：人會適應，然後正常化，關鍵在於其他人的包容，讓她們成為正常的，這就是有智慧地扶養她們的父母，以及朋友發揮最大功能的時候。海瑟姊妹整天都在和對方交談。她們有自己的不同，但她們合作的能力也很驚人，能巧妙提示對方每件事，能管理這個共享的身體。簡單來說，這是獨立且合作的情況。

現在想像你自己站在另外一個人的正後方，然後你們兩個被緊緊綁在一起。很好，所以其中一個人的頭往左轉時，另外一個人也會被拉著往左看。一隻手動的時候，被綁住的搭檔的手也會跟著動。一樣的，現在確實有兩個分離的且相等的心智，負責指揮相當於單一的身體。兩人需要多久的時間才能學會互相交談，共享目標？需要多久的時間才會形成策略，讓一隻手從相對應大腦獲得的運動指令，成為被綁住的手的提示？舉例來說，當左手A想要往左移動，左手B總是需要獲得提示才能放鬆，跟著被拉過去。A手會開始動，B手會透過本體感覺（proprioception）＊感覺到A手要動，學會跟著A動。這個過程需要多久的時間？以JW的例子來說，大約是十五年。

從JW的情況來看，這並不是一夕之間發生的，也許可以說這是靠著一再練習所形成的。手術後約七年，JW開始能做一件很奇怪的事。他的左腦語言器官可以說出兩個數字刺激當中，哪一個是給右腦看的。這很奇怪，因為他的左腦不知道，也無法取得這樣的資訊進行內部使用。比方說，我讓他的右腦看了「二」這個數字。接著我直接讓左腦看「二」，左腦能不能說「一樣」或「不同」？它說不出來，在這種測試裡只能隨機猜測。可是，如果我只是要左腦說話，他就能正確回答「二」。[5]真的很奇怪！

右腦不知道怎麼樣以某種特殊的方式建立了語言器官。此時，左右腦都必須知道每個測試中可能的答案是什麼。這個實驗額外增加的條件是，答案只有兩個可能：「一」或「二」。一樣的，右腦以某種方式讓語言器官可以產生出兩個可能答案的其中一種。右腦看來一定深入了整體語言器官機制的底層，因為左腦的認知機制看來對這項資訊一無所知。我們進行了更深入的測試，顯示唯一發揮功能的，就是建立只有一個或兩個可能回應的語言系統的能力。只要知道會有兩個可能性，這個跨左右腦的把戲就會成功。當我不再要求JW回答「一」或是「二」，而是要求他說「不可形容的」或「不可破壞的」時，一樣的，左右腦都知道選項是什麼。當我要求他比較左右視野裡的兩個字是相同或不同時，左右腦都失敗了；但當字向右腦閃過，左腦就能正確用口語回答。

又過了七年，JW升級了。在向沒有語言能力的右腦閃過的圖片中，他大約能說出百分之二十五的名稱。我們開始使用熟悉的家人朋友的照片，還有標準的中性物體與動物的照片，並用快速閃過以及眼動追蹤儀兩種方式呈現刺激，後者讓照片可以在完整視野中停留最多五秒。結果很清楚，JW說出刺激物名稱的比率是百分之六十七，與照片是快速閃過或維持五秒鐘無關。他的右腦真的變了，現在對語言器官的控制很好（圖三十九）。

更令人驚訝的是，JW的右腦，似乎有能力描述我們向右腦閃過的所謂「複雜景象」

＊本體感覺是對身體各部位位置的感知，來自於從肌肉、肌腱和關節的感覺神經獲得的刺激。

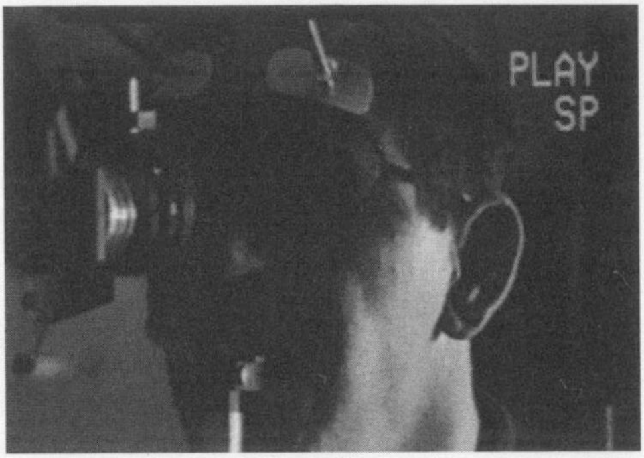

圖三十九　我們給JW看影像，要他說出名稱，藉此測試JW右腦發展語言的能力。為了確保他沒有作弊，我們使用了影像穩定眼動追蹤器。此時他透過穩定儀器用一隻眼睛看螢幕，另外一隻眼睛戴著眼罩，頭和下巴都咬著板子確保獲得充分控制。

（complex scenes）。儘管他從來無法完整、正確地描述整個景象，但他確實能挑出圖片裡的個別元素。舉例來說，他一開始正確辨識出一個景象，但當我們要求他提出進一步的資訊時，他就無法加以正確描述。這個景象是一名女子穿著黑色洋裝，在舊式的洗衣機前洗衣服，後面有曬衣繩掛著洗好的衣服。下面是JW所說的內容（括號內是實驗人員的話）：

> 是一個人……是在曬衣服的人嗎？一個人。一定是一個女人。（你有看到任何清洗的衣物嗎？）我想有的。我想她是在拿洗好的衣服，她在做這件事……

另一個例子是一張圖片，一名女性坐在桌旁哭泣，有女性站在她後方，背景是爐子和水槽。JW

對這個景象的反應是：

我先想到的是一名女性在烘焙，我不知道為什麼……（她是坐著、站著，還是其他……）站在桌邊之類的。

JW的回應並沒有抓到這個景象的意義，但確實傳達出圖片的某些視覺特徵。另外一個例子顯示，JW能同時捕捉到和刺激物類似的視覺與語意資訊。這個景象描繪在賽車場上有兩輛賽車正在比賽，還有一輛車出了車禍，車身翻覆。賽道左後方則有看台。

看起來是某種東西，像車子那樣移動的東西，或是某人在跑步，就是這類的東西。（看起來是一個嗎？還是……）至少一個。重點放在一個上面。也許背景還有別的。（如果你要猜那是什麼，你會有什麼答案？）不是有人在跑步，就是一張彎曲的圖片。看起來是要轉彎……像有人在跑步。可能是賽道。很難判斷。

這種表現程度看起來像是一個能力較差的心智系統會有的反應，畢竟語言不是右腦正常會使用的東西。這是不是在成人的身體／腦中，出現一個笨拙、嬰兒般的語言系統呢？JW的命名能力表現看起來會隨著視覺刺激物變得複雜而削弱，他的表現程度，確實像其他接受胼胝體切開術後發展出語言的患者一樣。在這些例子中，來自右腦的話語似乎只有單字的反應。對於ＪＷ來說，產出多個文字的描述似乎是不可能的，但是聽起來又像是他確實有這樣的產出。

我們漸漸發現這種能力是左右腦之間的合作性策略。我們知道ＪＷ的腦中並沒有大腦通道調節跨左右腦資訊的傳遞，我們也知道他的右腦沒有句法能力。儘管他的語言很廣泛，但他的右腦無法辨別「盲眼的威尼斯人」（blind Venetian）和「威尼斯的盲眼人」（即百葉窗，venetian blind）的差別。文字順序對他沒有影響，這是拜恩絲在一次又一次的測試後做出的判斷。[6]

那他是怎麼做到的？最後我們終於弄清楚，這樣的合作來自左腦以右腦產出的一個或兩個字的「線索」為基礎，產出複雜的描述。[7]又是老夫老妻模式。一個負責叨叨絮絮，另外一個用單字插話，讓整體敘述上軌道。負責嘮叨的那個注意關鍵字，繼續自圓其說；調整或停頓，目的是讓伙伴再提供新的關鍵字，就這樣延續下去。

ＪＷ在戴維斯接受密集的研究後，開始以慢動作表現這一切，也讓我們能更容易觀察他的進展。患者ＰＳ和ＶＰ很快就在一年裡發展出語言，看起來是不一樣的情況。ＪＷ的進展比較慢，也和原本的加州理工學院系列患者比較相似。

左右腦從細胞到處理過程的差異

在跨領域的中心進行研究的最大價值之一，就是會出現別的地方可能沒有的實驗和問題。查魯帕訓練了一位年輕的神經解剖學家賀斯勒，而我很幸運能聘用他。他非常聰明，既會動腦思考，又能在實驗室裡把事情做好；更矛盾的是，他還非常風趣幽默，但又有點喜歡孤獨。在細胞與化學神經解剖實驗室裡工作是非常孤獨的過程，要花很多的時間和耐心，以及扎實的努力。就是因為賀斯勒和我剛好同時在同樣的地方，我們才能探索人類大腦功能最基本的問題之一：人類的語言皮質區有沒有任何特殊的地方？

「先天與後天」的問題經常出現在大腦科學領域。一切都是內建的，不太有機會改變嗎？或者基因只是放了一個架構，一切都是可調整變動的？我們在賀斯勒的實驗室隔壁，親眼觀察到JW過去沉默的右腦開始冒出語言和話語。是不是底層基礎的神經線路改變了？或者它本來就在那裡，只是現在以我們還不了解的方式重新顯現？

這塊拼圖還有另外一片。裂腦患者都接受過希亞德和他的同仁庫塔絲詳細的研究。沒多久，庫塔絲也因為她所發現的 N400 腦波成為享譽世界的專家；N400 腦波也被暱稱為「語意失諧」（semantic incongruity）腦波。[8]參加她的測試的受試者會聽見「我喝咖啡時會加鮮奶油和……」這樣的句子，句子的結尾會用閃過眼前的方式呈現，內容可能是協調的「糖」，或是不協調的「水泥」。對於正常的受試者而言，如果顯示的文字是不協調的，大腦會出現 N400 腦波並回答；但如果文字是協調的，就不會有 N400 腦波。本質上而言，庫塔絲找到了句法的大腦生物標記。

研究腦電波的人也想知道這些電波從何而來。關於腦波的「產生器」有一個又長又複雜的故事。雖然一般相信，只有左腦涉及語言理解，但對正常的受試者而言，左右腦都會出現 N400 腦波。那麼裂腦患者呢？庫塔絲和希亞德徹底研究了五位患者，得到了更有意思的結果。

在先前很多研究中，這五位接受研究的裂腦患者的右腦，都顯示出語言的證據。因此，左右腦都能偵測到語意異常，還能用適當的手（左或右）指出不合理的文字，這樣的結果並不太令人驚訝。令人驚訝的是，五位患者中，只有兩位會在右腦看見不協調的文字時產生 N400 腦波。在進行這些測試時，這兩位患者也是表現出右腦有語言能力的患者。[9]庫塔絲發現的標記，是不是只和可完整理解的語言與複雜話語結構有關呢？產生這種腦波的神經處理過程是否原本就存在？或者右腦是學會怎麼說話的？也許做到這個把戲的，不是只靠語言而已，也許這種腦波只有在半邊的腦真的理解到這是語意上的不和諧時才會出現！

是追根究柢的時候了。賀斯勒能不能在死後的正常人腦中發現一些基本原理呢？語言皮質區真的有特別之處嗎？如果有，又在哪裡？我們先簡單比較在主導語言的左腦中，神經學課本定義為和語言有關的典型區域，以及右腦相對應位置的區域。當然，我們得研究死者的大腦才能做到這件事。在戴維斯南方的馬提內茲有一間榮民醫院，來了兩個活蹦亂跳的幫手：奈特和拉法。客觀來說，他們是美國最厲害的兩位行為神經學家。但他們也非常有趣。不像我之前的很多同僚，他們兩個熱愛教書。

賴胥利就恰恰相反。他曾經告訴斯佩里，如果非教書不可，那就教神經解剖學，因為這門學科永遠不會變。賴胥利也沒錯，因為主要的腦葉、纖維束，還有主要的神經核正常都會在它們應該在的地方。也就是說，在忙碌的大腦城市裡，基本的基礎建設都已經就位，所有的商店都蓋好，大街小巷都鋪好路了。但他的錯誤在於連結的細節，也就是神經元是會改變的，它們發揮作用的地方也會變化……它們無處不在。不過首先，賀斯勒想知道左腦語言皮質的細胞組織，是不是和正常沒有語言能力的右腦的皮質不一樣。他發現左右腦基礎的皮質組織有很多不同，整體而言顯示左腦的皮質神經元向外的連結比右腦多很多，但並沒有發現左腦神經元本身的數量有比右腦多。

建立知識份子社群

加州大學戴維斯分校的社群活動很多。對這塊蕃茄地注入活力的方法之一，就是請人來作客。我們中心的新大樓蓋好了，我在牆上裝飾了伊薩克的畫作，他是佛蒙特州一位才華洋溢的地景藝術家，也是我的好朋友。儘管新聘用的人員都投入自己龐大的能量，戴維斯分校的教職員完全支持我們，但是錦上添花也不錯。於是我想到了客座教授計畫的點子。

客座教授的第一項條件，就是邀請真的傑出的知識份子：真的有本事能進行實質的互動，在研究與思想方面都達到極高水準的人。擁有這種能力的人，不管在哪裡都很受歡迎，因為每個人都知道能從他身上學到東西。我想到了專攻人類記憶的頂尖專家，加拿大的圖威。我聽說他可能會願意去多倫多以外的地方待一段時間，因為儘管他已經退休，多倫多大學並沒有處理好他的退休金，因此他有點拮据。我只在一場紐約的會議見過他一次，而且很快就喜歡上對方。沒多久後，我知道他是愛沙尼亞人，十七歲的時候從紅軍的魔掌中逃脫，在德國各地居住，完成高中學業後搬到加拿大。他在德國下定決心成為心理學家。

但我們還是需要一些誘因，吸引他來戴維斯分校。就在我們大家都很喜歡的新中心大樓不遠處有一間複合公寓。我問我的行政助理馬可森要怎麼樣才能在那裡租一間公寓，因為在加州大學，做什麼事都要經過層層關卡的同意才行。無所不能的馬可森弄清楚了所有程序。接著我去找查魯帕，問他我們能不能用年薪的方式聘請客座教授。他知道該怎麼做。最後，我去找我們底下其中一個年輕人，迷人又能言善道，專門研究中風患者的神經學家露希普，而且她是愛沙尼亞人！我知道她會讓圖威感到賓至如歸。甚至我們後來才知道，露希普的父親跟圖威一起念過高中，在二次世界大戰後曾經在德國的難民營中見面。露希普弄到了一面愛沙尼亞國旗，把它掛在年輕的圖威的照片旁邊，照片是她父親給她的。我不知道圖威心中對戴維斯有什麼期望，但我

圖四十 我們和圖威夫婦、他們的千金琳達，以及許多老朋友度過愉快的時光。圖威夫婦是愛沙尼亞的熱情支持者，蘇聯解體後在當地買了一間公寓。

確定這個安排讓他非常驚訝。我們很快就成為好朋友，並且維持了二十五年的友誼（圖四十）。

圖威當時對認知科學領域已經有傳奇性的貢獻。他提出扎實的理論，說明人類至少有兩種記憶：語意（semantic）與情節（episodic）。[10]語意記憶處理我們學習到的事物，例如西洋棋的規則。情節記憶則是你記得實際在下某一盤棋的時候發生的事，也就是對於經驗與事件的記憶。圖威此時研究的題目是，這兩種記憶是否存在腦中不同的區域。目前已經有新的大腦造影技術可以針對這類問題進行測試，而面對這些問題時，他就像是個十二歲的男孩般精力充沛。他辦公室的門早上九點就打開，不到晚上七點不會關上。他的才智、精力，以及最難得的，品格，從來不會缺席。在他身後是他充滿耐心的美麗妻子，盧絲；她本身是世界知名的藝術家，也是加拿大皇家藝術學會的成員。

盧絲的畫作後來在這裡也非常出名，她把這些作品稱為「戴維斯之蝶」。它們精巧、優美，而且充滿原創性，成為他們在戴維斯的日子的象徵，現在世界各地皆有展示。圖威夫婦非常有意思的一點是，雖然當兩人一起出現時，盧絲幾乎是隱形的，但她卻是推動一切的引擎：從親切的接待到美味的餐點，從贊同的對話到幾乎每一件事都有她的身影。圖威會憐愛地說：「我的新娘忍受了我五十年。」

盧絲在二〇一三年因纏身兩到三年的疾病辭世，病魔不只剝奪了她的記憶、語言能力，最後連思考能力也奪去。在兩人共享了一輩子的知識與興趣後，這樣的情況更讓圖威心碎不已。圖威的反應非常激烈。在盧絲生病之前，他從來沒有一刻脫離他的熱情所在，也就是人類的記憶問題。但當盧絲的病況加重，開始和其他患者一樣用盡方法閃躲，藉此隱瞞自己內在能力喪失時，圖威就停止了一切研究工作，無微不至地專心照顧她，讓所有人為之動容。他沒有一絲憐憫、後悔、抱怨，或是絕望。圖威本人這麼告訴我：「盧絲無私地照顧了我五十年。現在該我照顧她了。喝杯曼哈頓吧。」

圖威就像是學生磁鐵一樣。他任教期間的某個學期，注意到我的一個新學生密樂。密樂想要研究錯誤的記憶，但因為良好的研究所慣例，他必須要被輪調去做他沒有興趣的研究領域，但他找到方法讓自己重新回來接受圖威的指導。密樂說：「我對於記憶的所有知識絕對都是向他學習而來。我以前會坐在他的辦公室好幾個小時，聽他講解情節記憶。我們甚至設計了關於拼字特異性（Orthographic distinctiveness）*的小小紙筆記憶測試，我用來測試過不少受試者。超讚的。」[11]

清楚看見專家和積極主動的新人相遇，讓人感到激動不已，觀察一切的發展也很令人滿足。初出茅廬的新手想從專家身上獲得最多的知識，專家也需要新人帶來的震撼。通常只要這兩個人都正面積極，雙方都會學到東西。

圖威在一九九三年開始在戴維斯擔任客座教授，當時他完全著迷於新的大腦造影資料，尤其是利用正子放射造影測量大腦運作時，新陳代謝活躍區的那些研究資料。圖威對於大腦編碼新資訊，或獲取已儲存資訊的片刻特別感興趣。加上圖威最出名的理論，情節記憶及語意記憶的區別，這時候面對的就是一個複雜的問題了：這些處理過程是否需要相同的大腦系統發揮作用？或者花稍的大腦造影技術會顯示，這些處理過程是由大腦的不同部位所管理？在這方面花一點時間研究，就會帶來很多很多複雜的問題。

拿一字多義的字來說好了，我最喜歡的是 line 這個字。這個字可以是排隊時的「隊伍」，

*拼字特異性是讓一個字在實體上與眾不同、特別有意思，或是獨特的結構性特徵。

是文章裡的「一行」，是一筆划算交易的「小道消息」，也可以是傳奇歌手強尼凱什的成名曲《循規蹈矩》（*Walk the line*）裡的「規矩」等等多達二十六個意義。這些字義有的適用於情節記憶，有的適用於語意記憶。這二十六個字義是分別儲存在大腦的各個位置，還是有一個單一儲存點，由其他的機制提供這個字使用的語境呢？

心理學家是世界上最聰明的實驗者之一。物理和生物學家處理的是具體的東西，心理學家面對的是「抽象」或是「表徵」或是「態度」等等。這種科學更困難，更難以捉摸，獲得這些科學資訊的實驗設計也更棘手。圖威以他年輕的心態與熱忱，精神奕奕地透過PET測量腦，認為他能提出新的、確切的證據，證明大腦中確實有多個系統負責執行這些多樣，但又看來相似的任務。[12]他對科學抱持著無懈可擊的標準，加上堅持解決問題的活力，讓周圍所有人都臣服於他。密樂自然被迷住了，雖然他當時在研究其他的題目，但決定也要研究這個題目。接下來幾年裡，有一票人都加入了討論。

光是使用造影資料，圖威和他已經散布在全國各地的合作同仁就獲得了前所未有的發現。他們找出了大腦啟動的模式，顯示人類左腦和右腦的前額葉區分別涉及編碼與取得情節與語意記憶。[13]前額葉區位在大腦的最前方，過去並不被視為是記憶迴路的一部分，但他們卻發現這個區域在進行記憶任務時會有活動。這件事本身造成很多人的困擾，但不只是這樣而已。圖威的團隊認為，當受試者在取得口語的語意記憶時，左前額葉區會比較活躍；右前額葉區則是在取得情節記憶時比較活躍，再加上左前額葉區也會參與編碼新的情節資訊……哇，區別、區別、更多的區別。

各種可能性所帶來的複雜程度顯而易見，當擔心這種事的認知神經科學家還在紙上塗塗改改的時候，圖威已經在戴維斯了。[14] 我基本上只是在幕後觀察這一切發生，直到密樂提議我們應該也動起來，在裂腦患者身上測試這個論點。在那之前，我們不太重視這些患者的記憶處理過程，只有寥寥可數的一點點觀察而已。不意外的，我們有兩個互相矛盾的觀察結果。一項研究顯示患者會經歷記憶缺失[15]，但其他研究則說沒有。[16]

於是問題是，既然左右腦已經不相連了，它們的行為是否會不同？圖威模型認為，左腦在取得情節記憶方面沒有那麼在行，右腦在取得語意記憶方面表現比較差。密樂發現的不一樣，這就是裂腦患者為這種複雜問題提出美妙答案的地方。[17] 你可以只問被切斷連結的左腦或右腦能不能做到這件事。在這個例子中，密樂顯示左右腦基本上是都能編碼與取得各種資訊的。不過他也發現，左腦在口語資訊方面比較在行，右腦在處理人臉之類的視覺資訊方面比較厲害。換句話說，左右腦各有特長。而它們在面對自己特化對象的資訊時，處理得比較好，和語意記憶或情節記憶無關。

整體而言，我們開始認為只要測試用的刺激物不是特別訴諸任一側的強項，那麼左右腦的辨識記憶*系統的行為就是相似的，都能編碼與存取新資訊。然而儘管如此，我還是有點疑惑。圖

*相對於自由回想，辨識記憶是辨識過去曾經遇過的人事物的能力。

威很少會犯錯。我應該規畫更多的實驗看看。

訓練下一個世代

近三十年來，不論我去哪裡，大家都對裂腦患者很有興趣，想知道他們在大腦組織方面教了我們什麼。解剖學家、生理學家、發展科學家、感知科學家、認知科學家，還有演化心理學家與哲學家都很好奇裂腦研究如何照亮他們的原本研究，帶來新的方向。他們對此的興趣帶來額外的好處，就是我開始認識跨各種不同科學領域的人。神經科學和認知科學的廣大領域很少有交集，特定領域的領袖通常互不相識。但我發現這些人我都認識。我清清楚楚知道，他們如果攜手合作，雙方都能獲得好處。

我在一九八九年開始在達特茅斯醫學院安排認知神經科學暑期學程。原先是由詹姆斯麥唐諾基金會出資，讓不同領域的基礎研究者與年輕的科學家定期接受這些領域的訓練。我的目的是讓他們接觸各式各樣的方法、態度，以及從神經科學到醫學、心理學、語言學、電腦科學、工程學與哲學等領域的主要知識。我們一九九二年搬到戴維斯分校時，一併把學程帶了過來，查魯帕和比茲負責兩周的課程，當時已經是第四年了。我們也認為應該每五年聚會一次，對個別專業領域來個庫存盤點。每一次的聚會都應該邀請另外八位各專業領域的科學家，他們是各自學科內的領導者，一起進行密集的自我檢視會議。這樣算起來，幾乎有一百位科學家會聚集在同一個地方三

圖四十一　第一次太浩湖會議為期三周。每一位參加者都確實在自己的領域中擁有傑出的生涯發展。

個禮拜。就算做得到，我覺得也會累死人。我們想要每位參加者針對他們的研究寫一章，然後安排麻省理工學院出版社集結出版成一本厚厚的參考書。

這麼說不是要貶低戴維斯，但是這裡夏天四十幾度的氣溫實在不太可能成為誘因。正當我們擔心要在哪裡辦這個會議時，年輕、充滿活力的英國人蓓特走了進來。她本來就是那種「交給我吧」個性的人，而且還有好聽的英國口音。於是我們聘請她來管理這個複雜的計畫。幾周後，我肯定她一定幫英國女王工作過。因為她能據理力爭，也能花言巧語，還能連哄帶騙，最後搞定所有事，安排我們在位於內華達山脈太浩湖附近的斯闊溪度假村，進行三周的會議，那裡正是一九九三年夏天的避暑聖地（圖四十一）。不論過去或現在，她的安排都非常棒。我們之後依舊每五年開一次會，全都靠蓓特的好心幫忙。這次經驗最驚人的是，我在每場演講時都坐在會場的最後方。這不是我習慣的方式，但出於某些理由，這個會議和其他的不同。

這五年一次的會議出版品，也成為該領域內的參考標準。而購買的消費者，也就是目前執業中的認知神經科學家，有時也會閱讀自己領域之外的篇章。這個想法成功了，都要歸功於這些章節背後的編輯和出版社的努力。第二屆的會議由全新的篇章，以及參加者名單的一些更動所組成。此時我女兒瑪琳開始利用她的閒暇時間擔任編輯主任，[18]同時我妻子還在負責《認知神經科學》的期刊，我另一個女兒凱特則開始成立新的「認知神經科學學會」。看起來就像家族事業一樣。

我在決定成立科學學會時有點遲疑，充滿懷疑、政治、財務問題以及單純的不安。如果沒有人來怎麼辦？誰要來支付飯店、咖啡、會議室的錢？如果這個領域的領導者不來怎麼辦？如果這是無法達成的目標怎麼辦？我們一再討論這件事。最後，採取行動的時機到了。

我搬出過去那一套：找個大家都想去的地方吧。就是舊金山了。找一間高雅的飯店吧，所以我聯絡了費爾蒙飯店。他們有一間能容納四百人的會議室，對於憂心忡忡的我來說，那個房間就跟洛杉磯體育場一樣大。我開始了解飯店的合約，最低使用房間數量等等。他們要我付訂金，所以我掏出我的信用卡，刷一下，五千美元就沒了。我腦中閃過當初在「好萊塢守護神」體育場舉

圖四十二 在舊金山費爾蒙飯店舉辦的第一屆認知科學學會大會。專題講者是平克。

辦小巴克利和艾倫辯論會的經驗，但這次沒有艾倫來平息我的焦慮。

木已成舟，現在只能想辦法曝光。就像電影《豪勇七蛟龍》（*The Magnificent Seven*）一樣，我向全國各地的朋友求救。在奧勒岡州的波斯納（二〇〇九年獲頒國家科學獎章）加入幫忙；還有在亞利桑納州，即將成為全球人類記憶專家的沙克特；我的博士後研究生，目前在密西根大學擔任教授的露特蘿倫；當時是助理教授，現在已經是柏克萊大學教授的記憶專家，同時也對藝術與美學感興趣的島村；當然還有在戴維斯分校的曼岡，他們每個人都出了一份力。我也問了現在美國最有聲望的心理學家暨公共知識份子平克，是否願意擔任專題講者（圖四十二）。沒問題。接著我開始宣傳這個會議，我在戴維斯分校的同仁也一起宣傳，最後我組織了科學家明星隊到場演講，並且各自安排了海報型展覽，展示他們的研究（圖四十

圖四十三　出席會議支持我們的努力的傑出科學家數目相當驚人。照片中蓄鬍的是美籍印度裔神經科學家拉馬錢德蘭，他前方兩位分別是神經科學教授安德森（中）以及神經科學家莫山尼奇（右）。

三）。最關鍵的是，我在戴維斯分校的員工裡幾位重要成員感染了我的熱忱，下海來幫忙管理這場會議。結果根本沒有什麼好擔心的，因為時機就是一切，每個人都希望認知神經科學的想法能夠成真。

會議有超過四百位科學家出席，大家的興奮之情都溢於言表。我認為學會的行政過程應該不著痕跡，讓參與者毫無所覺。科學家只要來參加，讓科學蓬勃發展就好，不要舉辦業務會議或是成立什麼委員會管東管西的。也許幻想有這種科學天堂是我太天真了。一天之內，已經自然有人說起要舉辦「業務會議」，好幾十人也出現要求擔任代表，主張會議程序，當然還要達到性別平衡。由於這個學會大多是我和我女兒在處理，所以我們除了性別平衡之外，好像也沒什麼優勢了。

多年來，認知神經科學會不斷成長茁壯。首先，學會的外觀以及緊接著實質的結構都逐漸成形，講者、講題、多元性都愈來愈豐富，最後達到知識層面的專門化。舉辦會議的原本想法，是讓所有參加者能聽聽一系列共同演講，我認為這樣能拓展視野與觀點。對A題目有興趣的科學家，可以聽見並了解B題目的最新進展，另一個專門領域的內容和譬喻都可能帶來啟發。這個簡單的想法幾乎一直都無法實現。大家根深柢固的想法就是推廣自己的知識，傾向有一個自己領域專屬的心智空間。跨學科的研究已經講了好久，但很少有實現的例子。二十年過去了，學會經歷各種特殊利益的把持，無可避免地成為一幅馬賽克拼貼。事情就是會這樣發展。我已經知道我是個創業者，但不是特別好的管理者。我需要建立一個東西，然後逐步把它交給其他人去經營，就算情感上很痛苦也不得不如此。

戴維斯是個有趣也很有活力的地方，怎麼會有人想要搬走呢？新聘僱的人都已經就位，為戴維斯社群帶來知識、想法和工作。我們也交了不少好朋友，全家都很開心。我們在納帕吃午餐，在太浩湖的木屋過周末，還會去舊金山玩。我們的資金淹腳目，每周都和查魯帕在沙加緬度唯一的高級餐廳「碧巴」吃飯，圖威等人也固定會來找我們。最重要的是，我們家庭和樂。但儘管如此，我卻對達特茅斯有股不理性的渴望。這股渴望從我念大學的時候就開始了，消失約二十年，就在我於醫學院工作時再度冒了出來。

這一次，那間學校打電話給我了。達特茅斯學院在我一九九二年離開後，聘僱了頂尖神經心理學家卡拉瑪扎做為對該校認知心理學系的投資。他以華麗的方式登場，要求更上層樓的科學和更美味的食物！據我所知，他很喜歡達特茅斯，也成為行政人員心目中心理學系的代表。當時的教務長、現任哥倫比亞大學校長布林格，立刻看上卡拉瑪扎，隨即接受他成為學校的一份子。看起來什麼都很好啊。

出於像我一樣難以解釋的理由，卡拉瑪扎在一九九五年離開達特茅斯前往哈佛。他炙手可熱，他的新妻子是一名律師，超級想住在波士頓之類的。總之，達特茅斯認知神經科學系有缺額要找人遞補。他們先邀請了哈佛知名的心理學家沙克特（他從亞利桑納州搬過去）擔任客座，有點以牙還牙的意味。不過沙克特很滿意自己目前的生活，所以留言給他們，告訴他們應該試著找我回去。我在那裡的好朋友推波助瀾，而儘管我從不排斥回到達特茅斯，一開始我倒也覺得他們不是認真的。別的不說，我過去二十年都在醫學院裡。你知道這代表：錢多又不用教課。

但是當時我在戴維斯分校有十個職位要安排，我也在三年多的時間裡都安排好了。我正在黃金時期，我想要做更多事。我一如往常開始心癢難耐，而且我很想念新英格蘭。我們在太浩湖的周末有雪、有樹、可以滑雪、用柴生火，都讓我的私生活充滿活力。我無法想像再經歷一次變動，打亂家人原本的生活，又一次的時間沉沒成本。這段時間中，我在戴維斯非學術界的一個新朋友告訴我高級經理人都是怎麼搬家，或者說以前是怎麼搬家的。想讓主管從A地搬到B地的公司是給自己找了份苦差事，他們會在你原本住的地方買下你的房子，讓你有錢可以在新地方買房子。這就是「雇用高階主管」的方法。我坐在那裡聽，覺得自己像個傻瓜一樣。學術界不會這樣做，我想。他一定瘋了。

在下一波思鄉之情來襲時，我提出了這個「雇用高階主管」的想法，幾乎立刻獲得回應：「我們做得到。」有了這個做後盾，加上來回幾次確認都沒問題後，我們決定搬回達特茅斯。這非常瘋狂，更瘋狂的是房地產仲介幫我們在佛蒙特州的沙隆找到一間美麗得超乎想像的房子，能俯瞰佛蒙特州三十二萬平方公尺的景色，甚至能將啟陵頓山盡收眼底。離開戴維斯之後，萬物都顯得繁盛茂密、鬱鬱蔥蔥。我們的房子緊鄰著一座隨時邀請我們跳進去游泳的池塘，旁邊是坐落在八萬平方公尺的土地上，被圍欄包圍的穀倉。這樣你懂了。還有，到處都有步道可以健行。我拍下房子的影片，回到戴維斯，要全家坐下看我新占領的土地，然後我們決定：搬。當然，你永遠不知道真正促使你做出決定的是什麼。也許是我想念很久沒有測試JW，或者我想念的其實是牽引機。

第八章 安穩生活，受徵召貢獻一己之力

科學性地描述萬事萬物是可行的，但那樣並不合理；那樣並沒有意義，就像把貝多芬的交響曲描述成波壓的變化一樣。

——愛因斯坦

有些地方要求我們表現出敬意，我們通常覺得制度或機構會這樣，當我們落入它們的魔咒時，就會不斷加碼。出乎我們意料的是，我們在佛蒙特州沙隆的新家對我們也有相同的影響。就很多方面來說，我們根本不是住在這麼宏偉的地方的那塊料。這間房子位在一座稱為「瞭望點」的高原上，我們小鎮上早期的居民之所以會取這個名字，就是因為這裡能一百八十度欣賞當地綠山山脈的景色。我們站在後門就能看見阿斯卡尼山在眼前，右邊則是啟陵頓山和山峰的滑雪區，綠草如茵的草坪延伸到穀倉和池塘邊（圖四十四）。搬進來沒多久，達馬修夫婦就來拜訪我們，他們一走出後門，彷彿受到震撼，靜止不動了一會兒，然後轉身跟我們說：「怎麼會有人要離開這裡？」

圖四十四　我們在佛蒙特州沙隆這間可欣賞壯麗風景的家，在這裡共享無數的回憶。

儘管我們在這裡住了十年，但這裡一直都被稱為「菲力普之家」。這間房子是由長島電力公司的繼承人艾利斯．菲力普，和身為格拉曼飛機公司繼承人的妻子瑪莉翁一起蓋的，他們用圍欄、花園，以及步道孕育了這裡的榮光。他們非常有錢，擁有好幾間房子。不過一九九〇年代初期的金融危機使他們決定出售這裡。我們在找房子的時候，這間房子的價格已經跌到五十七萬五千美元，但還是超過我的預算。儘管如此，我已經被這間房子俘虜，理由很不尋常：這間房子附帶了一輛強鹿牌牽引機。我從高中就開始熱愛牽引機，當時我以為我會務農維生。牽引機向來在我的心頭縈繞不去。

房地產公司的仲介蘇是我們的好朋友，她是我的好同事精神病學家格林的妻子。回想起佛蒙特州的冬天，在距離漢諾威二十五分鐘車程，大多是開在碎石子路上的地方買房子的明智之舉讓我動搖了。另外一個選擇是住在城裡，比較安穩，生活機能很方便，但是沒有牽引機。最後我鼓起勇氣，出了一個難以被接受的低價。我打電話給蘇：「四十二萬五千美元，附牽引機。」電話那頭停頓了一下，最後蘇回答：「葛詹尼加，我覺得不太可能出這個價。而且你應該排除牽引機。另外出價才對。」

我想了一下，我有點動搖了。畢竟全家只有從我上一次帶回去的影片裡看過這間房子。但我又回頭想：我累了，不想再看房子了。在我反應過來之前，我已經開口：「好，四十五萬，外加五千元買那台牽引機。」她說她會盡量試試看，但不是很樂觀。五分鐘後，她回電了。「葛詹尼加，他們接受四十五萬，但是菲力普先生牽引機要賣七千美元。」我不覺得這樣很誇張，我知道男人跟他的牽引機是有特殊感情的。當然，如果我沒有先談好那個「雇用高階經理人」的方案，這些都不可能實現。我在戴維斯的家還沒賣出去，我身上身無分文。我和達特茅斯學院講好了戴維斯房子的價錢，他們預付我這筆錢，我準備好做正事了。菲力普之家閒置了幾年，需要修葺。我們拆掉壁紙，撕掉難看的壁毯，裝上實木地板，重新裝潢廚房。除此之外，車庫上方有一塊沒有裝潢的空間要弄成我的辦公室。我找了原本的建商薛伯格，他就住在附近的伍茲塔克。薛伯格不只記得這間房子，這裡根本是他設計的。他瞬間出現在這裡，在我們的讚美以及他美麗的作品包圍下估了價，然後就講定了。

幾個月後，搬家公司的卡車從戴維斯開來，我們準備面對改變一生的經驗。這幾年來我已經發展出一套讓搬家順利的流程。我會比全家早到一周，讓家具定位，弄好廚房，然後讓房子曬曬太陽。我最在意的其實是那個池塘。我女兒法藍西絲卡和兒子柴克從小到大游泳的地方，都是戴維斯的豔陽下那座讓人心安的腎形游泳池。他們只認識沒有青蛙、清澈無比的游泳池，只會從跳水板跳水，或是在坐透明的塑膠船上漂。他們對於這個綠油油，還有點不透光，滿是青蛙和浮渣等等東西的池塘會有什麼反應？夏綠蒂跟我毫無頭緒。法藍西絲卡可以帶三個戴維斯的朋友一起來，其中一個怕青蛙怕得要死！不過她很喜歡戶外活動，也喜歡大自然啊。說不定嘛……從舊金山經歷長途飛行後，他們在一個溫暖的七月天降落在波士頓。他們跳進車裡，幾小時後我們就轉進了新家的車道。這條車道沿著小山丘蜿蜒而上，左邊是綠地，右邊是一排楓樹，一直延伸到我們的前門。所有人都很興奮。我在心裡暗暗禱告，希望一切都會很順利。門一打開，孩子們一個個跳到車外。正當我們還在擁抱致意時，法藍西絲卡的朋友克絲蒂已經抓起包包大喊：「我們快換泳衣去池塘游泳。」五分鐘後，大家都全副武裝沿著小路跑過去。他們一個接著一個跳進池塘，碰、碰、碰：每一個都跳下去了。克絲蒂馬上抓到一隻青蛙，得意得容光煥發，一切都很好。孩子們邊游邊玩了兩個小時。

夏綠蒂跟我鬆了一口氣，覺得很開心。但我們還有一件滿重要的事要處理：我的大女兒瑪琳不到一個月之後，就要在我們的新家結婚了。她的準老公，聽好了，是夏綠蒂的弟弟！為什麼會這樣？嗯，兩次的婚姻就是原因了。我的第一任妻子和我有四個美麗的女兒，瑪琳是其中之一。夏綠蒂和我結褵大約二十年，這段時間裡我們經常有家庭聚會。瑪琳和克里斯墜入了愛河。就是這麼簡單。

「會有多少人來參加婚禮？」夏綠蒂問。嗯，大約兩百個，瑪琳說。對夏綠蒂來說，這不是問題。在接下來的四周裡，男方家族（九個兄弟姊妹）和女方家族（只有六個）處理了周遭的庭院和房子本身，準備迎接婚禮。經過我們的努力後，只需要再準備一個帳棚以備佛蒙特州天氣變化的不時之需就夠了。烹飪的部分由夏綠蒂在德州的兄弟瑞恩處理，他是德州烤肉之王。她請他準備他最出名、讓人垂涎三尺的牧豆樹風味雞胸肉，用拋光後的鋼鼓表面慢火烘烤二十四小時。他先在猶瓦爾迪烤了十八份，然後為了這個大日子空運過來。

婚禮的這些準備工作讓這間房子開始成為我們家庭的象徵。沒過多久，法藍西絲卡對音樂、企畫、演戲和寫作的天分，讓她成為貨真價實的十歲創業家：她在穀倉演出音樂劇。夏季音樂劇從觀眾坐在養馬的圍籬內欣賞的表演，演變成在穀倉裡的完整製作。她十五歲的時候已經可以將這個活動作為上河谷區兒童的夏令營來經營。我則利用我的木工技術在穀倉裡做了一個舞台，安裝聚光燈和音響系統，還裝了一塊布幕，高中的時候，她推出威爾第的歌劇《阿依達》

（*Aida*），由達特茅斯一名對她的「沙隆演出」產生興趣的舞台設計師幫她設計舞台。對小孩來說，這個兩周的夏令營變成非去不可的盛事。她開始向學校收費，和當地的生意人交朋友，他們指導她處理保險、解雇事宜，最後用羅斯個人退休帳戶投資她獲利。法藍西絲卡這輩子都有清楚的目標，也都能用她的聰明和魄力達到這些目標。現在她是分子生物學博士。

在此同時，活潑的十歲小男孩柴克和我則在探索森林。我們最後在這片土地最遠的那端，弄了一間現成的阿米西教派風格一房木屋。夏天的時候我們會走過去，冬天的時候就滑雪、穿雪鞋，或是搭雪車過去。柴克把這塊土地摸得一清二楚，他規畫了漆彈區，之後很快就迷上戶外活動。當然夏綠蒂也功不可沒，她在柴克離開戴維斯的時候，信誓旦旦保證他可以加入童子軍。可是我們到這裡才發現沙隆沒有童子軍團，所以夏綠蒂成為了佛蒙特州第一位女性童子軍領袖。佛蒙特州的其他獵人也願意接納她，教她怎麼把斧頭甩到十五公尺以外的樹上，怎麼登山等等各式各樣的事。直到柴克十四歲之前，他們每年夏天都會去參加童子軍露營。夏綠蒂有自己的帳棚，後來幾乎成為了當地的傳奇人物。柴克和他的兩個哥兒們也以破紀錄的速度晉升鷹級童子軍。沙隆不只影響了夏綠蒂，也改變了我。我們對這些絕美房間的裝潢動了一些小手腳，重新裝潢了在必要時能招待一大群人的廚房。對此產生興趣的不只我們，還有多年來參加過我們無數晚宴的數百位科學家。

在佛蒙特州的家庭生活中，有一個要素看起來是完全自然的：任何走進我們家的人都會感覺到這裡的溫暖與美麗。有一次小巴克利來看我，一走進前門，就看見擺在外推凸窗前可以俯瞰綠山山脈的三角大鋼琴。他立刻放下皮箱，走過去開始彈琴。法藍西絲卡馬上跟上，坐在他旁邊合奏，他們沒多久就開始演奏雙重奏。和來訪的科學家用過晚餐後，我們會聚在起居室裡喝咖啡和白蘭地，法藍西絲卡和柴克會從房間出來演奏一兩首曲子。柴克學過長號，法藍西絲卡會彈鋼琴、吹薩克斯風，也會打鋼鼓。直到現在，他們在成人面前說話或是表演都一點也不會害羞（其實不管面對什麼人都一樣）。這間在沙隆的房子擁有魔法。我們也會知道，這個地方給人的啟發也激勵我承擔在實驗室之外的責任。

在漢諾威重起爐灶：詮釋者二

我受不了學術生活的一成不變。在我的書裡，排名第一浪費時間的就是科系會議。大家之所以會忍受這些會議，是因為很多人想用所謂「必要、深思的決定」填滿他們的時間。這些「重要」的決定可能包括要不要在統計課增加一個學分，或是某人能不能升等，或是要不要處罰某個學生，還有可以，並且實際上需要，買多少枝鉛筆。雖然總要有人處理這些事，但我就是一點都不在意這些事。對於教職員會議這種舉棋不定的態度，我很早就想出的解決方法是：不要參加。而我的同仁相當值得讚賞的是，他們都忍過去了。我的這種行為很快變成我的註冊商標：「葛詹尼加不開會的。」就是這麼一回事。

當然，這種行為只有在你會幫團體做別的事（而且他們知道）的情況下才能做。我很會召集人才，規畫大型的研究獎學金。這些工作需要花大量的時間，不只需要對研究有所認識，還要能了解地方與國家層級種種錯綜複雜的政治關係。達特茅斯學院並不是以強大的研究計畫而出名，突然間獲得一個鬧得沸沸揚揚、全國認可的認知神經科學計畫。我們這時負責整間學校一半的研究經費，得動起來，加快手腳才行。

那時候JW可以自己開車，不需要他母親或妻子陪伴就能開到我們在達特茅斯的實驗室，地點在兩州的交界處。我們追蹤各式各樣的議題，最花心力的就是所謂「詮釋者」這個背後機制的本質。這是左腦的特殊機制，會為我們做的事編故事，在達特茅斯學院任教已久的沃福特教授對這個主題特別感興趣。他，以及跟著我一起從戴維斯過來的密樂想知道，左右腦面對一個很簡單、經過嘗試並測試過，設計來了解決策本質的機率遊戲，會不會有不同的處理方式。這個遊戲的設計簡單到不行，但是涵義深遠無比。

想像你盯住電腦螢幕上的一個點，要做的就是猜：兩個不同的字其中一個會不會出現，就是這麼簡單。此時實驗人員會操縱出現的字。事實上，其中一個字出現的機率是百分之七十。如果目標是盡可能猜對，最佳的策略是什麼？我可以先給大家提供一些的背景資訊，如果是老鼠接受這樣的測試，牠會學到哪一個選擇可以讓牠比較常獲得獎賞，然後從頭到尾都只選那一個。就某方面來說，這保證你有百分之七十的成功率，這就是所謂「機率最大化」。人類會怎麼做？我們以為自己很聰明！我們以為自己可以找出某種模式：我們試著推論刺激物出現的確切順序，讓我們每一次都能猜到正確答案。換句話說，我們試著每次都想找出特定的字出現的實際機率。所以如果我們知道這個字出現的機率是百分之七十，我們百分之七十的時間會猜那個字。這稱為「機率配對」，但這麼做只有百分之六十三的正確率。我們人類總是想找出模式，找出因果關係，找出事物的意義。這麼做建立了我們奇怪的獨特性。醫學背景的美國國家圖書獎得主湯馬斯幾年前曾這麼描述：

「錯誤」是人類思想最基礎的基石，就像塊根一樣根深柢固地在那裡滋養整個結構。如果我們沒有犯錯的本事，我們就永遠無法完成任何有用的事……「希望」就存在於「錯誤」這個機能（一種偏好「錯誤」的傾向）之中。越過資訊的高山，輕巧地降落在錯誤的那端的能力，代表著人類最了不起的天資……

低等動物沒有這種華麗的自由。牠們大多數受限於絕對的無過失性。貓最令人滿意的就是從來不犯錯。我從來沒見過一隻貓是笨拙、手腳不靈活或是粗魯的。狗有時候不太可靠，偶爾會犯一些可愛的小錯，但牠們會模仿主人，藉此逃過一劫。[1]

我們發現只有左腦，聰明臭屁的那一邊，會想猜出機率。右腦則是使用簡單的方法，使機率最大化，就像一隻大老鼠一樣。這個簡單的實驗有一點令人振奮，因為大家很快就會想要挑戰我們提出的這個解釋。本來就應該是這樣，每一個實驗室產生任何一個新的想法時，也應該都要接受各方的挑戰。比方說，密樂就把這項觀察提升到另外一個層次。當他發現金魚和其他簡單的生物不只會最大化，有時候還會有機率配對，他開始質疑我們最早的、簡單的詮釋。在科學方法的準則裡，科學家的工作是否定假設。每次我走出我的辦公室進入牛棚，研究生和博士後學生總是在說話，總是在思考如何攻擊我們原先以為是真相的東西。

當密樂對此感到不安的同時，另外一位在哥倫比亞接受訓練的博士後研究生，天資聰穎的心理學家寇巴利斯開始懷疑右腦是不是擁有自己的詮釋者，專門負責視覺資訊。密樂決定研究，左腦和右腦使用的不同策略，是否建立在某種簡單的基礎之上，例如所使用的刺激物的類型。他不再使用文字當作刺激物，而是用人臉：猜猜看哪一張臉會出現？偵測文字是左腦的專長，而我們知道偵測臉部是右腦的專長。也許右腦會改變自己的策略，試著猜出下一個刺激物會是A臉還是B臉的機率。結果正是如此。突然間，右腦也表現出左腦那些花稍的技巧，採取機率配對的方法。現在跟老鼠一樣用最大化策略的是左腦。[2]這是怎麼回事？

頂尖的心理學家葛利斯托曾經洋洋灑灑寫過機率配對現象，以及這種行為在生物學上看起來有多麼根深柢固。[3]想像一隻動物在採集食物，必須從兩棵樹當中選一棵。其中一棵樹有百分之七十的機率會有果實，另外一棵只有百分之三十的機率有果實。動物自然會選擇採得果實報酬較高的那一棵。然而，隨著動物慢慢蠶食這棵樹，機率就會改變，到了某一點後，另外一棵樹反而會變搶手；因此你會預期演化程度較高的動物也會把這點列入考慮，持續監控另一邊的機率。這樣一來，猜測機率變成基本的能力，接著一旦確定機率，最大化便成為適當的聰明反應。

如同科學界常見的，雖然一開始的觀察為真，一開始的詮釋也可能是完全錯誤的。密樂對此非常頑強，而且抵抗到底。現在看來，左右腦都有這些基本機制，單側化的只有詮釋者，一種試圖解釋我們的想法、情緒、行為的獨特能力。多虧他的努力以及投入大量的研究工作，我們對於左右腦功能的機制才有更清楚的了解。

大科學，小學校

達特茅斯現在需要額外的動力才會建立我們新的認知神經科學中心。我們一直在一個老舊的地方工作，完全沒有現代化的實驗室可用。學校已經知道這情況一段時間了，準確地說，是知道二十多年了。最後他們總算採取行動了。一間心理學新大樓將會蓋好，認知神經科學將能使用整個四樓。我很高興，但我也知道我們必須進入大腦造影時代。光是為了能想像我們在新大樓裡有腦部造影的功能，就必須要建造正確的附屬地下室。

我決定動員教職員，大膽向院長施加壓力：在新的心理學大樓裡蓋一間腦部造影中心，配備新的MRI機器。世界上沒有一個心理學系會在自己的大樓裡裝自己的MRI機器，達特茅斯學院應該是第一個！當時的院長是個生物學家，贊同心理學系向生物學領域靠攏。不過，對於小小的人文學院來說，我們講的可是一大筆錢。事實上，我想這應該只是作夢吧。

伯爾格院長打電話告訴我他的決定。雖然他不能全包，但他能拿出四十五萬美元支付額外的地下室建築費用。我在戴維斯學到，只要有人提供計畫大量的經費就一定要接受，就算錢不夠也沒有關係。事實上，經費很少一次到位的。不過我也知道，把這些錢用來蓋地下室，但裡面沒有東西也是沒有邏輯的事。

還有另一個問題。沒有任何一位教職員對怎麼使用ｆＭＲＩ機器有一絲了解。儘管我們有些人參與過包含大腦造影測量在內的一些研究，但我們並不知道如何管理這些極端複雜的機器和他們的環境。這代表要讓院長同意聘用專任教授，以及在全國尋找人才。我們知道我們需要這個領域中的領導者，但同時我們根本沒有機器，也不能明確保證我們一定會有一台。一九九九年，這一切正在進行時的同時，我也在經營為期兩周的夏季認知神經科學學程。其中一位客座講者是格萊弗頓，他是愛默利大學的大腦造影專家。他的研究令人著迷，對科學問題的直覺向來都很正確，是名副其實的神經科學家，也是腦部造影的技術專家。

那天下午，我到漢諾威旅店找他——這是美國最有田園風情的地方之一。葛福頓已經換上了運動服，我不由得一驚：自從我們放棄爬雷尼爾峰以後，我再也沒看過我的運動服了。我心頭掠過一個想法：也許他和我根本合不來。我們坐在旅店前廊的藤編搖椅上，俯瞰艾森豪將軍口中那個「校園當如是」的大學校園風景。閒扯了一會兒，我直接問他：你想不想在這裡工作？他看著我，簡單地回答：「為什麼不？」我邀請他妻子近期過來看看環境。她是專精腫瘤學的一般外科醫師，換句話說，我們必須提供兩個工作機會。雖然沒有人勸阻我，但我也開始了解聘僱的複雜性。達特茅斯學院雖然小，據說只有單一行政團隊在管理，但藝術及科學學院和醫學院以及醫院幾乎互不往來，可是我們需要那裡的工作機會。

兩周後，葛福頓夫婦回到城裡，認真思考是否要搬來漢諾威。大約兩秒鐘後，我們就知道該怎麼處理了。葛福頓太太，金咪是那種充滿魔力的人。她和外科醫生見面後，立刻獲得了工作機會。諷刺的是，反而是我們學院得進行許多文件流程才能聘僱葛福頓。不過這些都以創紀錄的速度完成，他們買了新房子，賣了舊房子；在一九九九年的最後一天，葛福頓夫婦搬到城裡，在此迎接精采的新年以及精采的新腦部掃描機。

機器的出現，代表這裡的知識程度與活動都將改變。有了葛福頓這個真正的權威負責掌舵，大腦造影界立刻不敢小覷我們。來自世界各地的博士後研究生蜂擁至達特茅斯，聘僱新的助理教授變得容易許多。新的經費來源也開始出現。這裡就像上了發條一樣。同樣的，因為有葛福頓這一切才能實現。不只是因為他了解所有數學、物理、電腦科學還有資料分析等問題，還因為他本質上就是一個心理學科學家。他想知道大腦如何規畫行動，這也許是所有認知神經科學裡最關鍵的問題。

但是葛福頓還有另外一個面向。他是醫學博士，一個在哲學博士環境中工作的神經學家。他在轉換跑道成為全職基礎研究者之前，已經執業二十年了。他曾經走進病房，宣布患者腦死，看過病痛，治療那些走進來的患者，進行那些伴隨醫藥必然的所有事。處理心理學系的那些紛紛擾擾，相較之下根本都是小事，完全不會讓他焦慮或憂心。他的鎮定簡直前所未聞，讓所有人激賞不已。

伴隨著這種心境而來的，是他非常樂於聽取各種想法，並願意幫助新人學習如何進行複雜的腦部造影。因此，當一個社會心理學家來找葛福頓，想了解如何檢視自我的多重面向，或是情緒的腦如何運作，或是大腦從一區傳遞視覺影響到另一區的通道，或是數十個計畫當中的任何一個計畫，他都能處理，並確保這項科學的正確運作。

矯正科學錯誤

上次我使用大腦掃描器是在紐約的事了，而且是為了檢查患者ＶＰ的胼胝體切斷連結的程度。當時使用早期版本的ＭＲＩ磁振造影，稱為〇・五泰斯拉（Tesla）機器，它提供的清楚影像，讓我們那時欣喜若狂。在達特茅斯學院的新機器強度是一・五泰斯拉，代表從大腦組織捕捉到的訊號更清楚，也更詳細。現在一般的機器都是三泰斯拉，人類測試用的機器則高達七泰斯拉。磁力愈強，訊號愈強，影像就愈清晰，呈現愈多解剖構造上的細節。

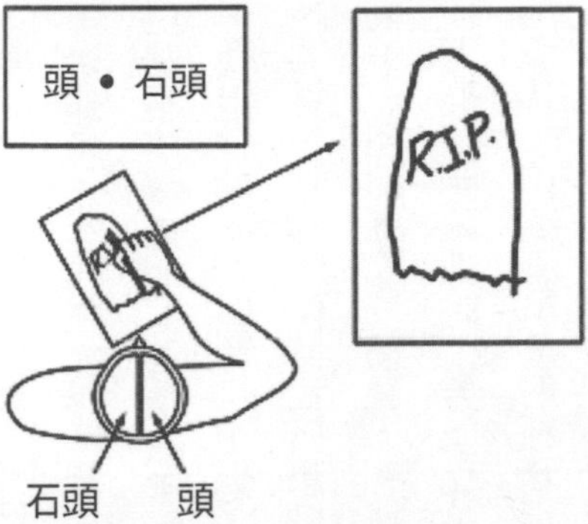

圖四十五 我們測試病例VP整合視覺資訊的能力。因為她的胼胝體在手術中不小心被保留了一些連結，所以她能以獨特的方式做到這一點。

患者ＶＰ到達特茅斯進行測試的時候，我們覺得應該可以重新掃描她一次。我們想再次檢查她的影像，看看我們以為裂腦手術已經切斷的纖維束是不是真的被切斷了。多年來我們都相信外科醫師在手術時，遺漏了胼胝體後方的幾條纖維束，可能造成某些視覺資訊可以在左右腦間傳遞。她胼胝體最前方的區域，也有一些纖維束沒有被切斷，沒有人知道這些區域還會互相傳遞什麼訊息。

幾年前，加拿大的金斯頓提出了驚人的發現，認為ＶＰ擁有一些獨特的能力。當我們給ＪＷ和ＶＰ看複合字的時候，兩者會有不同的反應。ＪＷ沒有任何殘餘的纖維束連結，因為他手術後的ＭＲＩ影像非常清楚，毫無模糊之處。當他看見被分開的複合字的時候，比方說 skyscraper（摩天大樓）被分成 sky（天空）給右腦看，scraper（刮刀）給左腦看，ＪＷ會用右手畫出刮刀，左手畫出有雲的天空。他沒有任何的整合，不會畫出高樓大廈。可是ＶＰ每次測試的時候都能整合資訊（圖四十五）。

有了這項知識，再加上我們可以確定這些早期的造影結果不只很酷而且也很準確，因此我們開始研究哪一些視覺資訊能透過這些殘留的後方纖維束傳遞。根據早期研究，我們假設做到這件事的是後方纖維束。在旁敲側擊的過程中，心理學系的芳奈兒得到了另一個讓人不解的結果。ＶＰ在百分九十九的測試中似乎都和其他的裂腦患者沒有任何差別。她的左右腦無法交叉比較顏色、圖樣、尺寸或任何我們想得到的東西。接著，在我們嘗試過刺激物的各種組合之後，芳奈兒給其中一側的腦看一個詞：「紅色方塊」，然後給另外一側的腦看與顏色與形狀都與描述相符的幾何圖形。明確地說，芳奈兒給右腦看文字，大約十分之一秒後給左腦看紅色方塊，以及其他形狀的圖片。因此，ＶＰ的任務很簡單：在一側的腦看過這個單字組合「紅色方塊」之後，另一側的腦要做的，只有選出紅色方塊，不要選到藍色圓圈之類的而已。在這種測試中，她的反應是正確的。令人不解的是，在這一項比較任務中，一側的腦必須要有書面的「文字」做為比較刺激物。如果我們真的閃過一個紅色的方塊，而不是「紅色方塊」這樣的文字，那ＶＰ就無法完成這個簡單的任務！我們大吃一驚。會不會是因為那些殘留的後方纖維束選擇性地傳遞文字資訊呢？

我在加州理工學院念書時的研究生朋友漢密爾頓一直在從事猴子的胼胝體系統的複雜研究，他已經提出，胼胝體的後方被分隔成數個區域，似乎分別負責傳送視覺經驗的不同面向。[4]這是非常繁複又迷人的研究，我們很快就相信，ＶＰ的實驗結果也許恰好展現出人類身上的這種同源結構*，這些通道並不直接與單純感官經驗有關，而是專門用於高階資訊的特定通道。我們寫下論文，很高興地投稿。這份論文很快通過審核並且發表。[5]在這之後，我們才用新機器掃描VP。

你猜對了。VP新的掃描結果根本是另一個故事。那些問題多多，位在胼胝體壓部——也就是我們以為之前看到它們所在的胼胝體後方視覺區——的殘餘纖維束，都不見了！在新的影像中，是那些位在胼胝體前端的纖維束被看得清清楚楚。稍早的影像中存在著一個人造雜訊，而我們誤以為那是在壓部的殘餘纖維束。我們立刻提出第二份，較短的文章，修正我們稍早的立場（圖四十六）[6]。事實上，這份修正依舊讓研究結果顯得很有意思。現在我們知道，真正在進行溝通的部位，是負責編碼複雜資訊的前額葉，而不是後方的感官區。換句話說，並不是一側的感官區照本宣科地和另一側的感官區進行溝通。相反的，兩側溝通的內容是比較抽象的表現。

超前社會常規

從戴維斯分校回到達特茅斯時，我很幸運認識了數學教授洛克摩爾。他是哈佛與普林斯頓訓練出來的學者，像我一樣總是靜不下來，帶領我進入了電腦科學的世界。我之前用的是蘋果電腦，對我來說已經很夠用了，但是洛克摩爾是難以控制自己的那種人。他知識淵博，非常淵博。

＊同源器官區域是和另一個器官在演化上有相同的源頭，但功能可能不同。

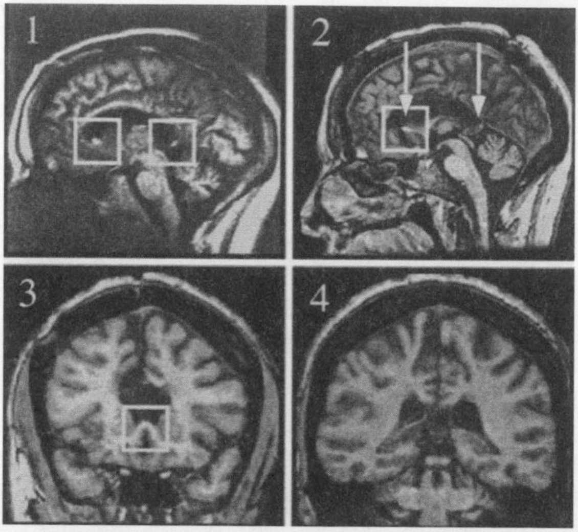

圖四十六　一九八四年和二〇〇〇年獲得的 MRI 掃描影像。白色的方塊分別標示一九八四年掃描時在胼胝體後端觀察到明顯訊號的區域（編號一），以及在二〇〇〇年掃描中的喙型端（編號二）。編號二圖中的箭頭指向編號三與四冠狀切面的位置。編號三顯示在前胼胝體發現明亮訊號區域的切面，可以清楚看到殘留的纖維束。編號四顯示胼胝體後方的切面，這個區域在一九八四年觀察到明亮訊號。在這個切片裡，胼胝體纖維束顯然已經被切斷。

他當時單身，因此有時間可以和我聚會，談論他的想法以及可能的新計畫。他很容易就能了解我的想法，我也能信任他知道他自己在說什麼。我們兩個人一起發起了很多新點子。

有一天，我們在當地的咖啡店「髒牛仔」碰面。我告訴他，我們需要一個資料庫收集全世界所有大腦造影實驗的資料。大腦造影實驗非常昂貴，只要大家願意分享，從實驗中獲得的資料可以一再使用。隨著時間過去，科學家總會想到不同的方法來分析資料，將這些資料開放給對這個主題有興趣的人，一定會有很豐富的成果。這是普遍獲得認可的議題，推廣這個想法的許多人之一，是大腦造影研究領域的頂尖研究者雷切爾。國家衛生研究院的一名官員科斯洛試著找到經費，進行所謂「神經資訊學計畫」。《科學》雜誌極具影響力的編輯布魯姆也很積極支持這個想法。此外還有很多很多人想這麼做，但是沒有人真的做了什麼。

洛克摩爾開始剖析這個問題，向我解釋他覺得可以怎麼做到這件事。身為神經科學家，隨便一個實驗的資料都多到讓人難以招架，讓我們在思想與行動上有種癱瘓的現象。要怎麼管理以十億位元組（GB）為單位的資料啊？畢竟電腦可能要儲存一兆位元組（TB）的資料呢！我的媽啊。接下來的幾周裡，洛克摩爾讓我對於跨學科合作好處多多的看法更加堅定。對他和他的同僚來說，龐大的資料根本一點也不成問題。他很快地找了其他的數學家和電腦科學家來參與。在我反應過來之前，我們已經送出一大筆補助金的申請，要成立國家功能造影資料庫中心了。雷切爾同意擔任我們外部顧問董事會的主席，科斯洛則說他會注意我們的申請書在政府的文官審查體制裡的情況，而我們開始進行費力的基礎工作。我們覺得自己是英雄，特別是因為我們不只從國家科學基金會獲得經費，還有凱克基金會的經費贊助。

當然，要達到這個首要目標，需要腳踏實地的辛勤努力才行。第一個嚴重的社會學問題就是：科學家不喜歡分享他們的資料，畫分地盤才是王道。在科學史的這個階段，物理學家、天文學家、基因學家、蛋白質化學家，以及愈來愈多領域的人都開始共享他們的資料，但是神經科學家從來沒有接到過這種要求。現在這些彼此合作的學科，一開始也都不同意這樣的做法。他們也都曾爭論不休，直到該領域裡的常規做法開始轉變為止，通常是由其中一位知識份子領袖帶領這樣的轉變。很快地，這個領域的期刊接受論文的條件變成：只有願意將論文內的資料公開的論文才會被發表。這個過程不一定會很順利，而且我們只有幾個月的時間就要交出我們的補助款申請。我們要怎麼說服出錢的機構，研究人員都會交出他們的資料來？

恰好我是《認知神經科學期刊》的總編輯，所以我決定我們期刊要採行一項新的資料強制提供政策。如果要在《認知神經科學期刊》發表論文，就必須在我們的資料庫裡交出你的數據。我們當然也寫信給其他主要期刊，要求他們採取相同的條件，他們一開始也都同意了。

計畫展開後，掀起了一些風波。以良好的技巧與細心負責管理這個計畫的同仁范霍恩最近寫道：

……知道我們的努力和目標之後，fMRI研究者對期刊要求他們提供發表的論文中的fMRI資料感到憤怒，發起了一場寫信抗議的活動，希望集結所有反對fMRI資料中心的力量——這樣的努力獲得新聞以及數個具影響力的期刊評論專欄的報導（Aldhous, 2000; Bookheimer, 2000）。關於fMRI資料共享的評論出現在《科學》期刊（*Marshall*, 2000）、《自然》期刊（*Editorial*, 2000b）、《自然神經科學》（*Nature Neuroscience*, *Editorial*, 2000a），以及《神經影像》（*NeuroImage*, Toga, 2002），表達他們對資料共享要求的疑慮，質疑擁有資料暗示的意義，人類受試者的疑慮，以及如果真的建立了資料庫，應該要怎麼「妥善」處理。這個領域的領導團體認為，fMRI還不夠成熟，不足以開始將資料存檔（Governing Council of the Organization for Human Brain Mapping, 2001）。他們推測，除非我們能更了解BOLD反應*，否則要建立發表研究的影像資料庫都還言之過早。大家私下抱怨，收集資料的人就是擁有資料的人，交出資料根本就是一種懈怠，而且一個小小長春藤聯盟的機構根本不是負責保存這些資料的最佳人選。這些疑慮顯然牽連甚廣，因此很多一開始表示支持的期刊，都決定不再要求發表的論文提供fMR資料。相反的，他們希望等到風波平息，讓社群自己解決這個問題。[7]

現在回頭看，這些都不令人意外，因為人類總是會上演這樣的喜劇，連科學家也不例外。儘

---

*BOLD是血氧濃度（blood oxygen level dependent）的縮寫。血氧濃度比對是功能性磁振造影時使用的方法，會根據動脈與靜脈血液的血紅素含氧量本身的變化而定。每個人從過去到現在都會使用這個方法。

管如此，多虧了范霍恩和其他許多人的辛勤努力，達特茅斯計畫繼續延續了很多年。當時在國家衛生研究院的科斯洛，透過國家科學基金會為這項計畫安排了初期經費。他同意這項計畫的進度，會在五年後的二〇〇四年更新計畫經費。不幸的是他後來離開了國家衛生研究院，新的計畫領導人把經費砍成兩年，之後就沒了。這樣很糟，因為全世界有好幾千人使用這個資料庫研究以及教學。現在，已經有好幾個神經影像資料庫出現。其中最值得一提的是「人腦連接體計畫」（Human Connectome Project），這是由國家衛生研究院贊助的國際研究，要描繪人腦的功能性組織與解剖學組織。他們是建立在先前達特茅斯的開創性作業之上的。這些計畫之所以能實現，都是因為一個數學家在「髒牛仔」前面告訴一個神經科學家，「喔，這我們做得到。」

對年輕科學家完全放手

出人意料的是，讓「狂歡動物屋」這種陽剛過剩的場所出現的學院，也孕育了不少有成就的年輕女性。情況從一九七四年開始改變，當時學院無視於許多人的反對，開始男女合校。校長克米尼監督了這項轉變。和許多這類的改革相同，達特茅斯的校友現在反而疑惑為什麼花了這麼久的時間才實現。達特茅斯的女性有一個很酷的地方。她們很上道，了解達特茅斯生活的古怪本質。

二〇一一年的畢業致詞貴賓是脫口秀主持人歐布萊恩，他很哈佛，向來精神奕奕，態度玩世不恭，永遠都很風趣。在開了畢業班幾個玩笑後，他站在砍過的樹幹講台上這麼說：

> 達特茅斯，你的不安全感如此龐大，你甚至不覺得自己值得一個真正的講台。我很抱歉：但這是什麼鬼東西？看起來像你們從實境節目《生存者：新斯科細亞省版》裡面偷來的啊。老實說，這真的像是熊參加癮君子治療團體會坐的椅子。
>
> 不，達特茅斯，你必須抬頭挺胸。抬高你的頭，為自己感到自豪。因為如果哈佛、耶魯、普林斯頓是你自我中心、虛榮、自抬身價的兄弟，你就是那個又酷又性感，打曲棍球的弟弟，知道怎麼辦派對，連穿羽絨背心都很帥。布朗大學當然就是你那個從來不出房門一步的蕾絲邊妹妹。至於賓州大學、哥倫比亞大學和康乃爾大學——老實說，誰管他們。[8]

達特茅斯學院的男男女女一陣歡呼，表達他們的贊同之意，就像美國第四十一任總統在此接受榮譽學位時一樣。達特茅斯學院的女性穿背心也很酷。我在一九九八年講座課裡有一個學生叫托婷，她是達特茅斯女子曲棍球隊的守門員，後來在奧林匹克贏得兩面金牌。在球場之外，她對於神經科學有濃厚的興趣，也非常冷靜，不為周遭所動。我的課結束後就是她的練習時間，所以她必須帶著曲棍球桿來上課，這樣才能馬上閃人。她會悄悄溜進會議室，把球桿和課本滑到桌上，接著提出一個關於意識本質的深入問題。就像歐布萊恩說的，非常酷。

當然，達特茅斯現在所有年級都是男女合校，研究所和博士後研究生都一樣。我自己的實驗室由達特茅斯的新博士生芳奈兒管理，她之前是傑出的記憶心理學家麥特凱芙的學生。當我要從戴維斯回到達特茅斯的時候，芳奈兒已經先寫信問我她能不能對JW進行記憶測試。我在醫學院的早期就已經認識芳奈兒，當時她研究的主題是說話能力的病理學。我立刻回信給她，並且邀請她來為我工作，這是我做得比較好的決定之一。一眨眼間，她就接手我的計畫，輕而易舉地讓它開始運作，而且每個人都很開心。芳奈兒的丈夫傑米當時即將擔任私立男子寄宿學校卡迪根山中學的校長，他們每天真的都跟學生一起吃飯，因此對於男性的行為無所不知。對芳奈兒來說，實驗室是她娛樂的泉源，而她敏銳的心思則讓這裡因為她的研究和犀利觀點變得創意十足。

芳奈兒是第一個注意到JW的左腦對簡單的感知測試反應有點奇怪的人。她投影出兩個物體，互相重疊。唯一的差別在於這兩個物體的方向不一樣。左右腦要做的事，只有判斷它們的方向相似或不同。令人難以置信的是，JW的左腦，主導語言的那半邊，做不到這件事；但是不會說話的右腦就能完美達成任務。[9]這個簡單的結果引發了豐富的研究計畫，最後由芳奈兒以及她密切合作的同僚保羅·寇巴利斯發展出一個重大的新觀點。如同我先前所暗示的，除了左腦的詮釋者之外，他們發現了右腦有針對視覺資訊的詮釋者。想想看，右腦有一個專門的、側化的處理過程，讓我們有能力判斷兩個視覺物體是不是朝向同一個方向。會說話的、分析型的左腦如果和右腦切斷了連結，就做不到這個簡單的任務。擴大來看，這顯示半邊的腦就算看得見、能分類、會拼字、能說出名稱、有聯想力，也不代表它可以判斷方向。判斷方向使用的是不一樣的模組，而對人類而言，這項模組占據了右腦。用現在的話來說：這太讚了。

接下來，蓓爾德威風凜凜地來到達特茅斯，不只氣勢威風，聲量也不小。剛從哈佛拿到博士學位的蓓爾德畢業於瓦薩學院，和我過去看過的人都不一樣。說她很聰明、有活力等等的已經很老套了，因為這本書裡提到的每一個人幾乎都是這樣。蓓爾德很令人害怕，而且很風趣。她和充滿抱負的典型的學術界科學家不同，在城外三十公里的地方買了一間舊房子，親手徹底改造這間房子。她經常穿著工作服來實驗室，上面還有油漆和泥漿的痕跡，但隨時可以開始進行科學研究。她發起了一個非常聰明的研究計畫，利用fMRI掃描我們成人覺得很奇怪的東西：青少年的腦。[10]她是最早提出青少年的腦還沒完全發展完成的人。在我發現之前，她已經被挖角離開我的計畫，成為達特茅斯心理暨大腦科學系的一員，以社會心理學家的身分獲得終身教職。蓓爾德強烈的個性使她渴望回到瓦薩學院，幾年後她也確實回到母校。

這段時間裡，有新研究生加入實驗室：來自衛斯理學院的柯雯。她在挑選研究所的時候，挑上了新罕布夏州的森林，部分原因是我們的大腦造影設備與教職員的活力。這時候還沒有其他心理學系所有自己的掃描器，他們也都沒有葛福頓。她也是個鐵娘子。現在我有芳奈兒、蓓爾德，還有柯雯，更別提其他許多讓我們的科學更上層樓的大學生，這裡的社交環境也愈來愈蓬勃、成熟。我們的實驗室有一個大學生叫做絲蒂芬，是個拳擊手，後來獲得羅德獎學金，前往牛津大學在知名的神經科學家布萊克摩爾麾下學習。她後來研究聯覺（synesthesia）*，成為最早發現有這種症狀的人的大腦和一般人有什麼差別的科學家。

進入二十一世紀後，神經造影的技術突然進步神速。不只是fMRI可以偵測到在大腦中發生的各種認知過程，還有新的測量技術可以帶來神經束的資訊，或者簡單來說，讓我們知道資訊如何從大腦一個活躍的地方跑到另外一個活躍的地方。把「位置」與「連結」的技術加在一起，就是神經造影近期的成就之一。這讓我們不禁想：如果有一項任務需要的處理過程是單側化的、並存在於左右腦其中之一，那麼當受試者進行這項簡單的感知任務時，我們能不能在腦中看到兩個不同的啟動位置，並觀察到應該會以某種方式協調左右兩側的神經活動呢？如果可以，我們就能捕捉到簡單的行為任務中，常見的個別差異背後的神經處理過程。換句話說，有些人處理簡單任務的速度很快，有些人做同樣的事則比較花時間。反應快和反應慢的人是不是啟動了不同的通道？蓓爾德最先開始探討這項研究的幾個面向，之後柯雯和絲蒂芬也加入她的行列，她們發現確實如此。[11、12]在任何團體中看到的反應時間個別差異，都與分離的、不同的神經通道具相關性。反應比較快的人會先走捷徑——透過最接近大腦感官區的神經纖維——抵達另外一側的腦，反應比較慢的人會使用另外一條通道。

當實驗室裡出現新的騷動，大家都會投入其中。很快地，羅瑟從紐西蘭來加入我們，他師承保羅·寇巴利斯有名的父親，麥可·寇巴利斯†。從布里斯托大學過來的特爾克是名師貝德利‡的學生，漢迪也頂著熱騰騰的戴維斯分校博士頭銜回歸，聘僱這些絕頂聰明的人才的好處之一，就是他們的老師會來看他們，一起玩玩研究。當時的生活真的非常美好。

重要的插曲：擔任總統的生物倫理委員會成員

和大多數的美國人一樣，我在二〇〇一年九月十一日出門上班，沒有什麼特別的事要考慮。其實我當天晚上要出發去德國，卻在此時聽見世貿中心遭受攻擊的消息。第一個版本是有一架小型飛機撞上了世貿中心，然後飛機被摧毀了。我心想，真奇怪，但沒有那麼嚴重吧。我妻子和我曾經在那裡的世界之窗餐廳度過許多美好的夜晚，還有我們結婚那天的午餐。事實上，我們喜愛的認知神經科學會二〇〇一年的春天才在旁邊的飯店舉辦會議，我們也在「世界之窗」舉行歡迎

*聯覺，又稱共感覺，是一種神經學症狀，透過某種感官的感官刺激，或來自某種認知通道的刺激，會造成患者自動、非自主地體驗另外一種感官感受。舉例來說，患者聽見某個特定的字時，嘴裡可能會感受到特定的味道。

†麥可·寇巴利斯是奧克蘭大學的心理學家，有許多成就，包括研究人類語言的起源和演化，並提出語言是由手勢演化而來的論點。

‡貝德利是英國心理學家，以他對工作記憶的研究聞名。

會。

沒幾分鐘後，新聞就修正了。我還沒反應過來，研究生就已經把設備完善的影片教學教室連上CNN新聞。接著我們幾個人震驚地看著螢幕，面對現實的衝擊，很多人哭了，很多人根本傻住了，我們發現大樓本身是最不重要的事。接著第二架飛機撞上去了，很快地，第一棟垮了。現在現場一片混亂。我抓住葛福頓一起回到我家，呆若木雞地坐在沙發上，看著電視播出這可怕的一天。儘管我們試著為情況做個摘要，但我們做不到。和大多數的美國人一樣，我們受到深遠的影響。

要精準描述美國人在九一一攻擊後被點燃的愛國心相當困難。後來的日子裡，我認識的每個人，不論各自的政治傾向，都想要做點什麼。美國人——以及大部分的自由世界——都被惹火了。所以當我在大約一個月後接到卡斯*的電話時，我抱持著很開放的心態。他在電話那頭自我介紹，說他受到布希總統指派擔任生物倫理委員會的主席，委員會要處理的是未來的生物醫學技術發展議題。他問我是否願意成為委員會一員？我不知道除了立刻說「好」之外，還能有什麼答案。同時，我對於生物倫理其實不太清楚，我也不確定他們是不是找對了人。卡斯向我保證，雖然這是生物倫理委員會，但並不是完全由生物倫理學家所組成。同時，他並沒有告訴我其他成員是誰，他怎麼會有我的聯絡方式，沒問我的政治立場或信念，也沒討論到我對於幹細胞研究之類的當前議題有多少了解。布希在當年八月發表了一場關於幹細胞的演講，我聽過，但其實沒有什麼特別的看法，只覺得這件事似乎還算平衡。老實說，我和大部分的人一樣，除非這問題對我而言迫在眉睫，我通常只是點點頭敷衍過去。

在那通電話之後，實際於華盛頓開會之前，事情出現驚人的發展。白宮人事室開始來調查，聯邦調查局（FBI）也是。我必須要填數不清的表格，包括保證沒有任何投資與外部承諾的利益衝突。他們打電話給朋友和家人，詢問你的人格，要求保證你沒有雇用任何未登記的員工，或是支付個人薪資但未支付社會安全保險稅。我覺得真的非常不可思議。

我知道第一次會議將在二〇〇二年一月召開，於是開始死記硬背幹細胞相關議題。對我來說非常有趣的一點是，儘管每個人都對此有意見，但很少人對這項技術的基礎生物學有所認識，連鑽研生物學的同僚也不例外。我們都有某種的生物學知識入門，通常內容都很模糊。這項新技術又有什麼了不起的呢？接著我總算明白了。一切都與胚胎有關，這是人類生命何時開始的問題。或者實際的問題應該是：生命的開始，跟人類的生命的開始是否有所不同？一群分裂的細胞，是在哪一個時間點被賦予生而為人的所有權利？這才是對這個世紀投下震撼彈的科學／政治問題。這場會議將是討論這個重大議題的場合，而我完全不知道這將使我投入八年的時間。

第一次會議終於在華盛頓舉行，我認識了其他十七位委員會成員，他們都會參加幹細胞投

＊卡斯是芝加哥大學的教授，一直從事因生物醫學進步導致的倫理與哲學議題研究。

票。其中很多位我都曾聽聞其名，但只有一個人是我確實認識本人的。麥克修是約翰霍普金斯大學精神病學系前任系主任，被譽為美國臨床醫學生物神經科學之父。雖然當時精神分析依舊相當普遍，但他認為透過更了解大腦，可以更加了解大部分的心理疾病。從各方面來說，他都是一位傑出人士，我很景仰他。他是民主黨人、天主教徒，在各方面都是好的那種難以預測。他的波士頓口音及光芒四射的個性不只能讓猛虎臣服，也能輕鬆化解惡意的攻擊。畢竟他是身經百戰的精神病學家，什麼事沒見過。

委員會開會的第一天在二〇〇二年一月，我們享受過日光後便聚集在白宮的羅斯福室裡。我們即將獲得布希總統的開拔令，大家都充滿熱忱，十分專注。總統走進這個小房間，主持會議，鼓勵我們進行徹底的討論，不要有所保留。接著他若有所思地說：「我喜歡辯論，讓我告訴你們，沒看過鷹派的國防部長倫斯斐和鴿派的國務卿鮑爾辯論，就別說你看過什麼叫做辯論。」

接著總統要求我們每個人簡單自我介紹一下。前面的自我介紹都很正式，大家的標準台詞是「我是哈佛大學的X教授，研究的是Y。」最後輪到麥克修，我永遠不會忘記他的自我介紹。他說：「總統先生，我是麥克修。在開始之前，我想先問候您好嗎？」幾天前，媒體大幅報導總統在看周日的橄欖球比賽時從沙發上滑下來撞到了頭，眉毛上有個傷口。布希臉上露出大大的笑容，回答：「我從沙發上滑下來，然後發現自己正抬頭望著我的狗，除了這件事我自覺很蠢之外，我滿好的。我從來沒在清醒的時候摔跤過。」麥克修輕巧地幫所有人打破尷尬，總統在自嘲過後，也設定了扎實但溫和的討論議程。

事實上，這個委員會裡集結了眾多人才，反映了知識份子圈與政治圈真正面臨的十字路口，也因為這個事實，委員會成了一個燙手山芋。處理生物倫理或生物醫學議題的華府委員會通常都是單一立場的，反映大多數現代學術界的世俗看法。會中討論的是應用與機制，而不是亞里斯多德式的分類、正義的觀念、手段／目的、是／應是等等其他涉及人類決策的哲學性，現在變成政治性的議題。委員會裡隨時都是大亂鬥，但卡斯維持了文明的討論。

倫理、胚胎與政治

回首那八年的時間，一切都與幹細胞有關。一月的會議後，我漸漸明白我的想法會帶我走向哪個方向。這項議題的嚴重性讓我談論到其他相關議題：生命的起始、墮胎的議題；也就是耶魯外科醫生瑟爾薩所說的「被撕裂的生命」議題。[13]工作時，教授會議中，吃晚餐的時候，胚胎的問題總能讓人有所反應。有一天晚上，我和法藍西絲卡與柴克提起這個議題。當時法藍西絲卡是高中生物學學生，她根據對細胞過程的理解，已經發展出自己的看法。她想發起一個全國科學社團運動，名為「全能細胞」（totipotes）。當我兒子被問到「你覺得生命從什麼時候開始？」他頭也不抬，繼續吃他那一大盤食物，以實際的態度回答：「第一次在橄欖球場被攔截撲倒的時候。」

除了表面上對幹細胞這件事好像很熟悉之外，我並沒有什麼特別不同之處。我還是停留在和大多數人的看法相同的程度（如果他們真的有思考這個議題的話）：幹細胞有助於治療疾病，但如果來自於之後會被銷毀的胚胎則會讓人不滿。雖然我不是很了解，但我知道應該問誰：我的哥兒們布萊克。布萊克是分子神經生物學家，也是執業的神經科學家，當時即將負責營運新澤西州幹細胞研究院。我們在康乃爾的時候是同事，他也和我共同發想了幾十個計畫。他非常投入研究，幾乎沒有休息時間，總是心情愉快。

在沙隆一個下雪的冬夜，我和我妻子打電話給布萊克，他當時還在工作，而我們卻舒服地窩在家裡的火爐邊。布萊克深入研究成人幹細胞，這和胚胎幹細胞不同，在生物醫學上的展望也有所不同。在這通電話裡，布萊克說明了這個故事。那一年，我不斷在幹細胞研究方面尋求他的意見。

那天晚餐後，布萊克是這樣向我們解釋的：正常情況下，卵子和精子會在輸卵管*結合，形成受精卵，受精卵會在接下來十四天內沿著輸卵管往下，在子宮壁著床。著床後會被稱為胚胎。生長神經系統的過程，第十四天以後才開始。胚胎會發展，出現差異，受精大約八周後就會被稱為胎兒。這些每個人大約都知道。

讓情況變得複雜的是大家不太清楚的部分：孿生子的情況通常是在那十四天發生的，這段期間可能也會出現異原嵌合體（chimera）。異原嵌合體就是兩個不同的卵子，被不同的精子受精，成為兩個不同的受精卵（異卵雙胞胎），但又重新融合成單一受精卵。這樣的有機體生長後，可能會在不同的器官有不同組的染色體！但問題依舊在於：當精子進入卵子後，社會到底在哪一個時間點，賦予這個受精卵一個成人的所有權利？有些人可能會覺得這些權利在一開始就有了，也就是在受精的那一刻開始，只要一成為受精卵就是；這些人一般被稱為「潛在可能論」（potentiality argument）的擁護者。如果不去管這個兩個細胞的受精卵（當然是讓它留在女主人身體裡），那它可能會變成一個人類。

布萊克繼續解釋以幹細胞而言，這些又代表什麼意義。在卵子和精子結合以後，受精卵會分成兩個細胞，接著四個、八個、十六個。這些細胞都是分化全能（totipotent）的，也就是說，任一個細胞都能形成整個有機體——一個寶寶。這就是我女兒提到的社團運動。就像我說的，她遙遙領先我們。隨著細胞不斷分裂，後續的階段就出現了，稱為囊胚（blastocyst，亦稱胚囊），大約有七十到一百個細胞。囊胚是一團細胞球，有一個外層包著內部的細胞團。內部的細胞團就由大家渴望的幹細胞組成。它們被形容為有多能性（pluripotent），因為它們不像之前的分化全能細胞，無法生長成完整的有機體，但它們能生長成身體內的任一器官，所以生物醫學科學家才想要它們。心臟會衰竭，腦會衰竭，肺臟、腎臟、軟骨，你想得到的都一樣。他們打算擷取這些細

＊輸卵管是連結卵巢和子宮的管子。

胞，策略性地將它們放在有特定器官疾病的患者身體裡。這些新的幹細胞會在它們被注入的位置幫助修復該處的身體器官。如果要決定公共政策的話，你需要知道的生物學知識就只有這樣。但是我發現，這其實只是開始而已。

如同我先前提過的，委員會裡的很多人都是天主教徒。你很容易就能假設他們的第一反應是反對幹細胞研究，因為胚胎幹細胞研究代表了摧毀胚胎，這是違反教義的。然而，你不需要追溯太久遠的教會歷史就能看到，教會對這件事的意見從十九世紀晚期開始就一直游移不定了。使教會為難的是賦予靈魂這個議題，以及這件事在胚胎發展的哪一個時間點發生。一場教會會議決定，受精卵在受孕的那一刻就獲得了靈魂，推翻義大利神學家阿奎納在十三世紀時提出的，胎兒大約在孕期的第三個月獲得靈魂的論點。

但這些都不重要。都二〇〇二年了，這個委員會裡的天主教信徒是怎麼想的？猶太教徒是怎麼想的？世俗主義者呢？其他的基督徒呢？還有共和黨人、民主黨人、自由派、保守派、女性、男性、科學家、生物倫理學家、人道主義者、律師、醫生……？這些專業與信仰體系都牽涉其中，他們也極端關注委員會所獲得的資訊。當我們在聽專家證詞，說明幹細胞研究的本質，以及在正常流程，也就是性結合的情況下，會發生的實際情況與本質時，媒體也盯著我們。這件事的壓力極大，我在達特茅斯的正職相較之下根本是小兒科。

在沒有接受過訓練的情況下開始這個過程，對我來說真的是不成功便成仁。突然間，我覺得自己必須建立起我的觀點。當然我在過去並沒有深思過這些議題，但並不表示我不能在此時開始思考這些事。我在委員會裡學到，身為人類最根本的核心，就是會去思考道德與倫理議題。就很多方面來說，這都讓我有所覺醒。光是提出概念已經不再可行了，燈光一打，攝影機一拍，你對於社會運作這件嚴肅的事情真正的想法是什麼？即將出現的道德紋理是什麼？大規模的幹細胞研究會不會撕裂人類文化的實際紋理？

在我們花了六個月的時間聽各種專家作證的過程中，有好幾個重要論點一一浮現。第二次的會議在二月舉行，史丹佛大學傑出幹細胞專家溫斯曼，同時也是國家科學院（ＮＡＳ）新的幹細胞技術報告的主持人到場進行簡報。我們在簡報前隨意聊了一聊，發現我們都是達特茅斯一九六一年那一屆的。我們過去並不認識，因為他在三個月後就離開回到他心愛的蒙大拿州。他是個溫暖又極端踏實的幹細胞研究支持者。

國家科學院的那篇報告[14]試圖將幹細胞議題去神祕化，釐清各式各樣的過程，例如成人幹細胞研究、胚胎幹細胞研究、生殖複製，以及所謂「體細胞核轉植技術」（somatic cell nuclear transfer，簡稱ＳＣＮＴ）＊。溫斯曼馬上就面對猛烈的砲火攻擊，攻擊主力是委員會中的道德守門人，捍衛基督教信仰的梅蘭德。梅蘭德是來自中西部一所小型學院的道德神學教授，一個可愛的冷面笑匠，專門教唆挑釁。他的憂慮充分展現了像溫斯曼這種約化主義者，以及他這種人道主義者之間的緊繃從何而來。他基本上宣稱ＮＡＳ的報告只是用不同的名詞描述相同的東西，也就是爭議所在：人類的胚胎。梅蘭德是這樣問溫斯曼的：

> 科學院（sic）的報告討論兩個程序，聲稱兩者非常不同。首先是人類生殖複製，第二個則是製造幹細胞的體細胞核轉植。假設我們看到實驗室裡有兩個已取出的複製囊胚，X和Y，沒有人告訴我們哪個是哪個，只知道X是程序一所產生的，Y是程序二所產生的，然後我們要檢查這兩個囊胚，判斷哪一個是X哪一個是Y。我們要以什麼為基礎來做判斷？[15]

這樣的交流讓我開始思考，兩者間這個似非而是的爭論其實有非常大的落差。以生物學的層面來看，梅蘭德是對的。囊胚這個生物學上的實體，不論是用什麼方法製造出來的，只要被植入子宮內，都可以生長成為一個人類有機體。每一個囊胚自己的幹細胞都可以被取出進行生醫研究。這是一個簡單的事實。

同時，這些過程在溫斯曼眼中是完全不一樣的，因為人去執行這個過程時，是抱持著完全不同的企圖。溫斯曼的信念看似錯誤，但好像又是正確的：囊胚只不過是一堆分子，不管怎麼看都沒有人類必須擁有的、可發揮功能的人類心智。一顆甜美多汁的祖傳蕃茄（heirloom tomato，品種名）可以被壓爛放入披薩醬，也可以小心翼翼切片後放在卡布里沙拉裡。它會有什麼下場，就看廚師的心情和手來決定。同樣的，科學家的意圖並不是要做出一個完整的有機體，或是更直接的說，一個寶寶。他們是想做出能救命的細胞，幫助因疾病所苦的病人。在撰寫這篇報告的時候，沒有人想要用複製技術製造嬰兒。科學家一般都認為製造嬰兒是危險的，並且具有潛在的傷害。其他人覺得只有上帝能賦予生命，這個過程不是人能插手干預的。

顯而易見的是，不論是委員會裡外，大部分的科學家都認為囊胚是一團細胞，道德問題則圍繞著該拿這團細胞怎麼辦。梅蘭德的觀點是，這不是一團細胞，這已經是一個人類了。我開始明白，需要打從根本了解的議題並不是人類的生命究竟從哪一刻確實發生，而是：囊胚應該要獲得什麼樣的道德地位？「身為人類」究竟是什麼意思？

在這些紛紛擾擾中，其他的專家也持續來委員會報告。讓人印象最深刻的是一名猶他大學的婦科研究者。他提出的資料非常精采：在因自然性行為而受精的卵子中，有百分之三十到八十會自然流產！一位天主教徒在休息時間跟我說：「說真的，女性應該要幫那些人辦葬禮嗎？」

＊體細胞核轉植技術是將捐贈者的體細胞核取出的技術。體細胞是除了生殖細胞或沒有差異化的幹細胞以外的任何細胞。接著卵子細胞的細胞核也被除去並丟棄，再將捐贈者的細胞核注入卵細胞中，卵細胞會重新編寫這個細胞核。捐贈者體細胞的細胞核突變成為卵子的細胞核，再以電擊刺激卵子，使其開始分裂，最後形成囊胚，擁有和原本捐贈者幾乎一模一樣的DNA。

委員會裡的一些成員也在這場攻防戰中出了一份力。出名的哈佛政治哲學家桑德爾開始剖析布希總統對幹細胞研究的立場背後的邏輯，指出這根本不符合道德觀。布希在一方面下令聯邦政府的經費不能用於生醫複製方面，因為人類的生命是神聖的，因此沒有任何胚胎可以被摧毀。但桑德爾指出，布希另一方面又不反對生醫複製研究使用私人經費繼續發展。所以用私人經費殺人就沒關係了？

在委員會開會的時候，我一開始先使用各種比喻，之後漸漸形成我自己的推論。我的觀點是，部分並不是全部，尤其是在大腦這個部分還不存在的時候。我想出來的比喻是：「販賣許多居家修繕用品的特力屋失火的時候，報紙標題不會寫『三十間房子失火』，而是會寫『特力屋失火。』」這間店裡的各部分就只是各個部分而已，不是一整間房子。

我也嘗試用廣為接受的「腦死」來比喻，這是考慮人體器官移植時所使用的論點。目前已經建立起一套判定腦死的臨床標準，這套標準非常穩固可靠。如果發生不可逆的腦部損傷使腦電波呈現一直線，所有器官，包括心臟，都可以摘取並移植，使他人得以存活。除了教宗庇護十二世之外，所有人都支持這個立場。我的推論是，如果我們接受「腦死」是允許將器官用於健康目的的準則，那為什麼囊胚這種一團沒有腦的實體的細胞不能拿來用？

我慢慢發現我成為了支持派。我整理了自己所有的論點，在《紐約時報》寫了一篇專欄。16

在春季尾聲，一切都釐清了。六月的會議上，委員會的每一個成員都有一個公開說明時間，講述他或她對這些糾纏不休的議題的想法。最後要投票，表達我們每個人對生殖繁殖與生醫繁殖的看法。我們壓力也愈來愈大，因為《紐約時報》的專欄作家薩菲爾在五月中寫了一篇文章，描述委員會對於複製的意見即將出現分裂。[17]記者追著我們跑了好幾個月，各種觀點、偏見、看法紛紛出籠，百家爭鳴。

卡斯在六月的會議給了我們一個選擇。他準備了一些能反映過去五個月裡討論的所有選項的建議，要我們每個人表明自己的立場。主要是這兩個選項：

> 可能性三，禁止使用複製技術製造小孩……但是可以在人類複製胚胎使用規範下，進行生醫研究。選項三稱為**有規範的禁止**。
>
> 選項六，暫時終止使用複製技術製造小孩……也就是暫時禁止……有一段固定的禁止期，不能進行以生醫研究為目的的複製。選項六稱為**暫時終止禁令**。[18]

委員會的十七人，每一個人都講出自己的偏好，並提出背後的理由。每一個人都清楚說明自己的觀點，就連立場還很掙扎的三人也一樣。最後是這樣的：所有的成員都贊成禁止生殖繁殖。這背後可以是科學的也可以是宗教的理由，但基本上每個人都覺得這很恐怖也很詭異。

如同我所說的，六月的投票很清楚。七個人也投票反對生醫複製，也就是說他們要求暫時終

圖四十七　二〇一二年七月十一日，卡斯在華盛頓特區的一場記者會中公布了人類複製報告。這場記者會讓人筋疲力竭，因為卡斯不只必須應付委員會裡不同意他立場的人，還要承認白宮與國會，以及當然還有媒體的政治現實。

止。他們直言不諱自己可以接受「暫時終止」這個詞，因為他們需要更多時間說服這個世界，生醫複製本質上就是錯誤的。

另外七個人，包括我，投票支持有規範的複製，也就是同意他們去做，但要先制訂好規範。因此，這個團體不覺得生醫複製有任何道德問題。最後還有三個人說，在反覆思考後，他們也贊成生醫複製的可能性。總的來說，這代表十個人贊成生醫複製，七個人反對。這次會議的公開逐字稿裡都有這些內容。我喜不自勝地認為，我們六個月的努力呈現出了一個合理的立場，參與了社會確實面臨的十字路口。

卡斯對於投票表達立場這整件事不是很滿意。他認為委員會是傳播想法觀念的地方，這就是它的功能。他確實不辱芝加哥大學的背景，但是華府的底線哲學不是這樣的。在六月的會議過後，我們收到一份表格，要求我們投票並簽名，並且要我們盡快傳真給白宮。一個月後，在七月的會議裡，我們的報告以及投票表格都公布了（圖四十七）。神奇的是過了一個月，委員會的意見變成這樣：十個人贊成暫時終止，七個人贊成有規範的進行生醫研究。票數相同，但結果不同。

在六月會議結束後的幾周裡，搖擺不定的人和想要完全禁止的人之間一定進行了不少政治活動。而我們七個清楚表態支持研究的人則沒有牽涉其中。因為我們已經做了決定，不會改變，所以不需要在我們身上浪費時間了。從六月到七月所達成的，就是讓那七個想要完全禁止的人形成「暫時終止」團體，再把那三個想要「有規範地研究」的人抓過去，說服他們接受「暫時終止」，而不是「規範」。這樣一來，看起來就像是委員會大多數人是贊成踩煞車的。《紐約時報》就是這樣報導的。

布希的生物倫理顧問小組
建議暫時終止，
而非禁止複製研究

大家引領期盼已久的布希總統生物倫理顧問團報告認為，為生醫研究進行複製不應徹底禁止，但應有四年的暫時終止期，讓大眾有時間進行更多辯論。總統生物倫理委員會對暫時終止的背書，似乎和支持禁止人類複製實驗的布希總統本人的立場略有出入。委員會的十八位成員中，有七位更進一步反對布希總統，建議在政府規範下開放進行複製研究。根據《紐約時報》取得的報告執行摘要複本，就連多數意見都有分歧。多數意見表示：「我們有些人認為生醫研究的複製永遠無法以合於倫理的方式進行，並同意暫時終止讓我們能繼續以更民主的方式證明我們的立場。其他支持暫時終止的人則認為，這樣能為建立一套全國性的規範系統爭取時間與提供誘因。」一如預期，花了七個月審視複製實驗的社會與倫理意義的委員會，呼籲禁止利用複製技術複製成人基因，製造嬰兒。儘管委員會意見分歧，但一名資深行政官員表示，這份報告「與總統的核心觀點一致，也就是所有的人類複製都是錯誤的，不應獲得批准授權。」該名官員還補充，多數票的意見「顯然反對那些認為我們應該今年禁止生殖複製，但批准研究複製的立場。」[19]

當然，這份報告完全不符合核心觀點，卡斯也聽說了。委員會的成員顯然對此有所閃躲。梅蘭德幾個月後寫信給《新大西洋報》（*New Atlantic*），精準地表示：

就實際的政策問題本身有很明顯的深層分裂。委員會中的十位成員支持暫時終止以生物醫學為目的的研究，七位贊成繼續這樣的研究，但前提是必須有規範性的控制。（原本的十八位成員中，其中一位已經辭職，在報告公布之前尚未遞補。）然而，每個人都可以宣稱獲得了勝利，如果那樣的說法有意義的話：因為贊成暫時終止的多數派的十個人當中，有三個人並不認為要永久禁止以生醫為目的的研究，這種研究的支持者可以——並且也確實——強調委員會的大多數人是反對禁令的。[20]

距離七月份的會議沒有多久，媒體對委員會已經差不多失去了興趣。這份報告大致上被嗤之以鼻，被放逐到華府存放大部分報告的大黑洞裡。不過媒體對於這份報告的籌備與出版的興趣讓人發現，如果生物學家能找到方法避開這個道德問題，那一定會很酷。這其實在四年後發生了，多虧了日本分子生物學家山中伸彌。他很厲害，找出方法把細胞從身體裡面拿出來，回溯發展過程，使它變成多能性幹細胞。[21]再也不會有囊胚被丟掉了，也沒有道德的兩難題，只有把任一細胞取出，變成能再生病患需要的器官細胞的細胞這個過程而已。科學穩健地往前進，山中先生六年後也獲頒他應得的諾貝爾獎。

委員會本身也繼續運作，處理各式各樣的問題將近八年。我對於委員會對問題的描述感到愈來愈挫折，頭腦冷靜的平克在二〇〇八年簡潔明瞭地準確說明這種使用一連串的因果推論，卻誇大每個環節的因果強度，得到不合理結論的滑坡謬誤（Slippery slope）帶給我的感受：

神本主義的生物倫理的病態已經超過將天主教的教義強加諸於世俗的民主上，用「尊嚴」譴責任何讓人寒毛直豎的東西。保守派生物倫理學家從十年前複製羊桃莉開始播下的驚恐種子被煽動性的媒體放大，把大眾對於生物倫理的討論變成科學文盲的鳥煙瘴氣。《勇敢新世界》（*Brave New World*）這本小說，被當成無誤的預言，複製被誤以為是讓死者復活，或是大規模量產嬰兒；長壽變成「永生不死」，進步變成「完美」，疾病基因篩檢變成「設計師寶寶」，甚至是「重新塑造物種」。現實是，生物醫學研究就像推石頭的薛西佛斯那樣，是永無止盡的苦差事，拚命想為驚人複雜、受熵包圍的人體帶來些微健康的增長。這不是，可能永遠也不會是，一輛失控的火車。[22]

再次向前

我為公眾服務的直覺再次發作，於是我在達特茅斯擔任學院院長。提名委員會一致同意提名我擔任候選人。但他們只交了一個名字給校長考慮。回頭想想，我發現這應該不是開始一個新工作最好的起點。此外，我不參加教職員會議的那些年，讓我完全缺乏某些技巧。要成功擔任學院

圖四十八　金姆是達特茅斯學院的新院長，在二〇一一年的第十五屆同學會，授予我榮譽博士學位。布希總統也獲頒學位，歐布萊恩則發表畢業致詞。

院長，你不是要有敏銳的教職員政治雷達，就是要獲得上層百分之百的支持。但我兩者都沒有。我只做了兩年的時間。但我很高興的是，加州大學聖塔巴巴拉分校找我回去，這似乎是另一個絕佳良機。

在我離開達特茅斯六年以後，達特茅斯在我們這屆的第十五次同學會上頒給我榮譽學位（圖四十八）。我的家人參加了這個典禮，我們班，一九六一年這一屆，要我在典禮後發表一場演講，講題是我的科學研究。實際上發生的事，無法抹滅地刻印在我的心裡。我讓我驚人傑出的女兒，身為二〇〇七年那屆的達特茅斯學生，當時就讀於加州大學舊金山分校的法藍西絲卡代表我演講。就像甘迺迪曾說的：「火炬已經傳下去了。」其中一位院長在事後過來跟我說：「法藍西絲卡想找工作嗎？」不用說，我真的喜愛達特茅斯，我們家人也一樣，在那一刻，我哥哥和我，以及他兩個兒子和我女兒當中的兩個，為頂尖的畢業科學家成立了一個獎項。

第四部　大腦層次

第九章　層次與動態：尋找新的觀點

新想法最美妙之處，就是你還不知道這個想法。

——諾貝爾物理學獎得主湯斯

我在二〇〇五年準備好面對新的開始，有什麼地方會比我展開職業生涯的聖塔巴巴拉更適合呢？四十年前，我在海邊的城鎮卡本塔里亞買了一間房子，位在加州大學聖塔巴巴拉分校南方，只要二十分鐘路程就到了，至今我還擁有這間房子。隨著新工作帶來的好運，我一切都就位了：我的新書即將出版，這裡氣候宜人，搬進這間我在四十年前親手設計建造的房子更讓我心滿意足。此外，我有很多家人都住在附近。新贊助商賽吉出版公司送給大學一份大禮：創立心智研究中心。我的生活看來非常美好。

我有個大家庭，因此考量到加州大學為六十六歲的老人提供的壽險，我決定自己加碼在民間加保壽險。這樣保費低很多，而且有專門的健檢人員到我家來做身體檢查就可以了。快速做心電圖，抽一小管血，其他他們處理就可以了，至少我是這麼以為。幾周後，保險經紀人打電話告訴我，我的壽險保單被拒絕了。他說公司保單沒有解釋原因，我對此表達抗議。幾天後，他回電給我，用誰都不想聽到的輕柔聲音說：「你的前列腺特異性抗原（ＰＳＡ）是十六。」

我的健康過去是交給漢諾威的達特茅斯希區卡克醫學中心的一群醫生負責，以當中一位世界頂尖流行病學家為首。他的研究顯示，ＰＳＡ測試的數值應該極低或是零；這項生物指標會偵測血液中的前列腺特異性抗原程度。照顧我的醫生說，我自己可以決定要不要做測試。我知道流行病學家有自己的看法，我同意他的推論，所以在我的ＰＳＡ測出十六之前那重要的十年裡，我從來沒有做過這項測試。一切都和事件發生與後果的基本比率有關。流行病學家根據大量的資料判斷，平均而言，ＰＳＡ數字高的患者就算接受各種醫療干擾也不會有大幅的改善。換句話說，這項測試根本沒有道理；因為如果你的ＰＳＡ過高，治療也不會有改善。平均而言是這樣。當然，問題在於平均是由個體所組成的，有些人在數字較高的那端，表示治療有可能會有幫助。我告訴你，當你被淋了一桶前列腺癌的冷水後，你腦袋裡只會想著：他們什麼時候可以開始醫療干預？那種「不要袖手旁觀，想點辦法啊！」的迫切感，遠勝過冷冰冰的統計推論。

和我同名的姪子麥可是一位泌尿科醫生，他有一間診所，照顧患者的技術超群。我和他談了這件令人心煩意亂的事，他甚至說他願意幫我在他橘郡的辦公室做切片。我聽過一些恐怖故事，有個朋友在做了切片後出現敗血症，差點就此喪命。另外就是大家總是會抱怨切片的痛感超乎尋常。手術、放射線治療、賀爾蒙療法的重重陰影，前列腺癌要承受的痛苦死亡，一下子都湧上我的心頭。麥可要我冷靜下來，說他已經做過三千多次的切片，從來沒有併發症，而且他做切片的方法一點也不會痛。這是好消息。壞消息是，他判斷我有前列腺癌，非常糟。

麥可很快安排我和南加大的泌尿科界傳奇醫生史金納見面。史金納的年紀和我相同，進行前列腺手術的妙手回春能力廣為人知。我記得他一陣風似地進入檢驗室，手裡拿著我各項報告的圖表、掃描圖，帶著大大的微笑說：「哇，你做了什麼才有這種報應？」他向我太太和我解釋了全部的情況，接著安排我先接受一段短短的賀爾蒙療程，縮小前列腺的尺寸，再於下個月接受手術。動手術那天早上，麥可也來觀察手術，他想看看史金納的魔術之手，當然也來表達他對我的關心與支持。我被住院醫師推到準備室裡，向夏綠蒂說了一些話，然後就失去意識了；我醒來時已經在加護病房，所有護士都面帶微笑，跟我說手術很成功。那一刻我心頭交織著古怪與美好的感受。我的腹部被縫起來，前列腺被切除，從三十公分長的切口取出。在幾個小時內，醫護人員幫我站起來，走動一下。嗎啡幫了不少忙，不過家人的樂觀鼓勵和營運良好的醫院中的醫護人員也很有幫助。

隔天，史金納醫生在早上巡房時過來看看我的情況。他帶著一群實習醫生和住院醫生，這是教學醫院的常態。我突然很想問他一個直接的問題：「我還能活多久？」史金納突然暫停，看著我，非常冷靜地說：「我已經把你帶回正常的死亡曲線上了。」夏綠蒂和我欣喜若狂。原本根據手術前的切片結果，我們覺得我大概剩下兩年可活。

這種攸關生死的事件也改變了我們的想法，讓我不得不面對過去試圖逃避的事：考慮一般的死亡，以及提早死亡。我們當然知道死亡是怎麼回事，我們都有好朋友已經過世，也有父母過世的經驗。但是這些經驗和你自己躺在手術台上時，幾乎沒有什麼關係。面對死亡的是你，不是什麼存在主義的思考或是過於多愁善感，是你就要沒戲唱了。

我的看法沒有什麼特別的。燈亮了，然後會滅。燈滅的時候你也不會知道，因為你到時候已經死了。你不會思念家人朋友，因為你到時候已經死了，所以也不用在活的時候為此感到傷心。其他人會懷念你，但如果他們突然死去，情況也是一樣。你會想念你想做的每一件事，這是真的，但是既然到時候你都死了，也不知道這一切了，那又有什麼意義呢？等等諸如此類的。最後，這樣的思考過程讓死亡好像沒那麼可怕了，沒那麼讓我動彈不得。就像是葉子離開樹梢，生命會結束。事實上，在我手術後大約一年，我突然獲得一項榮耀，而這段時間的這些思考，確實讓我做了良好的準備。

為季富得講座做好準備

二〇〇七年，我受邀在愛丁堡大學的季富得講座擔任二〇〇九年度的講者。我又驚又喜。西方文化史大師巴森曾形容季富得講座是大師的演出，「哲學家生涯中最高的榮譽」。這個講座已經有一百多年的歷史，由季富得爵士發起，目的在於以科學的方式討論自然神學，也就是「不可提到或依賴任何可能是特殊、異常，或所謂超自然神蹟的事項。」這我做得到！這也代表我有兩年的時間準備，我現在有很好的理由相信我能活得夠久，完成這項任務。

季富得講座的邀請讓我有動力整理自己對於人類的意義，以及神經科學未來的發展軌道等重大議題的想法。這項任務讓我從日常生活裡昇華，不會只關注於下一件要做的工作，下一個要解決的迫在眉睫議題。我感覺自己的大腦上緊了發條，轉個不停，試圖把自己的經驗提升到新的層次。就像諾貝爾心理學獎得主康納曼喜歡說的，我們的腦很懶，不喜歡太努力工作。[1]米勒出名的還有他用極為風趣的筆觸指出，[2]我們的工作記憶很有限，一次只能維持幾個項目的運作而已。我需要另外一個層次的抽象性，單字的代稱、暱稱，或是行話來解釋我要說的概念，讓我的工作記憶騰出一些空間，了解我所浸淫其中的這些片段該怎麼組合在一起。我需要更宏觀的理解。我以為我做得到，我向來是看大方向的人。畢竟當我們被細節困住時，就會退回到抽象的理解。

神經科學講的就是結構與功能之間的關係。有兩個主要的學派在解釋這兩者如何互動。有些人認為大腦結構很早就建立好了，所有的有機體大約都是在大腦真正開始改變時，才發生功能轉變。另一派的人認為大腦中有很多固定的結構，各自負責不同部分，所以看起來像是一直改變的、可塑的，但其實根本不是。「找出到底是哪一個！」是當時大家的呼籲，大腦如何做到這些把戲的祕密即將被揭曉。更準確地說，已定型或是有可塑性的大腦，是已經形成的許多二元論之一，其他二元論則與大多數科學家根深柢固的約化主義信念有關。約化主義是一種哲學立場。這種論點認為，一個複雜的系統只是當中各部分的總和而已。透過觀察個別的部分，就能預測整體；而觀察整體，就能描述個別的部分。在神經科學的領域，這種說法相當於：A製造B，B製造C，形成美好的線性世界觀，如果想要了解大腦，這是一個很好的起點。「研究簡單的系統！」愈簡單愈好：海蛞蝓、蟲；如果要研究靈長類，那就只要研究單一細胞的行為就好了，某些議題則可以用老鼠和小白鼠來研究。同樣的，這些都是強烈的約化主義傾向所造成的，他們認為人腦的一切以及大腦產生的東西，最後都可以透過觀察神經元裡的電子想幹嘛而理解。從認知開始，到行為、系統、細胞到分子，就像剝橘子一樣，科學可以深入底層，看到種籽。就像種籽最後會長成大樹，結出橘子一樣，我們也可以再次建立大腦：從電子開始，到分子，我們可以直線建構回到認知，一個個都會就位。我是抱持著這種觀點長大的，過去在很多方面我都對此深信不疑，在某個程度上我現在還是相信。但我心裡有個強大的力量把我拉回來，大叫：「不可能是這樣！」

比較可能的是，埋頭苦幹的科學家一直知道自己的研究有怎麼樣的限制，也可能根本就搞錯了方向。當一個想法失寵，通常不是因為原本提倡的人沒有想到其他觀點。他們通常都痛苦地明白，這個基礎的真相其實可能也有其他觀點存在。他們只是選邊站，只要這個觀點還有可能性就不移動位置；有時候還會站得更久。這就是康納曼所謂的「沉沒成本謬誤」，因為你已經投資太多了，所以你覺得自己有義務要堅持到底。這沒有對錯，就是人類的行為。在當今這個人類腦部造影實驗的時代，成千上萬的科學家致力於找到某些種認知狀態中，看起來比較活躍的位置和／或網絡。然而他們都發現這種新顱相學可能無法抓到精髓，不能解釋大腦如何發揮魔法，讓我們成為現在的樣子、有這些感受。我常常覺得，要讓這一切更清楚，一個聰明的做法就是讓科學家在提交論文時，附上對自己研究的一份審查。我確定他們的審查意見會是最嚴苛的。像木頭人的科學家不多。

隨著時間過去，眾人紛紛理解各種實驗，大家不是繼續堅持下去，就是將之完全拋諸腦後，探討心智／大腦的議題的大方向即將有所改變。就很多方面來說，這就像是走在一條已經許多人走過的道路上，突然看到旁邊有新東西。其實那東西一直都在，但是出於信念，或無知，或疲勞，或是被其他東西轉移了注意力等種種理由，這個東西一直沒有被看見。當芝加哥大學經濟學系的一位研究生，指著地上跟教授說：「老師，路上有一百美元，」這位深信有效的貨幣市場的教授的回答是：「不可能。」我們的理論使得我們全都變得盲目。不過，輪到我試試看指出大方向了。

一瞥大腦原理

將近七十年的神經生理學研究告訴我們，大腦不是一碗隨著廚師攪拌而滑落攪拌叉、隨機纏繞而成的義大利麵。大腦是一個高度結構化的生理機器，管理複雜的行動編碼，早在神經生理學家薛林頓爵士著書之前，就已經被稱為「被施魔法的織布機」（enchanted loom）了。[3]透過DNA，這個有機體的結構與功能都「記得」它成功的演化結果，從腳趾或爪到肝。大腦也不例外，只是DNA編碼成功的眾多器官之一。畢竟誰想從頭開始學習一切呢？這可不是好的生存策略。最好是沿途傳承一些基本的東西，好讓一切可以盡快開始運作。大腦生來就有很多程式，讓我們準備好面對生命的挑戰。

斯佩里在他的神經特定性研究中說明了這些：他進入加州理工學院前，就已開始研究腦部的神經元如何互相連結。[4/5]若仔細思考這項知識，便能準備好面對未來關於大腦的各種精闢見解。嬰兒在嬰兒工廠中已經配備好能力了。一年年過去，我們不只了解一歲的寶寶知道多少，還有一個月大的寶寶知道多少：很多。發展心理學的領域不斷追溯寶寶是在什麼年紀亮出手上的牌的。一群聰明的匈牙利心理學家已經仔細觀察過寶寶在心理建構時期的眼球運動，發現六周大的寶寶已經有對他人進行心智推理的能力，並且能看出他人手勢中的社交意涵。[6]此外，寶寶似乎天生就有教導他人新知識的熱忱。不同於斑馬魚和狗，雖然牠們對社交秩序等也有自己的廣泛感知，但人類的寶寶似乎天生就好為人師。[7]

儘管有些人擁有直覺般的信念，希望大腦能擁有無限的延展性，但是關於大腦在很多方面都預先規畫好的論點，已經通過長時間的考驗。美國人深信任何東西都能透過外在的力量加以強化，這是一種值得讚賞的渴望。很多這個領域的專家都緊抓著這個想法，因為缺乏更好的字眼，姑且將這個想法稱為「無窮的突變性」。可惜的是，大多數神經學疾病都在這個「無窮的突變性」上畫了大叉。這類疾病造成的缺口是無法自動由大腦的其他部位所取代的。

過去七十年的神經科學研究中，另外一個被大力證實的論點是：基礎的行為、認知，甚至意識本身，是高度模組化並且平行運作的。這個陣營相信，就像大多數的複雜機器，平行處理會在大腦運作過程中持續進行，錯綜複雜地製造出統一的功能。超級模組化造成的錯綜複雜、整合性的處理過程，乍看之下根本一點也不合理。而且還不只這樣。如果是真實的機器，干預任一零件就會中斷機器的運作；可是把一塊大腦取出，通常對於這台機器的行為卻沒有什麼太大的影響。大腦有些區塊極端重要，有些只像是蛋糕上的糖霜一樣只是裝飾。這是怎麼回事？[8]

首先，為了了解朝向模組化的推力，我們要先想想裂腦患者的實際狀況中，特別引人注目的其中一個層面：左右腦的連結被切斷之前，會說話的左腦開開心心地描述所有在完整視野中的東西。像你一樣，當患者看到一個人的臉，他們不會只看到右臉，還會看到左臉，兩張臉孔從中線被大腦神奇地縫合，形成完整的一張臉。

難以理解的部分來了。回想一下，在接受手術後，他們會說話的左腦現在只能看到右半邊的世界。儘管很難相信，但是如果你問他們：「有什麼改變了？」他們會說，沒有什麼啊。

從會說話的左腦的觀點來看，一切都還滿正常的。為什麼？你能想像在腦部手術結束後，你一醒來只能看到右半邊的空間，還說沒有什麼改變嗎？為什麼你不會說：「那個，醫生，我看著你的鼻子時，本來可以看到你整張臉，不過我現在只能看到你的半張臉了。怎麼回事？」到底為什麼左腦不會懷念那些過去和右腦連結時看到的東西呢？在你思考的時候給你一個提示：那些你不會想到或想念的，在腦中進行的大量潛意識處理過程，會從你的左腦產生連續性、不受干擾的經驗，形成你有感的意識。事實上，除非你有在注意大腦研究的發展，不然你根本不會知道它們存在。隨著左右腦被切斷連結後，所有右腦過去會做，現在也會做的事，都加入了意識無法接觸的處理過程的行列。它們成為你不會想念也想不到的那類事情之一。

這很難不讓人覺得對右腦感官現象領域的理解（也就是所有在左邊以外的事物），都僅存在並限於局部的右腦範圍中。

在理解視覺世界那個部分時，活躍的必定是這種我們所知的、局部的、生理的處理器。局部處理過程主宰非常局部的處理過程，這是所有大腦組織的基礎。這種局部處理很大部分都在有感的意識以外所發生，是模組化的，普遍的，而且很快。

思考模組化

模組化是我們大腦的產物。大腦組織的一般原則是，區域愈大，神經元愈多。神經元數量愈多，連結的神經元也愈多。然而，這樣的連結還是有極限的。如果每一個神經元都和其他每個神經元連在一起，那我們的大腦直徑會有二公里那麼長。[9]這才讓人頭大吧。軸突在大腦中必須前進的距離，會拖慢處理過程的速度，使身體動作變得遲緩，思考也會變得遲鈍愚笨。笨重的大腦也會需要很多能量，我們只能每天吃個不停，有些人也是這樣。所以，隨著人猿的腦逐漸演化，變得愈來愈大，神經元的數量跟著增加，每個神經元就不再和所有其他神經元都連結在一起。連結的比例確實因此下降了。

既然內部結構與連結模式會隨著等比例連結的減少而改變，高度的群集便應運而生，使整體的系統對個別元件或連結的失敗有更大的容忍度。腦中的局部網絡是由彼此高度連結的神經元組成，這些神經元和其他網絡中的神經元相連程度則相對較低。透過將迴路分成無數網絡，不但能減少對網絡的互相依賴性，還能增加穩固度。此外，這種構造也能促進行為適應性。[10]因為每一個網絡都可以發揮功能，也能在不影響到系統其他部分的條件下改變功能。這種局部特化的網絡就是所謂的模組，可以執行獨特的功能，也能適應外界的需求或配合演化。

模組！模組！大自然從每個角落都朝我們吶喊著。如果有一個有用的東西已經存在，並且模組化了，那麼大自然就會使用這個模組，並且繼續發展。如同愛丁堡大學的頂尖哲學家克拉克所提出，並由康乃爾大學的工程學教授利普森與同僚所發現的，「靈敏手指運動的控制能力不只是神經系統所造成的，彼此連結的肌腱網絡也有著複雜的關鍵貢獻。」[11]換句話說，既然我們已經演化成更為靈巧的動物，為什麼不使用已經存在於手部肌腱內的力矩關係資訊呢？這樣一來，大腦只需要供應比較簡單的一套指令，就可以執行個別手指運動的複雜任務。大腦發出的指令比較像是「拿杯子」，而不會是「好，大拇指往下壓，使出X分力，維持Y秒，然後換你，中指，伸到側邊去……」這樣才能有「更多方向與範圍的指尖力量」，如果只有大腦唱獨角戲就不可能會這樣。以這個例子而言，這也是克拉克熱中於提醒我們的部分：「有一部分的控制器嵌入在解剖學當中，這與目前認為人體的解剖學只由神經系統所控制的看法相反。」發號施令彈奏蕭邦練習曲的不是只有你的大腦，你的手指也負了一部分責任。

大自然不會在每次革新之後浪費時間重來一次。同樣的，大腦不只會模組化，把一些任務和詳細的指示推出中央處理器之外，而是整個認知系統，包括在運作的大腦、身體以及環境，都需要嵌入在彼此內的資訊，才能執行一項行動或達成目標。

然而，如果有人堅決抱持著「大腦功能就是由模組A到模組B到模組C」的線性觀點，那他就必須面對一種極度令人不滿的後果。如果這種線性思維正確，就相當於有很多很多電線在大腦中交錯，努力讓所有模組時時更新；而如上所述，這會需要一個二十公里寬的大腦才做得到。簡單的約化論觀點也需要一個最終的盒子，存放所有部位辛苦努力的成果，在單一的點加以協調，再變出意識經驗。這樣的模型在五十年前就已經因基本的裂腦研究而遭受攻擊。我們不禁懷疑，為什麼切斷胼胝體這個腦中最大的通訊線後，立刻會造成兩個相當類似的意識實體，攜手享受一個共享的身體？突然間變成有兩個終點，一起產生意識經驗嗎？這種簡單的線性模型，怎麼能因為醫生畫了一刀，就突然產生兩個並存的意識系統？換句話說，裂腦研究的發現，並不支持A產生B，B產生C這種簡單的線性模型。要確實理解研究中這個現象，需要新的，或者至少是不同的概念。

在科學上普遍存在的觀念是突現（emergence）：比較複雜的系統會從相對簡單的互動中出現。生物學是從化學而來，而粒子物理學又從生物學中誕生。同樣的，心智來自於神經元的互動，在這之上，還有經濟學原理從心理學中誕生。這是一個很微妙的概念，但似乎也是具體存在的，尤其在研究神經心理學現象時特別是如此。心理與生理總是會相遇。有沒有一種突現是負責協調腦中所有模組的呢？

來自神經外科檢查室的案例研究

很多年前，曾經在位於托雷多的俄亥俄醫學院執業的神經外科醫生雷波特，有一項驚人的觀察結果。他在進行患者保持清醒的顱骨切開手術時，在患者不知情的情況下對腦部主要管理嗅覺的嗅球施行輕微的電擊。根據雷波特的描述，他先和患者進行愉快的對話，可能聊聊即將來臨的春天周末。一邊閒話家常，他會一邊對這個大腦結構進行一次脈衝電擊。接著患者會突然中斷對話，然後說「誰拿了玫瑰進來？」之類的。過一會兒後，雷波特會把對話帶往負面的主題，再對同樣的大腦位置進行同樣強度的電擊。患者也會突然中斷談話，但這次說的是：「誰拿了臭雞蛋進來？」[12]

這個例子顯示，儘管一切都是在大腦中發生，但是心智處理過程還是會限制大腦的處理過程。就像是「由上往下」的心智處理過程在通知「由下往上」的實體生理處理過程：心智為大腦提供資訊，並影響大腦。簡單來說，雖然心智狀態是由生理的大腦所產生的，但它也有自己的位置，能反過來影響產生心智的實體生理狀態。

隨意想想突現與其涵義

突現可以這樣想：當微觀層級的複雜系統組織成為一個新的結構，擁有過去不存在的新特質，並在巨觀層級形成組織的新層級，這就是突現。[13]舉例來說，原子的行為和特質是由量子力學所描述。當這些微觀的原子聚集在一起，形成一顆巨觀的棒球，一套新的行為與特質也會跟著突現，由牛頓定律主宰，兩者都無法預測另一個的行為。普林斯頓大學的頂尖物理學家安德森曾經在一九七〇年代寫過一篇有名的論文，《多就是不一樣》（*More is Different*）。內容是這樣的：「約化主義者的假設和『構成主義者』的假設八竿子打不著：將萬物約化成簡單的基本法則的能力，並不代表從這些法則出發，重新建構宇宙的能力。事實上，基本粒子物理學家告訴我們愈多基本法則的本質，就愈顯得這些法則和科學剩下的真正問題之間的相關性薄弱，和社會問題的相關性更低。」[14]他比我說的更清楚。

儘管如此，突現的概念還是花了一段時間才被接受，尤其是被神經科學家接受。為什麼會這麼困難？堅定的約化主義者很難接受組織有超過一個的層級──不同的層級都對了解事物為何以這個模樣發生的因果關係有一份貢獻。就算他們接受這一點，他們也很難接受隨著較高層級而出現的極端新事物，是無法由較低層級的事件所預測的。然而，物理學家在量子力學登場時便已面對了這些問題，組織的多個層次現在正是物理學家的謀生工具。雖然物理學家中還是有某些固執的約化論者，不過大部分的物理學家都相信，自然界的元素天生就是無法預測的，因此只會根據機率所發生。

如同我說過的，這些都很微妙，也很難說得一清二楚，斯佩里在五十年前便為這些論點助了一臂之力。他在一場梵諦岡的會議中，大膽提出他的觀察：

意思並不是我們在行為科學的實作上，只能把大腦視為在大腦中及周遭運作的生理與化學力量的人質。完全不是這樣。想想看，分子在很多方面都是內在的原子和電子的主宰：原子和電子受到整個分子整體的構形特質主宰，在化學反應中被引導與支配。同時，如果這個分子本身是草履蟲之類的單細胞有機體的一部分，那麼它，以及它所有的成分及伙伴，都不得不遵守主要由尾草履蟲外在整體動態在時間與空間內決定的事件軌跡。同樣的，說到大腦，永遠不要忘記：雖然比較簡單的電子、原子、分子和細胞的支配力與法則還是存在，而且在運作，但它們在大腦的動態中，也都被更高層級的機制的構形力所取代。在最上方的人腦中，這些高層級機制包括感知、認知、記憶、推論、判斷的能力，以及同樣的，在大腦動態中和更高等級的內在化學力具有相同，或更大影響力的運作與因果效果。[15]

你是說附帶還是取代？

神經科學家非常堅持約化主義，大多數的科學家都是這樣，因此斯佩里的觀點並沒有廣為接受。事實上，伯根在他生動的自傳中也講到斯佩里在加州理工學院的同僚是如何希望他別再談這個主題。可是在此同時，這個觀點卻受到哲學界的廣泛討論，引起很多的想法與反應。大家在爭論斯佩里說的到底是取代（supersede）還是附帶（supervene）。哲學家蓓兒諾指出，屬於「物質主義者」那一派的人覺得應該是「附帶」，而不是「取代」。[16]在斯佩里演講的多年以後，加州大學柏克萊分校的頂尖哲學家精采地向我解釋了附帶派的論點。戴維森曾經參加過我在高級飯店比萊爾酒店辦的一場小型會議，當時與會的還有米勒、費斯汀格等人。他的解釋是「附帶的意思可以是：不可能有兩個事件在所有物理層面都相同，但只有某些心靈層面不同，或是一個物體不可能改變某些心靈層面，而不改變某些物理層面。」[17]包括哲學家路易斯在內的其他人，提出了一個點矩陣（dot-matrix）圖片的例子：「點矩陣圖具有總體的特性——它是對稱的，是雜亂的，等等諸如此類——儘管如此，以這張圖片而言，就只是在矩陣裡每一個點的位置有沒有畫上圓點而已。總體特質只不過是圓點中的模式而已，這些模式是附帶的：任何兩張圖片如果有總體特質差異，那麼必定在某個位置上具備有點或沒有點的差異。」[18]

所以附帶派認為，如果沒有局部、較低階層的差異，就不會有總體的、較高階層的差異。抱持著「附帶」論點的實體主義／物質主義者認為，心理學、社會學，以及生物學層級，是伴隨著物理與化學層級而發生的。斯佩里提到「取代」以及「淘汰」時，是模糊地指稱到「附帶」以外的其他部分——一個n級比n-1級更能自由飄移的景象。頑固的約化主義者認為這是一個花招，聲稱決定論者斯佩里只是突然講起其他事，而不是在說神經細胞放電。

不過我還是站在小說家毛姆這一邊，大家都知道他發現同一件事他至少要聽兩次才能記得住。曾經有人觀察到，狂熱份子就是那些不會改變自己的想法，也不會改變主題的人。我不是狂熱份子，但我還是不確定這些模組要怎麼組織並協調，產生一個單一的心理經驗。這樣就足以讓我奔向突現的觀念，並且宣揚勝利了嗎？為了了解突現，知道它可能是什麼，可能不是什麼，我來到了加州理工學院數學家多利的門前。

多利和我是截然不同的人。他從不停止思考，只能在你硬塞給他一杯馬丁尼時偶爾被打斷。他也是一個運動員。一九九〇年代中期，他參加比賽，輸了，再參賽，雖然輸給四十到五十歲組的世界划船紀錄，但贏得了人力車的世界冠軍。他還在一九九五年於澳洲布里斯本舉辦的世界壯年運動會中贏得兩面金牌（划船），第四名（自行車），以及第六名（鐵人三項）。儘管他是一位高明的數學家，他使用的語言卻很平易近人，這是我能和他對話的前提。讓我很驚訝的是，有一天我問他說話為什麼能這麼清楚易懂時，他理所當然地表示：「因為我以前是演員。」

學習永遠不嫌晚

多利是控制與動態系統的教授，這是一個非常專門的數學領域，充滿困難、具挑戰性的工程問題，從溪流到網際網路都得要了解。因為他的工程學背景，多利對系統的架構有深度的思考。而且是任何系統都一樣。系統是如何組織成形，做出這些行為的？有沒有一套普世的架構是大腦、細菌、細胞，以及公司結構等等所有資訊處理系統都共通的？人造物當然有一套設計與構造。也許在生物學的世界裡，天擇的力量最後會創造出有著和本身組織類似邏輯的實體。如果創造出總體功能的是互動的那些部分，那麼也許這些系統全部都有類似的構造。他的研究核心是，他不相信突現的概念，他認為那又恐怖又欠缺定義。多利以工程的觀點來看，試圖從實際設計與建造某樣東西的具體觀點，了解層級的解釋。當一個東西實際被建造出來執行其功能，通常會被視為擁有突現特質，但其實並沒有，這個東西應該要以當中互動的各部位來理解。

多利借用電腦科學的領域提出這個問題：我們能從人類建立來處理資訊的驚人系統中學到什麼？我們怎麼應用這項知識，解答大腦如何做出這些把戲的問題？電腦科學經常會說到層疊建立的系統的「分層構造」，一個層級的功能做為一個平台，讓下一層的功能得以執行。在電腦的世界裡，他們會用七層來解釋。最上層是使用的應用程式或是軟體，例如臉書，最下層則是實體的硬體，例如 iPhone。每一層都存在於另外一層中，但又各自獨立。了解這個公式是關鍵所在。工程上的觀點是否能幫助我們思考神經生物學家的問題呢？我覺得可以。

心智／大腦網絡、分層，以及大腦

層級構造是分子構造的一個特殊類型，每一個層級都可以被視為一個模組。像我說過的，很多證據顯示模組是在演化與發展中被選擇的構造，因為這種構造能讓模組適應某些改變，又不會破壞其他模組。不過分層是模組構造中的一個特殊類型，在這個類型裡，層級（模組）是以線性組織的。層級一通往層級二，二到三，三到四。我們不知道這是不是大腦真正使用的方式。相反的，大腦可能是使用階級式的模組，由在每個不同規模（例如神經元、迴路、腦葉）的許多模組形成。分層代表單向的箭頭（往上或往下通過每一層），可是階級式的模組讓單一規模內的不同模組，或是不同的規模中的多個模組，得以進行一套複雜的互動。

為什麼分層是個有幫助的概念

如果你把機械鐘的蓋子拿掉往裡看，你會發現裡面有很多互相連結的輪子、齒輪和彈簧。就是這樣，全攪在一起做出一座時鐘。時鐘不知道自己在計時，這些零件也不知道它們自己的功能是什麼。大腦的情況也是一樣，弄出我們個人的意識經驗的個別神經元並不知道自己做了什麼。為了了解在簡單的時鐘背後各零件的機制，你很快就知道你不能用「這個輪子接著那個彈簧，然後接到那個輪子」的方式來思考。舊的「A連接B，連接C」的說法無法讓你了解時鐘。

現在想想層級：時鐘會有五個層級。以層級的角度來看這個裝置，它的構造就會變得很明顯，就像所有機械鐘運作的方式一樣。有能源層，分配層，擒縱層，控制層，以及時間指示層。首先，時鐘需要能源才能運作，所以彈簧要轉緊。能源必須儲存後慢慢釋放。第二，輪子會分配能源到時鐘每個地方。第三，擒縱機制會阻擋能源一次全部散失。第四，控制機制負責控制擒縱功能。最後，這一切都在第五層會合，也就是指示時間。注意，當你一層一層往上，每一個層都無法預測下一層的功能性角色。能源層和擒縱層沒有關係，以此類推。

現在注意，每一層都是有彈性的，大致上獨立的。替換一個新的能源層是很容易的。彈簧可以用重量與重力取代，或者可能被電池與馬達取代，只要它們和核心構造相容就沒問題。然而，如果你變成一個新的構造，比方固態電子，那麼大部分舊的零件就會被淘汰，新的構造讓你還是能有各種可替換的能源來源，包括太陽能，但是它們都和機械鐘裡可以替換的東西不一樣了。彈簧沒了，重量和重力也沒了。在最上層的時間指示層，可用來顯示時間的使用者介面數量無窮，每一個都是獨立的、可替換的。新時鐘的外觀甚至可以看起來和舊的一模一樣。分層讓外表可以有很多變化，藏住一個共同的核心；或者說共同的行為可以用多不同的方式來實施。就像多利說的，「沒有分層你就無法理解這一切。」同樣的，沒有層級的組織觀念，要描述簡單的機械鐘原理或是做出一座機械鐘，是非常困難的。隨著時間過去，如同鐘錶匠搞懂哪些零件最好用，什麼尺寸最適合，哪種槓桿系統可使用，哪些輪子和彈簧等等，天擇也對我們的大腦做了一樣的事。

此時在拉鋸的是以下兩者。有一種看法認為，一個抽象概念彷彿只是另外一個層級，因此它算是一個東西，一個可以讓你把帽子掛上去的東西。另外一種看法則認為，一個抽象概念並不是一個神祕的東西，而是一種處理所有零件的方法。神經科學家托諾尼與同僚最近的一項研究讓人大開眼界，他們把下面兩樣東西加以量化：可能有互動的層級，以及斯佩里五十年前所提到的，宏觀的層級實際上如何進入指令的因果關係當中。[19] 一場為了理解「取代」與「附帶」間的差異（如果有的話）的戰爭，正在開打。

就像我說過的，五十年前，所有神經科學家思考的都是簡單的線性關係——A使B出現，完整描述A就會得到B。這是約化主義者的天堂，就算是現在，大多數神經科學家也是這樣看待他們的研究。這種線性思考使得我們很多人想用概念解釋大腦到底是怎麼辛苦工作以理解心智時，頻頻撞牆，想破腦袋也沒辦法。我們繼續執行並詮釋線性的實驗，把一切是如何共同運作的大問題丟到一邊。多利這種人提出精闢見解，認為我們應該把心智想成一個互相連結的網絡，由許多層級所組成，而不是用線性的關係來思考；這種論點在某些團體內獲得贊成，可是很難普及。還好，一般知識份子圈開始改變了。細胞與分子生物學領域開始了解，他們研究的對象是不能靠線性路徑的運作來理解的，而是必須觀察動態系統的多重互動。

二〇〇一年三月二十八日，《時代》雜誌的封面是一張癌症藥物基利克的照片，標題是：「抗癌戰爭獲得新彈藥，這就是子彈。」[20]二〇〇一年，大多數癌症生物學家都認為癌症是突變的蛋白質所造成的，這種突變的蛋白質造成細胞快速增生，避免死亡。簡單的想法是，如果能抑制這種蛋白質就可以消滅癌症。基利克這種藥會抑制突變的蛋白質（Bcr-Abl），這是只有某些類型的慢性骨髓性白血病患者，以及胃腸道基質瘤患者身上才有的蛋白質。有這些癌症的患者可以服用基利克抑制突變的蛋白質，治好癌症。不幸的是，對這種療法有反應的，好像也只有這兩種癌症。

研究人員很快開始辨識癌症的其他突變蛋白質，設計藥物抑制它們的活動。比方說，很多黑色素瘤裡另外一個基因（BRAF）的突變會造成細胞為了避免死亡而快速增生。另一種藥物因而誕生，專門抑制BRAF的活動。當黑色素細胞有BRAF突變的患者服用這種藥物，這種蛋白質會開始死亡，但治療過結束後，很快又會開始出現。研究人員沒多久就發現，BRAF不是在單一的線性路徑中發揮作用，而是屬於一個促進細胞增生的**網絡**。當BRAF被抑制，這個**網絡**就會讓另外一種蛋白質CRAF來促發增生。

這麼多的發現讓癌症生物學家開始有新的想法，認為癌症不是因為單一的突變所造成的。相反的，整個發出訊號的網絡都會改變，驅使癌症發生。為了殺死癌症，必須把目標鎖定在整個網絡中的多個位置。整個細胞與分子生物學領域從二〇〇六年開始了解，他們面對的是多個系統，有反饋迴圈、控制、補償網絡，以及各種互相衝突的遠距力量，這些因素都會影響他們可能感興趣的任何單一功能。單一細胞的複雜構造，必定代表大腦的複雜構造至少也一樣具挑戰性，兩者在某些方面也可能很類似。

我們再看看WJ這個案例，儘管已經有五十年的歷史，現在依舊很有說服力。大腦兩邊的連結被切斷確實證明特定的神經通道是重要的：這些通道的職責可能是傳遞基本感官與運動資訊的訊號，也可能是左右腦間複雜的資訊交換，處理拼字或是語音學資訊之類的。然而在另外一個層面上，WJ看起來和他手術前的狀態並沒有一絲一毫的改變。他行走，他說話，他對世界的了解都一如往常，他也可以照著指示露出笑容。他也有那些有特定功能的孤島：只有他的左腦能管理語言，只有他的右腦能了解空間關係。

隨著後續五十年的研究撥開迷霧，對人腦組織的這些初步觀察更加深入，也被放在更大範圍的情境中檢視。我們現在知道，大腦的局部處理過程可以極為特化（專門化）。我們知道大腦裝滿了模組。事實上，大腦的基本策略就是減少任何模組要面對的新挑戰，讓它或多或少可以自動運作，不需要認知控制的及時機制管理。

這一切當然讓我們回到了那個問題：這些周邊模組要怎麼互動，產生我們非常享受的心理統一性？它們是否大量地且複雜地交換某種密碼？還是有別的方法？這是不是比較像是一個社會，當中所有市民（模組）投票，選出（突現）民主，反過來限制了這些選票？或者我們可以用另外一個類似的比喻，交響樂團。

二〇一三年春天，我受邀在華盛頓特區舉辦的心理學協會年會上擔任專題講者。這次的會議為時數日，有豐富的實證研究，對象從簡單到複雜的動物、行為、大腦與社會都有。四天的資料大部分都不錯。我決定用「交響樂團」的比喻作為演講的開場白，此時，一個詞浮現在我腦海中，怎麼甩也甩不掉。我發現我對著觀眾說：「大腦比較像依靠地方上的八卦運作，而不是有一套中央的規畫。」在推特的世界裡，只消幾分鐘，我就再也擺脫不了這句話。媽呀，現在我得好好解釋一下了。我現在的感覺，一定和患者JW很像。一個行為從大致上很安靜，本來都在運算生命中的事件處理器中蹦出來，突然間在心理學協會年會上大搖大擺。太好了，現在我得讓我的認知知道這件事，我的詮釋者模組非得出面解釋不可了。因此我盡我所能，大約說了下面這段話。

想想交響樂團裡的那些樂器，每一種都不同，必須加以協調才能演奏出音樂。音樂家都有共通的音樂語言，他們都看相同的樂譜，但是指揮必須讓他們排好隊，在正確時間，以正確的力道演奏自己的部分。乍看之下，個別的演奏者並沒有直接連結，但他們透過經由指揮表現的反饋迴圈而連結在一起，指揮本人就是一個巨大的匯集中心，協調整體的演奏時間。良好的執行會誕生令人愉快的音樂。我曾經看過鋼琴家韓德森從一個技巧不佳的指揮手上拿走指揮棒，取而代之。他指揮相同音樂家演奏相同的曲子，讓音樂廳的氣氛從沉悶無趣，變成數小時的歡聲雷動。每一位演奏者在時空中能做的事都受到嚴格的限制：他必須以同樣的速度，使用只能靠身體特定部位演奏的特定的樂器，表現同一首曲子。然而，做為交響樂團一部分的條件就是，儘管所有的演奏者看起來彼此沒有直接的溝通，他們都必須取得協調。而如何協調這些在局部發揮各自功用的局部化處理器，似乎就是關鍵。在交響樂團中，指揮**看來**就是這個角色；那大腦是怎麼做的呢？

交響樂團的比喻依舊是從不太需要動腦的線性方式來思考，也就是有一個東西負責掌管全局，或是安排協調所有的部分。這樣的類比忽略了某樣東西——某樣重要的東西。後來我在影音網站 Youtube 上，看見指揮家伯恩斯坦站在交響樂團前面，充滿氣勢又不喧賓奪主地指揮的影片。他的雙手根本沒有動；他只是反應，用他的表情向做好自己工作的音樂家傳達正面的回饋。局部處理器，也就是模組，要做的事已經定調，毫無偏差地執行。伯恩斯坦在場是在享受音樂，陶醉在其中，而不是指揮音樂。搞什麼？他什麼都沒有控制。交響樂團是自己在演奏？一定有什麼東西在發揮功能啊——是什麼？看起來就是地方上的八卦確實在發揮作用。個別的音樂家都在做自己的事，就像機械表裡的零件那樣，也只有局部的互動和提示。

演講後有一場晚宴，絕頂聰明的分子神經生物學家亞伯在喝雞尾酒時過來和我攀談，他說他是單簧管演奏家，在很多交響樂團中有演出：「你知道，儘管指揮站你前面，演奏的真正提示其實來自周圍的演奏者。我演奏單簧管時往右旋轉或是往左旋轉，就是提示其他人我要怎麼演奏。就像是地方上的八卦閒話。」

這個比喻讓人靈光一閃，想到另外一個觀點。過去認為資訊在大腦中是以線性流動的看法也許太頑固了。大腦真的像負責傳遞消息的驛站那樣，把一封信從一站送到下一站，直到一切完成運作為止嗎？我不這麼認為。當然，連結很重要，也是裂腦研究的核心。當然，特化的區域可以做特定的事，這是現代大腦造影研究的核心。當然，人類能力的個別差異反應了大腦結構、功能，與經驗的差異。但是這一切是怎麼運作的？讓人類這種有機體，每分每秒都能做出所有了不起的事的這個系統，到底擁有什麼樣的構造？

以更宏觀的角度來說，我認為這才是心智／大腦研究要關注的問題。為「心智統一性如何從模組化大腦中出現？」這個問題建立框架時，會碰到的問題之一是，目前年輕的神經科學研究生並沒有普遍接受過用來了解這類構造的工具的訓練。使用這些工具需要新一批的專家，他們大多都在工程相關科系，能掌握全新的技巧與知識。還好有其他人和我有志一同。在兩年半看起來無止境又沒有重點的書面作業後，我們一群人終於在加州大學聖塔巴巴拉分校成立了一個新的研究所學程，目標就是將控制與動態思維帶入神經科學的議題。

傑出的作家、導演以及多集《星艦迷航記》的編劇梅耶最近觀察到，莎士比亞的作品中從來沒有給演員的舞台指示。巴哈的曲子也沒有音樂指示。兩位世界歷史上最偉大的藝術家都是「少就是多」原理的原始信徒。在過去，觀眾才是要負責推論故事意義的人，將他們的心智與故事融為一體，將藝術品抽象化，自己加以描述，自己參與這個藝術效果。梅耶觀察到這樣才是最圓滿的，卻在現代的敘事中消失了。每個人都期望知道故事的來龍去脈，沒有留下任何推論的餘地。

我想在本書的結論中指出，達爾文其實帶給了世界另外一齣精采的劇本：演化論。科學家已經研究這個傑作將近兩百年，定期說明他對天擇的描述實際上如何運作。他不像莎士比亞和巴哈，比較像是科學家，所以如果他知道的話，應該會告訴我們這一切運作的方式。但他不是劇作家，不是把他在心裡預先想好的道路傳達給我們。他讓這成為一個開放的議題，交給未來的科學界找出答案。他很聰明地透過觀察動物群體中形態與功能上的小差異，繼而提出這個問題。隨著時間過去，帶來生存與繁殖優勢的小差異，勝過了該物種中沒有這種特徵的成員，成為顯性特徵。

但你看看周遭。看看動物王國裡豐富的多樣性。怎麼會這樣？第一個接近真相的答案在五十年前左右出現，當時發現遺傳變異一定是因為有機體的DNA突變所發生。這當然是一個重大的洞見，建立在一八六九年開始對DNA長久以來的知識基礎之上。然而稀有與隨機的突變事件，就能解釋我們看到的所有變化嗎？看起來不可能，達爾文的謎團依舊在科學界的上空徘徊不去數十年之久。

兩位有創造力的生物學家，哈佛大學系統生物學系系主任喀什納以及加州大學柏克萊分校的傑哈特，合著了一本精采的書來正面迎戰這個問題。《生命真的如此嗎？》（*The Plausibility of Life*）搭建了一個新的舞台，讓人重新思考達爾文的難題，以及隨之而來的生物學生命的構造。他們以過去三十年來在分子基因學上的進步為基礎，提出所謂「加乘變異」（facilitated variation）的存在。是這樣的：我們已經知道，「保留下來的核心處理過程」會形成動物並且使其運作。喀什納和傑哈特說，這些處理過程「不管是在人類或是水母身上，觀察結果都差不多……所有動物的組成和基因大多數都差不多。當你檢視動物身上幾乎每一個精巧的創新，例如眼睛、手或是喙子，都是由各式各樣的這些保留的核心處理過程與成分所發展與運作的……我們認為這就是這些（核心）處理過程的規範。規範性的成分會決定這種動物的所有特色當中，要使用哪些以及多少的核心處理過程。」[21]

這一切都讓我們想起分層構造。確實，現在我們知道基因表現會受到其他基因的調節：一個基因編碼一種蛋白質，調節其他基因的表現。在此請各位要記住的是，我們在自然界看到的所有變異都是少數調節基因發生突變的結果，而不是發生在成千上萬個為了身體運作苦幹實做的基因上。數量極少的這些調節基因，控制了維持有機體運作的許多特定基因的複製、啟動與撤銷。一個調節基因突變了，可能會造成極大的影響。因此，突變確實始終都是難得一見的，一個可能的理論解釋了為什麼這樣的突變如此有效。唯一讓喀什納和傑哈特獲得這個驚人見解的方法，就是拋棄簡單的線性思考，以分層的系統來思考。

對於研究心智與大腦的學生來說，現在只能勒緊褲腰帶，深呼吸，了解在神經科學界裡，很多俯拾即得的果實已經都被撿起來打包了。那些簡單的模型已經讓我們走了這麼遠。我個人認為，認清下列事實的時候到了：深層的問題依舊清楚可見，而答案也已成熟可收穫。我們的工作是帶著熱忱追查深層的問題，從眼前這場人類大戲背後的情節中推敲出答案。這是燃燒生命最美妙的方式。

結語

我們大多能回想起生命中的高峰，其中很多都是非常私人的時刻。若生命對我們慈悲，會讓我們感到滿足，並以對個人意義深遠的許多時刻做為我們的基礎。對我來說，五十年前在加州理工學院的那個下午，當WJ的右腦完成他的左腦毫無所知的行動那一刻，不管在當時或是接下來的日子裡，都深深烙印在我的心裡。我無比震驚。這個事件帶領我進入了探索人類的世界，這個世界的起源早已不可考，而我當時完全沒有察覺到這件事。五十多年後，當我繼續試著了解那些初步且原創的發現背後真正的意義時，我明白我只不過是這場大冒險中的一員，而且這場遠大的探索依舊尚未結束。也沒有人能在短時間裡為這場探索畫下句點。

令人心滿意足的是，這些探索很多都是從裂腦研究中學習而來。從一開始對於經手術被切斷左右腦連結的人出現兩個心智的描述，一路走到今天與直覺相反的觀點，也就是我們每個人其實都有多個心智，似乎都能執行決策，採取行動；裂腦研究在過去與現在都揭露了大腦保守的祕密。儘管如此，至今我們還是無法破解大腦的這套魔術：將局部處理器形成一個聯盟，並且將之連結在一起，表現出彷彿單一的心智，一個有個人心理特徵的心智；這也依然是神經科學的核心問題。

一九六〇年代，人們發現簡單的手術干預就能產生兩個心智系統，各自有自己的目的，各自獨立，這造成了極大的震撼。數以十計，甚至數以千計的人逐漸了解到，左邊和右邊的心智都是其他心智系統的集合體，並將焦點轉移到這些系統如何互動。不同的系統必須要實體上有連結嗎？就像聖誕燈有一條電線牽著所有燈泡一樣？還是它們能透過其他的資訊管道向彼此傳遞訊號，以採取行動？舉例來說，樹幹要長出枝幹時，主樹幹並不會傳遞訊號給位在枝枒的細胞，要它們多長一點細胞來支撐。枝枒處的細胞會局部偵測到新枝幹的額外實體重量，自動長出更多細胞增強支撐力。並沒有一個直接、專門、個別的訊號是：增加更多細胞。要了解這個過程，必須要思考一棵樹的整體實體情況。大腦也一樣，除了神經元對神經元的溝通之外，也有很多其他提示系統，從大腦從不停止的震盪活動，到局部的新陳代謝提示系統都是例子。分離的大腦系統間的互動，必定與這些機制及其他機制有關。

此外，我們也了解大腦為什麼彷彿不受這種欠缺連結的影響：不只因為我們建立起大腦一半的決策進入了潛意識領域的觀念，還因為我們發現了「詮釋者」。這個特殊的左腦系統讓我們隨時意識到由許多心智系統產生的所有行為。它像一台監視攝影機般監督我們的行為，這當然也就是心智或認知行動發生的證據。詮釋者不只讓我們隨時保持意識，還試著讓我們的行為「合理」，因此不斷進行敘述，說明為什麼這一連串的行為會發生。這是一種寶貴的機制，很有可能只有人類才有。當我們試著解釋自己為什麼喜歡某樣東西，有特定的意見，還是讓我們的行為合理化，它隨時都在我們腦中發揮作用。這種詮釋者的機制從我們大規模模組化且自動化的大腦接收資訊輸入，從混亂中創造秩序。它會想出「合理」的解釋，導致我們相信某種形式的本質主義，也就是我們是意識統一的「我」（agent）。很厲害嘛，你這個詮釋者！

當我回顧自己的故事，我了解到自己也受到專業的制約，渴望一個結局，想總結我的研究。多年來我參加了數以千計的研討會，坐著聽過許多發表，我對於這樣的內心戲再熟悉也不過了：「這傢伙到底是知不知道起承轉合是什麼？」就算有一大票的科學家不知道怎麼有組織發表自己的研究，但每一個的實驗科學計畫都應該有一個結構。我們活在一個「只問結果」心態的時代，看十八分鐘的TED演講，新聞只注意標題或引言，報紙只看摘要。要消化的資訊太多，我們只能希望用壓縮並且看似完整的故事了解世界。我們不想被懸在半空中。

我們很容易受這種資訊飲食所誤，但又都必須依賴它，如同我們都屈服於傳簡訊和電話帶來的即時滿足。然而，真正的專家之間和業餘愛好者的差異，就是能體認到萬事萬物皆不簡單。關鍵的技巧似乎在於能不能清楚地表達，同時充分意識到所有故事背後的複雜性。對我來說，最震撼的是我終於明白：在我們想搞清楚大腦是怎麼做到這麼巧妙的把戲，讓心智得以實現的此時，我們根本連起點都還沒到。盡可能深入挖掘人類的歷史就會發現：只要有關於思想的書面紀錄，就會出現人類思索生命本質的紀錄。顯然，我們所有人都只是跳進了一個永遠在進行中的對話，而不是在建構一個有頭有尾有中間的對話。人類也許已經發現了思考過程的某些限制，但是我們還沒能說出完整的故事。

致謝

首先，而且是最重要的，在這本書即將畫上句點的此時，我要舉杯向所有「裂腦」參與者致意。沒有他們的慷慨、獻身、長時間又無止盡的耐心，我們絕對無法學到這麼多與大腦的結構和功能相關的知識。他們都非常努力，我們都很享受多年來與他們共處的那些時光。

接著，我要對數十位曾參與許多研究的科學家表達我最深的感謝之意，他們過去五十年來參與許多研究，本書未能窮盡所有。當中有很多位是研究生、博士後研究生、系所成員，以及其他機構的訪客。他們全部都和我一樣對這些患者深深著迷，並臣服於他們對研究事業的投入。他們做的很了不起。

關於本書的籌備，我想特別感謝閱讀全書後，提出許多有益建議的數位同仁。下面以他們姓氏字母順序列出：布魯姆、查魯帕、葛福頓、希亞德、波斯納、雷切爾、托比。我也要感謝我妻子夏綠蒂，妹妹蕾貝卡，我的好朋友夏皮諾和卡普蘭，他們都提供了很廣泛的建議與協助編輯。最後，如果沒有達娜基金會的奈薇絲，我不可能完成這些任務。

我最堅定的經紀人布拉克曼一直都支持著我努力。他和下屬堅守崗位，讓我們專注於面向一般讀者的科學寫作。過去幾年裡，我很幸運能和哈珀科林斯出版集團旗下艾可出版社的賀爾波共事。賀爾波在我的倫理相關拙作中發現了特別的東西，從此成為我著作的出版商。我也要感謝我的研究助理，大學生希爾，她在影片與參考書目方面幫了我很大的忙。最後，感謝我的編輯蕾德蒙。她永遠掛著笑容地和我漫無章法的原稿奮戰，使其成為通順的文章。我欠她太多了。

附錄一

一九八一年諾貝爾生醫獎

改寫自一九八一年十月三十日於《科學》雜誌刊登的文章。

一九八一年諾貝爾生醫獎得主是三位居住在美國的科學家。一半的獎項屬於加州理工學院的斯佩里，另外一半則由哈佛大學的休伯爾與維瑟爾均分。

聽見新聞報導斯佩里博士獲頒一九八一年諾貝爾生醫獎時，他的同仁與學生只問了一個問題：「是他的哪一個研究獲獎？」在知道答案之前，他至少有三個研究領域值得獲獎肯定：發展神經生物學、實驗心理生物學，以及人類裂腦研究。當然，他榮獲肯定的是最後一個研究主題，不過他其他研究領域的門生也深信那些研究同樣值得讚賞。

對於相信對人類意識過程的理解是神經科學的最終目標，並且能夠以科學的嚴謹態度加以研究的那些人來說，諾貝爾獎頒給了加州理工學院生物學系的神經生物學教授斯佩里此事具有很大的啟發性。這代表諾貝爾獎肯定斯佩里不懈地追尋對人腦意識處理過程的理解，讚揚他四十多年前開始在相關的基礎研究方面的努力，並靠著他的傑出與熱忱維持下去。事實上，我們可以說斯佩里的所有研究，其實都體現了目前神經科學領域所追求的目標與問題。

諾貝爾獎所特別提出的這項人腦研究始於一九六〇年代初期，而將最早的這些裂腦研究所得應用在後續的大腦研究說方面，則正是斯佩里帝國的特色。一切都從一九六一年開始。醫學博士伯根當時提議對一位四十八歲的退伍軍人進行裂腦手術，藉此控制醫生使用其他治療方法都束手無策的癲癇症狀。伯根知道斯佩里早期切斷動物左右腦連結的研究，而斯佩里和梅爾斯也已經展示過切斷連結後驚人的後果，也就是一側的腦學到的資訊，並不會轉移到另外一邊。在人類研究的當時，世界各地的實驗型的研究室已經廣泛地使用了這個動物典範。

事實上，斯佩里做的動物研究，和之前，也就是一九四〇年代初對被切斷胼胝體的患者所做人類研究有著極大的對比。這些早期的研究報告認為切開大腦前端的連合，對左右腦之間溝通沒有看得出來的影響。一部分也是因為這些研究，讓大腦中有分離的通道，各自負責特定種類的資訊這樣的觀點，打了退堂鼓。這種手術技巧是否有用，能不能控制癲癇，當時都還是有疑問；但是在伯根仔細回顧這些醫學案例後，得出手術確實很可能有所幫助的結論，這一點後來被證實是正確的。這個新的情況，為進行新實驗觀察裂腦患者搭起了舞台——這也要靠多年來患者的大方合作才得以成真。

觀察裂腦患者使用沒有語言能力的右腦，產出主導語言的左腦無法描述或理解的整合性活動，是大家毫無心理準備的迷人經驗。那是有史以來最美妙的一個午後。動物模型顯然適用於人類，因此，斯佩里傑出地規畫了裂腦研究的計畫，並延續至今。這些關於意識與腦部特化理論的發現，對認知科學及臨床神經學代表的意義，甚至對人類價值觀的想法，都是在斯佩里的研究室中發展出來的。他對所有前來加州理工學院的學生都不藏私，這些學生包括崔佛森、奈伯斯、塞德，以及我本人，我們也都對裂腦研究的發展有所協助。然而，所有的成就都歸於斯佩里。他的天性就是只會專注在關鍵的議題上，並且驅策他麾下的年輕科學家著眼在大哉問上。

斯佩里的實驗室進行的人類研究有兩個階段。第一個階段確立裂腦手術造成的神經與心理後果的基本特徵，並辨識左右腦各自的心理本質。累積六年的成果顯示，大腦連合是左右腦間整合感知與運動功能的關鍵。這些研究也顯示，沉默的右腦專門負責某些和非口語處理過程有關的功能；不意外的，左腦則主導語言。這是大腦科學史上頭一次正面展示出左右腦的特化功能，知道哪一側的腦會對哪一種功能做出回應。過去腦部受傷的患者接受重要的臨床觀察，只能表現出缺少哪一樣功能，而非顯示這些功能是同時存在於分開的、側化的腦中。最後，因為觀察到患者一側的腦對另外一側的腦活動毫無意識，清楚地暗示了心智理論的存在。

第二階段的研究強調左右腦不同的認知風格，以及右腦特殊的語言能力。追蹤這些發現的不只有斯佩里，還有其他研究側化的研究者。此外，這些發現也包括了對神經受損及正常人的觀察結果。這一切揭露了人腦組織在本質的豐富可能性，引起了外界極大的興趣，讓更多人開始追尋以這項研究為中心所浮現的各種問題的確實答案，也正是當代神經科學研究的主軸。

不能忘記的是，斯佩里在過去已經針對研究領域的主題有一系列的研究，並且打下了現代發展神經生物學領域的基礎。他進行過的那些實驗，可能會耗費神經科學家一半的工作時間。一切都是在一九四〇年代的芝加哥大學開始的。研究生斯佩里挑戰了他傑出的導師威斯的神經生物學理論：「功能先於形式」，也就是中央神經系統和周邊連結並不是因為基因機制而特化。在一系列為時二十多年，每次都比之前更驚人的研究中，斯佩里發展出自己的化學專一性理論。他認為化學梯度對細胞間的連結規格非常關鍵，這個概念至今都還是神經生物學研究的中心，現代所有的發展神經科學家都還在嘗試在這個理論中找出漏洞。

離開芝加哥之後，斯佩里前往陽克靈長類生物研究室，和賴胥利共同度過一段重要的時刻。斯佩里此時再度直覺地反對當前的大腦功能模型，質疑賴胥利的等潛原理與總量工作原理理論。這些新研究某種程度上導致了裂腦研究在動物方面的發現。在此同時，他也終結了完形心理學家關於大腦機制與感知處理過程的一些理論。在一九五〇年代初，斯佩里已經是公認的大腦研究世界權威，他受諾貝爾桂冠得主比德爾之邀，在加州理工學院擔任心理生物學系的終身教授。這是在名校裡第一流的職位，斯佩里就此安定下來，開始進行他在動物與人類裂腦研究方面主要的系統性工作。

現在的科學生涯並不像過去那麼有趣了。現在的科學生涯充滿耗時、無聊的行政雜務，官僚形式的迂迴話語，要進行科學研究和補助金計畫，就得回應對無止盡的「計畫申請」的平庸要求等諸如此類的事。過去十五年來，科學研究獲得的預算分配愈來愈少，對於瑣事的細節要求愈來愈高，所以有些人甚至開始以為這樣就是科學了。我們都知道這一點。每次當我不得不處理這些東西時，我就會想到斯佩里。他絕對無法忍受這些科學上的瑣事。當有人向他提議要進行一系列廣泛的實驗時，他的臉色馬上會沉下來。他知道怎麼樣才是科學，事情如何自然發生，並且導向真正以充沛的活力積極追求的主題。他從來不跟你玩官僚那一套；他絕不向瑣事屈服，我希望他這種堅定的態度，以及隨之而來的偉大回報，可以做為一種訊號，讓整個科學界重新回到正軌。在他的實驗室進行研究的那段時間非常愉快，每天都要努力跟上他的傑出所帶來的知識上的興奮以及自由。

斯佩里燦爛的生涯淵源已久，當時大腦科學家還不是那麼流行的工作，他們研究大腦是因為他們想知道如何用大腦的運作來解釋行為。就某些方面來說，他們對大腦本身並沒有興趣，現在很多的神經科學家也是如此。他們的實驗總是專注在辨別生理系統怎麼運作以支援行為，最終產生出清楚的意識。斯佩里雖然也研究個別的神經特定性，但他也看到並且談到神經特定性在更大範圍的「先天與後天」的各種問題中代表的含意，這也是另外兩位獲獎人休伯爾和維瑟爾大作文章的主題。

有一篇斯佩里的傑出論文，可以用來說明他重視功能的態度。這篇論文的主題是透過刻意選擇的手術，可以使得魚類行為的某些層面出現的改變。從中衍生出的「神經輸出複製理論」（efferent copy theory），是現在大多數感知－運動研究的中心理論。此外，他在一九五〇年代還有很多經典的理論論文，以「制約反應的神經基礎」及「神經學與心智－大腦問題」為主題。簡單來說，斯佩里是一個清楚知道他為什麼要研究大腦的神經科學家。他的研究有助於闡明人類在生物學與心理學上的本質。儘管這個問題永遠無解，但他幫助我們定義並提升了這方面的知識。他是史上唯一做得到這一點的科學家。

《科學》雜誌的編輯和斯佩里及伯根都很高興，大方且極為友善地回應這篇文章：

一九八一年十月二十一日

發信人：《科學》

親愛的葛詹尼加博士：

您描述斯佩里教授的貢獻及實驗方法的那篇文章，文筆優雅並充滿知識性。對於當時研究室裡瀰漫的創意氛圍的描述，一定會引起有幸在第一線感受科學研究的興奮的其他人共鳴。我確定我們的菁英讀者將能感受到您想要傳達的魔力。我們很感謝您如此快速地提供這篇文章……

編輯
艾伯森
敬上

一九八一年十月二十九日

加州理工學院

親愛的葛詹尼加：

我剛剛讀完你在《科學》雜誌上的文章，等不及要向你表達我最深的感謝之意。你不囿於我們之間的差異，用這篇文章充分美言了當時的情況，我希望並且相信這段文字將是對你以及我們其他相關人士永久不變的讚揚與肯定。當然，我覺得你對我在裂腦研究發展中扮演的角色有些過譽了，但我相信大多數的讀者應該很快就能感覺到這一點。

再者，我的研究也要歸功於你。

另外也感謝你的電報，祝你一切都好。

斯佩里
上

一九八一年十月三十日
新希望疼痛研究中心
（手寫）

親愛的葛詹尼加：

我想寫信給你，表達我對你在十月三十日出版的《科學》雜誌中，讚揚斯佩里的那篇文章的感激之情。不只是因為你大方地提到了我和其他人，還因為你高明地利用這次機會，點出了一些重點。

雖然斯佩里說得不多（他說過嗎？），但我從不懷疑他其實很想說出你生花妙筆寫出的那些話。

伯根

附錄二

我問米勒：「認知科學到底想知道什麼？」下一周，他把認知神經科學的概念原理寫成一份長長的筆記給我，我編輯過後在此公開：

收信者：葛詹尼加
發信者：米勒
回覆：「認知科學」

一名陷入強烈身分認同危機恐慌的熱情大學生，匆忙地去找他的教授：「我不知道我是誰，告訴我，我是誰？」教授不耐煩地回答：「拜託，是誰在問這個問題？」

最近，我有一個以生物學家的眼光在看科學的朋友問了我一個問題，讓我腦中閃過這個故事。他問的問題是：「認知科學家想知道什麼？」任何能問出這種問題的人，一定已經知道答案了。知道某事物，就是對該事物有直接的認知。顯然認知科學家想對擁有直接的認知這件事，擁有直接的認知。任何詞源學者都能告訴你這件事。生物學家會接受什麼樣的答案呢？他想要的是更深入的東西。我朋友問的不是電腦、模擬或是邏輯的形式主義，或是最近的心理學實驗方法——有太多認知科學家在對話中塞滿這些附屬的廢話。更深層的答案是，認知科學家想知道大家遵守的認知規則，以及這些規則運作的知識表徵。但是這種語言——認知規則、知識表徵——恰恰正是讓我朋友開始想找出核心的徵兆。

讓我們先從一個我們能回答的問題開始：生物學家想知道什麼？生物學家想發現活著狀態的分子邏輯。活著狀態的分子邏輯是什麼？簡單。是在物理與化學原理以外的一套原理，它的運作會主宰活的系統的無生命層面的行為。（這幾乎原封不動地引用了生物化學教科書的序。）

當生物學家問，認知科學家想知道什麼，他期望得到的是這種答案嗎？如果是，也許我們可以根據這個模型，也就是關於這個答案應該呈現的樣子，建構出他要的答案。但是因為我在這方面的反應比較慢，所以我需要三個步驟達到目標。首先，我會把生物學家換成心理學家。好像沒有東西可以取代分子邏輯；我假設在這個脈絡裡，「分子的」代表「可以被分析的」，而且不限於分析化學分子裡的物質。接著我會用「意識」取代「活著」，因為我認為意識是心理學的基本問題，就像生命是生物學的基本問題一樣。現在我完成了這句話：心理學家想發現意識狀態的分子邏輯。目前為止都很好。但是現在，我們所謂的「意識狀態的分子邏輯」是什麼呢？我們看看代換能不能讓我們有更多進展：在物理、化學以及生物學原理以外的一套原理，它的運作會主宰意識系統的無生命層面的行為。這些代換只不過指出了心理學是實證科學階級中的下一步而已。我覺得結果聽起來滿好的，但我怎麼結束它呢？換句話說，我借用生物化學家的公式，建立我這一套模型；這些生物化學家有一本厚厚的、令人印象深刻的教科書，裡面都是生物學原理，用來說明他到底在說什麼。那我有什麼？

我沒有的是行為主義，因為大部分的行為學派都堅持這個論點：意識和心理學這門科學毫無關係。另外我沒有的是人工智慧，因為以這件事而言，電腦模擬不需要把生物和非生物系統做出心理學上的明確區分。

看起來我有的，是觀察心理學的方式，是我們翻閱心理學手冊時必須謹記在心的準則。它可以被形式化如下：任何不受到行為系統的意識狀態影響的行為，都不是心理學關心的主題。比方說作夢就是心理學關心的主題，因為如果你醒來，而且意識狀態有所改變，那麼夢就會受影響……透過出自意志的行動違反某些原理的能力，現在是判斷我們所討論的原理是不是心理學相關的原理的關鍵測試……然而，問題是我的朋友並沒有問心理學家想知道什麼。他問的是認知科學家想知道什麼。

因此我可以在此嘗試做第二次的替換。假設我們用知識狀態替換意識狀態。那麼我們會獲得這個句子：認知心理學家想發現知識狀態的分子邏輯，而知識狀態的分子邏輯指的是在物理與化學原理之外的一套原理，主宰知識體系中無生命部分的行為。在這裡我省略了生物學和心理學原理，因為電腦可以舉例說明知識體系；電腦不需要遵守生物學或心理學原理。

觀察研究時使用的準則現在變成：任何不受到行為系統的知識狀態影響的行為，都不是認知科學關心的主題。舉例來說，如果你把電腦的電源關掉，後果就不會依照電腦的知識狀態而決定，所以這不會是認知科學家關心的主題……

我不打算勸阻任何想根據這段話發展認知科學的人，但我也不想加入他們的行列。我傾向用不同的話來定義另外一種更狹隘的科學。所以，我現在要進行第三步，也就是：認知神經科學家想發現知識論體系的分子邏輯，這裡的分子邏輯是除了物理、化學、生物學、心理學原理之外，主宰知識論體系中非生命層面行為的原理。（「知識論體系」這個詞還有討論空間，我只是用這個詞暫代其他可能更適合的詞。）還可以有更進一步的替換：把「非生命」換成「有生命的」。我不確定這樣到底會不會有真正的差異。

透過將認知神經科學只關心活著的意識系統的要求納入，我們得以讓人工智慧自由發展，獨立在有機演化恰好已產生的解決方案之外。現在我們關心的是意識系統的次集合，準則變成系統的知識狀態是否影響到它的行為……

現在應該很清楚看得出來，我對這個問題真的沒有答案，認知科學家想知道什麼？但是我想，認知神經科學家想知道的是某種很有意思的東西，若能有系統地追蹤我們代換生物模型後獲得的這個定義背後的意義，應該會有發展前途。

雖然看起來難以置信，但是我當時試圖回信。畢竟當時我還年輕。

收信者：米勒
發信者：葛詹尼加
回覆：認知神經科學的模範

好的，你說我們的工作是了解那些在活的系統中，負責積極控制、並組成一個認知主體（我，agent）的各種心智組成物的運作過程。（換言之，我也可以說「定義認知系統的特質」就是「資訊處理失調」時也會出錯的事物？）或者說，我們的工作是了解大腦軟體，那個編寫程式，編排神經網絡的時空模式的東西。首先，你對認知神經科學的定義有成功達陣嗎？我覺得有。讓我們來看看其他人對於認知的看法（通常他們使用的是其他的術語）。例如斯佩里曾經說，意識是相關的神經系統在時空互動下產生的一種突現特性。他堅稱這些突現的心智特性會反饋，確實也如此，並控制產生該特質的系統的活動。對我來說，這個立場就是神經科學家表達「認知行動」（cognitive act）的一種方法。麥楷對於認知系統的重大特徵假設如下：「直接和意識經驗相關的是大腦系統自我評估、管理，或後設組織的活動，也就是這種系統決定了常規、優先順序以及組織內部狀態的準備程度，以處理感官刺激的源頭。」這讓我想到對於意識處理過程比較被動的一個描述，它扮演的角色比較像是「批發商」或是「調度員」。他並沒有說這個系統的特色是它會試圖打破有機體對指令做出反射式反應的天生傾向。

如果我是對的，你的定義至少已經比我對某些議題的理解更進一步，並且已經清楚說明，這項工作是發現主宰知識論體系——主宰生物系統的那個活的系統——的規則。想到這裡，我堅持知識論體系是在生物系統之上的。這是你的意思嗎？

無論如何，你已經讓我們就準備位置，真正開始嘗試找出下列的原理：不只關於認知系統如何向意識宣告它們的產物，還有認知系統做為伴隨大腦構造的過程出現的準則。除了研究分裂的腦部狀態之外，我們還能怎麼了解這樣的動態呢？就某些方面來說，認知科學家試著利用有機體的洞悉力，找出這個令人困惑的問題的答案。但是在我們從對大腦受損患者的研究中提出問題之前，讓我再提出另外一個我認為需要明白分析的觀察結果。

為了了解紐約客所需要的分析，和為了了解紐約所需要的分析是不一樣的。可以讓人了解一個串列系統所需要的分析，和了解平行系統需要的分析也是不一樣的。在我們開始進行認知功能的理性分析之前，我們是不是必須面對這個系統到底是不是在競爭，想爭取人的注意力這個問題呢？如果我們同意現在能簡略地說這是一個合理的模型，那麼我覺得人們在處理足以讓人重新思考認知理論的大腦疾病之相關問題時，所使用的方法將會很不一樣。

讓我來說說能為「認知系統由什麼組成」這個觀念有所貢獻的一種大腦疾病。在大腦疾病中，認知主體（我）的某一項系統特質可能會出現相對獨立的失常。例如在研究記憶失調的患者時，這就是常見的情況。以某方面來分析，這些患者無法（一）保留新的資訊，以及（二）將兩個新的元素組合成一個新的概念。從這些失調症背後的病理生理學來看，你會發現不論是病灶或彌散性疾病的狀態，都和這種心理失序有關。只有深入探討才能開始看到心理學層面的差異。將資訊從短期記憶傳送到長期記憶時，病灶型的患者有嚴重的失能，不過提示可以對他們的回憶表現提供大量的協助（例如：在很長的單字清單上嵌入分類標頭）。另一方面，彌散性疾病的患者則不會受到這種認知策略的協助。他們的回憶表現一直都很低落。

我們要怎麼處理這些觀察結果？首先，我們是不是該否認彌散型疾病的患者仍然擁有認知系統？他們的主體消失了嗎？如果不是，他們有哪些特質使得他們成為這個物種的一份子？我沒有答案。對我來說，大腦疾病患者立刻告訴我們的是：我們必須更明確地定義做為認知系統準則的「認知穿透性」（cognitive penetrability）。我強烈認為這當中有非常珍貴的見解，但我也覺得我們會太輕易放過很多認知主體，讓我感到坐立不安。

米勒對此回了另一封信：

收信者：葛詹尼加
發信者：米勒
回覆：前方路迢迢

既然你至少暫時接受了我對認知神經科學的定義，那我們下一步就是試著執行它。我想重申這個定義，但首我先要擺脫「知識論體系」這個詞。讓我先指出我心目中的大方向。

有機知識體系。一個「知識基礎」是任一具體的訊號集合，以某種約定俗成的編碼制度安排，用來代表一套特定的知識。一個知識基礎，加上使用這種基礎的資訊處理系統（用以儲存、取得、消除、比較、搜尋等等），就是一個「知識體系」。顯然，一個知識基礎如果不屬於活的、有生命的、有主體性的知識體系，也就是由生物和心理原理主宰的知識體系（不同於圖書館或電腦）的一部分，就沒有任何用處。

認知神經科學的定義。認知神經科學家試圖發現有機知識體系的分子邏輯，也就是除了物理、化學、生物和心理學原理之外，一套主宰活的知識體系內無生命層面行為的原理。

認知準則。根據上面的定義，任何不受到行為系統的知識狀態影響的行為，都不是認知科學關心的主題。

定義的言外之意。這個定義和各種了解認知神經科學的手段相容。（一）知識體系的演化。

舉例來說，從在基因內儲存知識，轉變成透過經驗獲得知識的演化轉變。（二）知識體系的個體發生。例如個人記憶的神經元基礎。（三）知識體系的心理學。例如注意力如何影響那些被知識所控制的行為（可透過誘發電位來量測）。（四）知識體系的神經學。例如不同種類的大腦疾病間的相關性，等等諸如此類。這些方法都不是新的——代表每一點我們都有東西可拿出來講。

這種方法在哲學層面的反彈是，以這種方式使用生物學、心理學和認知神經科學的連續定義，我們會把這門學問變成約化主義的一種。換句話說，認知神經科學家追尋的原理，也是心理學的原理，而心理學家追尋的原理，也是生物學的原理。既然我一直認為科學心理學是生物學的分支，這種反對的意見對我沒有什麼影響。不過對於斯金納或西蒙這種傑出的科學家來說，這就很值得注意了。

準則的言外之意。你在六月一號筆記中的一個關鍵問題，可以用下列的說法描述：「不受到行為系統狀態影響的行為，不是認知神經科學關心的主題」這句話，在操作上有什麼涵義呢？

你一戳這個點，我馬上就想到好幾個答案。首先，認知科學家伯里辛不應該對這個準則的文字負起責任。就我對於他的「認知穿透性」觀念的了解，這是為了區分心智電腦中固定的「構造」與可修改的程式。但我們想要區分的，是認知神經科學家想知道的東西，以及他們留給其他領域的東西。由於我不明白伯里辛的想法，所以我不清楚這兩種區分是否有相符之處，所以我只能針對我們這邊的說法加以延伸。

第二，我認為有兩個明顯的方法可以應用這個準則：（一）改變有機體的知識狀態，試著展示它的思考或行為的結果改變。或（二）不管有機體的知識，而是改變在任務中使用的材料，看看思考或行為是否會隨著熟悉度的不同而產生變化。

如果我正確了解你舉的例子，彌散型大腦疾病的患者在以第一種方式應用準則方面有些困難，因為顯然不可能改變這種患者的知識狀態，所以他以記憶控制的行為就不是認知神經科學關心的主題。對於這類患者來說，必須要以第二種方式應用這個準則，基本上就是改變提出的問題內容，直到我們找到患者確實記住的東西為止。這樣有沒有回答到你的筆記結尾那個令人困擾的問題呢？

第三，我覺得這個準則應該是引導我們的東西，就像作者一樣，讓我們挑選要寫哪些研究，以及如何組織它們。我覺得承認我們使用的就是這個準則也沒有問題（如果我們真的用了），但是我不認為這是我們要強押著讀者接受的東西。

描述的層級。我試著想搞清楚認知神經科學時，面臨的最大問題之一就是：不同的人會在不同的描述層級進行研究，沒有人注意這個自己的層級和其他層級的描述之間的關係。我假設這種程度的不一致性是可能的，因為不同層級間只有鬆散的關連，若此為真，則這個情況本身就是一個很有意思的觀察結果。

我看過最接近層級問題的討論來自於麻省理工學院的人工智慧實驗室，我想明斯基和瑪爾是那裡的明燈。我猜只要是使用電腦的人，就不得不進行這樣的討論。舉例來說，在溫斯頓的《人工智慧》（*Artificial Intelligence*, Addison-Wesley, 1977）中，提到電腦的運作有八個描述層級：（一）電晶體，（二）浮點與閘口，（三）暫存器與資料通道，（四）機械指令，（五）編譯程式或翻譯器，（六）清單處理器（LISP），（七）嵌入式模式匹配器，以及（八）智慧程式。瑪爾和波焦（A theory of human stereo vision, *Proc.Royal Soc. London*, 1977）拉近這個描述層級和神經學之間的關係，他們提出當中有四個層級可以同時應用在電腦和人腦上：（一）電晶體和兩極真空管，相當於神經元和突觸，（二）第一層的元素的集合，例如記憶體、加法器、乘算器，（三）演算法，也就是運算的結構，以及（四）運算的理論。

顯然，現在大多數的神經科學家都熱烈討論第二層：神經傳送素是熱門話題。我也認識少數幾個研究第二層的人，像是蒙特凱索對柱狀集合的描述，所以我假設還有更多我不知道的情況。第三層是抽象的，所有神經科學家都不敢妄想，也許狄斯厄的蒼蠅分析曾經達到這個部分。第四層一直被忽視，瑪爾和波焦認為，人工智慧要負責提供一般性的理論，做為定義第三層的運算所需的結構。

這些分析我一個也不贊同，不過我確實同意他們的看法：神經系統這麼複雜的東西可以從很多個層面來理解。多層級的邏輯在於，它們彼此間只能有鬆散的連結，否則無法成為各自獨特的層級。此外，第N層描述的處理過程，也許只能透過在 N+1 層的許多更高的處理過程才能達到，因此，第N層的描述永遠不能真正解釋在第N層到底發生了什麼事。**問題**。層級和我們對認知神經科學的定義有什麼關係呢？這不是一個修辭上的問句，我是真的需要一個答案。

舉例來說，我們觀察到一種已知會以某種方式影響突觸的藥物（操縱第一層），影響了患者對於一般空間關係知識主宰的行為（第四層的結果）。這符合我們的準則（以第二種方式應用準則），應納入認知科學領域。但是納入並不表示了解啊！救命！

附注

第一章：深入科學

1. R. Sperry, "The growth of nerve circuits," *Scientific American* 201 (1959): 68–75.
2. 是柏克萊的物理學教授暨阿瓦雷茲前同事繆萊告訴我的。
3. 這些很多自述的細節都在另外一本學術回顧中有提到：M. S. Gazzaniga, autobiographical essay in L. R. Squire, ed., *The History of Neuroscience in Autobiography* , vol. 7 (New York: Oxford University Press, 2011); M. S. Gazzaniga, "Shifting gears:Seeking new approaches for mind/brain mechanisms," *Annual Review of Psychology* 64 (2013): 1–20.
4. A. P. Aristides, "Spreading depression of activity in the cerebral cortex," *Journal of Neurophysiology* 7 (1944): 359–90.
5. 鮑林博士和我的對話。
6. 對於是法蘭西斯・培根還是羅吉爾・培根所說的，莫衷一是（見下列討論：*Horse Teeth* at

http://www.lhup.edu/~dsimanek/horse.htm).

7. K. S. Lashley, *Brain Mechanisms and Intelligence* (Chicago:University of Chicago Press, 1929).

8. R. W. Sperry, "Orderly functions with disordered structure," in H. V. Foerster and G. W. Zopt, eds., *Principles of Self-Organization* (New York:Pergamon Press, 1962), pp. 279–90.

9. D. Helfman, "Dr. Mead Livens Lounge," *California Tech* 62, no. 24 (1961): 1.

10. D. G. Attardi and R. W. Sperry, "Preferential selection of central pathways by regenerating optic fibers," *Neurology* 7 (1963): 46–64.

11. 葛利特史丹博士，私人通訊。

12. 斯佩里博士和我的對話。

13. 葛利特史丹博士，私人通訊。

14. Steve Allen et al., Dialogues in *Americanism* (Chicago:Henry Regnery, 1964).

第二章：發現分裂的心智

1. J. Bogen, autobiographical essay in L. R. Squire, ed., *The History of Neuroscience in Autobiography* , vol. 5 (San Diego:Elsevier Academic Press, 2006), p. 90.

2. J. D. Watson and F. H. Crick, "Molecular structure of nucleic acids; a structure for deoxyribose

nucleic acid," *Nature* 171, no. 4356 (1953): 737–38.

3. M. S. Gazzaniga, J. E. Bogen, and R. W. Sperry, "Some functional effects of sectioning the cerebral commissures in man," *Proceedings of the National Academy of Science* 48 (1962):1765–69; M. S. Gazzaniga, J. E. Bogen, and R. W. Sperry, "Laterality effects in somesthesis following cerebral commissurotomy in man,"*Neuropsychologia* 1 (1963):209–15; M. S. Gazzaniga, J. E. Bogen, and R. W. Sperry, "Observations on visual perception after disconnection of the cerebral hemispheres in man," *Brain* 88 (1965):221–36; M. S. Gazzaniga, J. E. Bogen, and R. W. Sperry, "Dyspraxia following division of the cerebral commissures," *Archives of Neurology* 16 (1967):606–12; M. S. Gazzaniga and R. W. Sperry, "Language after section of the cerebral commissures," *Brain* 90 (1967): 131–48.
4. R. E. Myers, "Interocular transfer of pattern discrimination in cats following section of crossed optic fibers," *Journal of Comparative & Physiological Psychology* 48, no. 6 (1955): 470–73.
5. R. E. Myers and R. W. Sperry, "Interocular transfer of a visual form discrimination habit in cats after section of the optic chiasm and corpus callosum," *Anatomical Record* 115 (1953): 351–52.
6. C. Morgan, *Physiological Psychology* (New York:McGraw-Hill, 1943).
7. C. Morgan and E. Stellar, *Physiological Psychology* , 2nd ed. (New York:McGraw-Hill, 1943).
8. P. Black and R. E. Myers, "Visual function of the forebrain commissures in the chimpanzee,"*Science*

146, no. 3645 (1964): 799–800.

9. R. W. Sperry, "Mechanisms of neural maturation," in S. S. Stevens, ed., *Handbook of Experimental Psychology* (New York:Wiley, 1951).

10. R. W. Sperry, N. Miner, and R. E. Myers, "Visual pattern perception following subpial slicing and tantalum wire implantations in the visual cortex," *Journal of Comparative Physiological Psychology* 48 (1955): 50–58.

11. M. S. Gazzaniga, J. E. Bogen, and R. W. Sperry, R.W. (1962)."Some functional effects of sectioning the cerebral commissures in man," *Proceedings of the National Academy of Science* 48 (1962): 1765–69.

12. N. Geschwind and E. Kaplan, "A human cerebral deconnection syndrome:A preliminary report," *Neurology* 12 (1962): 675–85.

13. A. Damasio, "Norman Geschwind (1926–1984)," *Trends in Neuroscience* 8 (1985): 388–91.

14. N. Geschwind and E. Kaplan, "Human split-brain syndromes," *New England Journal of Medicine* 266 (1962): 1013.

15. B. Grafstein, autobiographical essay in Larry Squire, ed., *The History of Neuroscience in Autobiography* , vol. 3 (Oxford:Oxford University Press, 2001).

16. N. Geschwind, “Disconnexion syndromes in animals and man,” *Brain* 88 (1965): 237–94.

17. J. Bogen, autobiographical essay, p. 87.

18. J. Rose and V. Mountcastle, “Touch and kinesthesis,” *Neurophysiology* (1959): 387–429.

19. M. S. Gazzaniga, J. E. Bogen, and R. W. Sperry, “Laterality effects in somesthesis following cerebral commissurotomy in man,” *Neuropsychologia* 1 (1963): 209–215.

20. Bogen, autobiographical essay, p. 95.

21. O. Devinsky, “Norman Geschwind:Influence on his career and comments on his course on the neurology of behavior,” *Epilepsy and Behavior* 15, no. 4 (2009): 413–16.

22. N. Wade, “American and Briton win Nobel for using chemists’ test for M.R.I.’s,” *New York Times* , Oct. 7, 2003.

23. J. Bogen, autobiographical essay.

24. C. B. Trevarthen, “Two mechanisms of vision in primates,” *Psychologische Forschung* 31 (1968): 299–337.

25. M. S. Gazzaniga, “Cross-cueing mechanisms and ipsilateral eye-hand control in split-brain monkeys,” *Experimental Neurology* 23 (1969): 11–17.

26. J. E. Bogen and M. S. Gazzaniga, “Cerebral commissurotomy in man: Minor hemisphere dominance

for certain visuospatial functions," *Journal of Neurosurgery* 23 (1965): 394–99.

27. M. S. Gazzaniga, "Effects of commissurotomy on a preoperatively learned visual discrimination," *Experimental Neurology* 8 (1963): 14–19.

28. M. S. Gazzaniga, "Cerebral mechanisms involved in ipsilateral eye-hand use in split-brain monkeys," *Experimental Neurology* 10 (1964): 148–55.

第三章：尋找大腦的摩斯密碼

1. M. S. Gazzaniga, "Interhemispheric cueing systems remaining after section of neocortical commissures in monkeys," *Experimental Neurology* 16 (1966): 28–35.

2. M. S. Gazzaniga and S. Hillyard, "Language and speech capacity of the right hemisphere," *Neuropsychologia* 9 (1971): 273–80.

3. L.B., 個人通訊

4. M. S. Gazzaniga, J. E. Bogen, and R. W. Sperry, "Observations on visual perception after disconnection of the cerebral hemispheres in man," *Brain* 88 (1965): 221–36.

5. M. S. Gazzaniga and R. W. Sperry, "Language after section of the cerebral commissures," *Brain* 90 (1967): 131–48.

6. M. M. Steriade and R. W. McCarley, *Brain Control of Wakefulness and Sleep* , 2nd ed. (New York:Plenum, 2005).

7. G. Berlucchi, M. S. Gazzzaniga, and G. Rizzolatti, "Microelectrode analysis of transfer of visual information by the corpus callosum," *Archives Italiennes de Biologie* 105 (1967): 583–96.

8. D. Hubel, David (1995) *Eye, Brain, Vision* (New York:Scientific American Library, 1995).Series (Book 22).

9. R. A. Filbey and M. S. Gazzaniga, "Splitting the brain with reaction time," *Psychonomic Science* 17 (1969): 335–36.

10. See G. Berlucchi, "Visual interhemispheric communication and callosal connections of the occipital lobes," *Cortex* (2013); S0010-9452(13)00037-3; doi:10.1016/j.cortex.2013.02.001.

11. D. Premack, "Reversibility of reinforcement relation," *Science* 136, no. 3512 (1962): 255–57.

12. C. Blakemore and D. E. Mitchell, "Environmental modification of the visual cortex and the neural basis of learning and memory," *Nature* 241 (1973): 467–68.

13. M. S. Gazzaniga, "Cross-cueing mechanisms and ipsilateral eye-hand control in split-brain monkeys," *Experimental Neurology* 23 (1969): 11–17.

14. See R. W. Sperry, "Brain bisection and mechanisms of consciousness," in J. C. Eccles, ed., *Brain and*

Conscious Experience (Heidelberg:Springer-Verlag, 1966), pp. 299–313.

15. M. S. Gazzaniga, "Understanding layers:From neuroscience to human responsibility," in A. Battro, S. Dehaene, and W. Singer, eds., *Proceedings of the Working Group on Neurosciences and the Human Person:New Perspectives on Human Activities, Scripta Varia* 121 (Vatican City:Ex Aedibus Academicis, 2013).

16. Op-ed, *Los Angeles Times* , May 18, 1967.

第四章：揭開更多模組之祕

1. N. M. Weidman, *Constructing Scientific Psychology:Karl Lashley's Mind-Brain Debates* (Cambridge:Cambridge University Press, 1999).

2. M. S. Gazzaniga, *The Bisected Brain* (New York:Appleton-Century-Crofts, 1970).

3. J. Didion, "Letters from 'Manhattan,'" *New York Review of Books* , August 16, 1979, pp. 18–19.

4. M. S. Gazzaniga, "Lunch with Leon (Festinger)," *Perspectives on Psychological Science* 1 (2006): 88–94.

5. R. G. Collingwood, *An Autobiography* (Oxford:Oxford University Press, 1939).

6. K. Lewin, "1963 Frontiers in group dynamics," in D. Cartwright, ed., *Field Theory in Social*

Science:Selected Theoretical Papers (London:Tavistock, 1947), pp. 188–237.

7. L. Festinger, H. Riecken, and S. Schachter, *When Prophecy Fails* (Minneapolis:University of Minnesota Press, 1956).

8. Ibid.

9. M. S. Gazzaniga, I. S. Szer, and A. M. Crane, "Modification of drinking behavior in the adipsic rat," *Experimental Neurology* 42 (1974): 483–89.

10. D. Premack, "Sameness versus difference:From physical similarity to analogy," 2009, http://www.psych.upenn.edu/~premack/Essays/Entries/2009/5/15_Sameness_Versus_Difference_From_Physical_Similarity_to_Analogy.html.

11. A. Velletri-Glass, M. S. Gazzaniga, and D. Premack, "Artificial language training in global aphasics," *Neuropsychologia* 11 (1973): 95–103.

12. M. S. Gazzaniga, A. Velletri-Glass, M. T. Sarno, and J. B. Posner, "Pure word deafness and hemispheric dynamics:A case history," *Cortex* (1973): 136–43.

13. Ibid.

14. M. S. Gazzaniga, "One brain——two minds?," *American Scientist* 60 (1972): 311–17.

15. D. Hume, *A Treatise of Human Nature* , ed. L. A. Selby-Bigge (Oxford:Clarendon Press, 1896).

(Reprinted from D. Hume, *A Treatise of Human Nature* [London:John Noon, 1739].)

16. "Normative," *Wikipedia* , http://en.wikipedia.org/wiki/Normative.

17. A. R. Gibson and M. S. Gazzaniga, "Hemisphere differences in eating behavior in split-brain monkeys," *Physiologist* 14 (1971): 150.

18. J. D. Johnson and M. S. Gazzaniga, "Reversal behavior in split-brain monkeys," *Physiology and Behavior* 6 (1971): 707–709.

19. J. D. Johnson and M. S. Gazzaniga, "Cortical-cortical pathways involved in reinforcement," *Nature* 223 (1969): 71.

20. D. G. Deutsch et al., "Analysis of protein levels and synthesis after learning in the split-brain pigeon," *Brain Research* 198 (1980): 135–45.

21. M. S. Gazzaniga, "Interhemispheric communication of visual learning," *Neuropsychologia* 4 (1966): 183–89.

22. D. H. Wilson, A. G. Reeves, and M. S. Gazzaniga, " 'Central' commissurotomy for intractable generalized epilepsy," *Neurology* 32 (1982): 687–97.

23. G. Risse, J. E. LeDoux, D. H. Wilson, and M. S. Gazzaniga, "The anterior commissure in man:Functional variation in a multi-sensory system," *Neuropsychologia* 16 (1975): 23–31.

24. J. E. LeDoux, D. H. Wilson, and M. S. Gazzaniga, "Block design performance following callosal sectioning:Observations on functional recovery," *Archives of Neurology* 35 (1978): 506–508.

25. J. LeDoux, *The Cognitive Neuroscience of Mind:A Tribute to Michael S. Gazzaniga* (Cambridge, MA:MIT Press, 2010).

26. M. S. Gazzaniga, J. E. LeDoux, C. S. Smylie, and B. T. Volpe, "Plasticity in speech organization following commissurotomy," *Brain* 102 (1979): 805–15.

第五章：大腦造影確認裂腦手術

1. B. Volpe, J. LeDoux, and M. Gazzaniga, "Information processing onvisual stimuli in an extinguished field," *Nature* 282 (1979): 722–24.

2. L. Weiskrantz, *Blindsight:A Case Study and Implications* (Oxford:Oxford University Press, 1986).

3. J. Holtzman, "Interactions between cortical and subcortical visual areas:Evidence from human commissurotomy patients," *Vision Research* 24, no. 8 (1984): 801–14.

4. S. M. Kosslyn, J. D. Holtzman, M. J. Farah, and M. S. Gazzaniga, "A computational analysis of mental image generation:Evidence from functional dissociations in split-brain patients," *Journal of Experimental Psychology:General* 114 (1985): 311–41.

5. Pierre S. DuPont addressing the French National Assembly in 1790.

6. G. A. Miller, *Language and Communication* (New York:McGraw-Hill, 1951).

7. N. Chomsky, *Syntactic Structures* (New York:Mouton, 1957).

8. G. A. Miller and N. Chomsky. (1963)."Finitary models of language users," in G. A. Miller & N. Chomsky, eds., *Handbook of Mathematical Psychology* (New York:Wiley, 1963), pp. 421–91.

9. G. A. Miller, "The cognitive revolution:A historical perspective," *Trends in Cognitive Science* 7, no. 3 (2003): 141–44.

10. J. D. Watson and F. H. C. Crick, "A structure for deoxyribose nucleic acid," *Nature* 171 (1953): 737–38.

11. J. D. Holtzman, J. J. Sidtis, B. T. Volpe, D. H. Wilson, and M. S. Gazzaniga, "Dissociation of spatial information for stimulus localization and the control of attention," *Brain* 104 (1981): 861–72.

12. J. R. Moeller, B. T. Volpe, J. S. Perlmutter, M. E. Raichle, and M. S. Gazzaniga, "Brain pattern space:A new analytic method uncovers covarying regional values in PET measured patterns of human brain activity," *Society for Neuroscience Abstracts* (1985).

13. M. S. Gazzaniga, *The Social Brain* (New York:Basic Books, 1985).

第六章：依舊分裂

1. R. Galambos and S. A. Hillyard, *Electrophysiological Approaches to Human Cognitive Processing* (Cambridge, MA:MIT Press, 1981).

2. G. R. Mangun and S. A. Hillyard, "Spatial gradients of visual attention:Behavioral and electrophysiological evidence," *Electroencephalography and Clinical Neurophysiology* 70 (1988): 417–28.

3. N. Jerne, "Antibodies and learning:Selection versus instruction," in G. C. Quarton, T. Melnechuk, and F. O. Schmitt, eds., *The Neurosciences:A Study Program* (New York:Rockefeller University Press, 1967), pp. 200–205.

4. S. Pinker, *The Language Instinct:The New Science of Language and Mind* (New York:William Morrow, 1994).

5. M. S. Gazzaniga, *Nature's Mind* (New York:Basic Books, 1992).

6. R. Granger, J. Ambros-Ingerson, and G. Lynch, "Derivation of encoding characteristics of layer II cerebral cortex," *Journal of Cognitive Neuroscience* 1, no. 1 (1989): 61–87.

7. S. A. Seymour, P. A. Reuter-Lorenz, and M. S. Gazzaniga, "The disconnection syndrome:Basic findings reaffirmed," *Brain* 117 (1994): 105–15.

8. D. M. MacKay and V. MacKay, “Explicit dialog between left and right half-systems of split brains,” *Nature* 295 (1982): 690–91.

9. J. Sergent, “Unified response to bilateral hemispheric stimulation by a split-brain patient,” *Nature* 305 (1983): 800–802.

10. J. Sergent, “Interhemispheric integration of conflicting information by a split-brain man,” *Dyslexia:A Global Issue* 18 (1984): 533–46.

11. 例子請見：https://www.youtube.com/watch?v=0spIRN373mw.

12. Abigail and Brittany, http://www.youtube.com/watch?v=Jobo2JA8rKY.

13. M. S. Gazzaniga, J. D. Holtzman, and C. S. Smylie, “Speech without conscious awareness,” *Neurology* 37 (1987): 682–85.

14. S. A. Hillyard and M. Kutas, “Electrophysiology of cognitive processing,” *Annual Review of Psychology* 34 (1983): 33–61.

15. S. J. Luck, S. A. Hillyard, G. R. Mangun, and M. S. Gazzaniga, “Independent hemispheric attentional systems mediate visual search in split brain patients,” *Nature* 342 (1989): 543–45.

16. J. D. Holtzman, J. J. Sidtis, B. T. Volpe, D. H. Wilson, and M. S. Gazzaniga, “Dissociation of spatial information for stimulus localization and the control of attention,” *Brain* 104 (1981): 861–72.

17. P. A. Reuter-Lorenz, G. Nozawa, M. S. Gazzaniga, and H. H. Hughes, "The fate of neglected targets:A chronometric analysis of redundant target effects in the bisected brain," *Journal of Experimental Psychology, Human Perception and Performance* 21 (1995): 211–23.

18. J. D. Holtzman and M. S. Gazzaniga, "Dual task interactions due exclusively to limits in processing resources," *Science* 218 (1982): 1325–27.

19. J. D. Holtzman and M. S. Gazzaniga, "Enhanced dual task performance following callosal commissurotomy in humans," *Neuropsychologia* 23 (1985): 315–21.

20. A. Kingstone, J. T. Enns, G. R. Mangun, and M. S. Gazzaniga, "Guided visual search is lateralized in split-brain patients," *Psychological Science* 6 (1995): 118–21.

21. J. S. Oppenheim, J. E. Skerry, M. J. Tramo, and M. S. Gazzaniga, "Magnetic resonance imaging morphology of the corpus callosum in monozygotic twins," *Annals of Neurology* 26 (1989): 100–104.

22. P. M. Thompson et al., "Genetic influences on brain structure," *Nature Neuroscience* 4 (2001): 1253–58.

23. M. S. Gazzaniga and H. Freedman, "Observations on visual processes after posterior callosal section," *Neurology* 23 (1973): 1126–30.

24. B. T. Volpe, J. J. Sidtis, J. D. Holtzman, D. H. Wilson, and M. S. Gazzaniga, "Cortical mechanisms

involved in praxis:Observations following partial and complete section of the corpus callosum in man," *Neurology* 32 (1982): 645–50.

25. 見影片七。

26. J. J. Sidtis, B. T. Volpe, J. D. Holtzman, D. H. Wilson, and M. S. Gazzaniga, "Cognitive interaction after staged callosal section:Evidence for a transfer of semantic activation," *Science* 212 (1981): 344–46.

27. M. S. Gazzaniga and C. S. Smylie, "Hemispheric mechanisms controlling voluntary and spontaneous facial expressions," *Journal of Cognitive Neuroscience* 2 (1990): 239–45.

第七章：右腦有話要說

1. S. A. Hillyard and G. R. Mangun, "The neural basis of visual selective attention:A commentary on Harter and Aine," *Biological Psychology* 23, no. 3 (1986): 265–79.

2. G. R. Mangun et al., "Monitoring the visual world:Hemispheric asymmetries and subcortical processes in attention," *Journal of Cognitive Neuroscience* 6 (1994): 265–73.

3. J. C. Eliassen, K. Baynes, and M. S. Gazzaniga, "Anterior and posterior callosal contributions to simultaneous bimanual movements of the hands and fingers," *Brain* 123, no. 12 (2000): 2501–11.

4. https://www.youtube.com/watch?v=0spIRN373mw.

5. M. S. Gazzaniga, J. D. Holtzman, and C. S. Smylie, "Speech without conscious awareness," *Neurology* 37 (1987): 682–85.

6. K. Baynes and M. S. Gazzaniga, "Right hemisphere language:Insights into normal language mechanisms?," in F. Plum, ed., *Language Communication and the Brain* (New York:Raven Press, 1987).

7. M. S. Gazzaniga et al., "Collaboration between the hemispheres of a callosotomy patient:Emerging right hemisphere speech and the left hemisphere interpreter," *Brain* 119 (1996):1255–62.

8. M. Kutas, S. A. Hillyard, and M. S. Gazzaniga, "Processing of semantic anomaly by right and left hemispheres of commissurotomy patients:Evidence from event-related potentials," *Brain* 111 (1988): 553–76.

9. M. S. Gazzaniga, J. E. LeDoux, C. S. Smylie, and B. T. Volpe, "Plasticity in speech organization following commissurotomy," *Brain* 102 (1979): 805–15.

10. E. Tulving, *Episodic and Semantic Memory* (New York:Academic Press, 1972), pp. 382–402.

11. 密樂，個人通訊。

12. L. Nyberg, A. R. McIntosh, and E. Tulving, "Functional brain imaging of episodic and semantic

memory with positron emission tomography," *Journal of Molecular Medicine* 76 (1998): 48–53.

13. E. Tulving, S. Kapur, F. I. M. Craik, M. Moscovitch, and S. Houle, "Hemispheric encoding/retrieval asymmetry in episodic memory:Positron emission tomography findings," *Proceedings of the National Academy of Science* U.S.A. 91 (1994): 2016–20.

14. A. M. Owen, B. Milner, M. Petrides, and A. C. Evans, "Memory for object-features versus memory for object-location:A positron emission tomography study of encoding and retrieval processes," *Proceedings of the National Academy of Science U.S.A.* 93 (1996):9212–17; W. M. Kelley et al., "Hemispheric specialization in human dorsal frontal cortex and medial temporal lobe for verbal and non-verbal memory encoding," *Neuron* 20 (1998):927–36; A. D. Wagner et al., "Material-specific lateralization of prefrontal activation during episodic encoding and retrieval," *Neuroreport* 1219 (1998):3711–17; M. B. Miller, A. F. Kingstone, and M. S. Gazzaniga, "Hemispheric encoding asymmetry is more apparent than real," *Journal of Cognitive Neuroscience* 14 (2002): 702–708.

15. D. Zaidel and R. W. Sperry, "Memory impairment after commissurotomy in man," *Brain* 97 (1974):263–72; E. A. Phelps, W. Hirst, and M. S. Gazzaniga, "Deficits in recall following partial and complete commissurotomy," *Cerebral Cortex* 1 (1991): 492–98.

16. J. E. LeDoux, G. Risse, S. Springer, D. H. Wilson, and M. S. Gazzaniga, "Cognition and

commissurotomy," *Brain* 110 (1977):87–104; J. Metcalfe, M. Funnell, and M. S. Gazzaniga, "Right-hemisphere superiority:Studies of a split-brain patient," *Psychological Science* 6 (1995): 157–63.

17. M. S. Gazzaniga and M. B. Miller, "Testing Tulving:The split brain approach," in E. Tulving et al., eds., *Memory, Consciousness, and the Brain:The Tallinn Conference* (Philadelphia:Psychology Press, 2000), pp. 307–18.

18. M. S. Gazzaniga, ed., *The New Cognitive Neurosciences* , 2nd ed. (Cambridge, MA:MIT Press, 2000).

第八章：安穩生活，受徵召貢獻一己之力

1. L. Thomas, "To Err Is Human," in *The Medusa and the Snail:More Notes of a Biology Watcher* (New York:Viking Press, 1974).

2. M. B. Miller, A. Kingstone, P. M. Corballis, J. Groh, and M. S. Gazzaniga. "Manipulating encoding of faces and associated brain activations," *Society for Neuroscience Abstracts* 25, no. 1 (1999): 646.

3. C. R. Gallistel, *The Organization of Learning* (Cambridge, MA:Bradford Books/MIT Press, 1990).

4. C. R. Hamilton and B. A. Brody, "Separation of visual functions with the corpus callosum of monkeys," *Brain Research* 49 (1973): 15–189.

5. M. S. Gazzaniga, M. Kutas, C. Van Petten, and R. Fendrich, "Human callosal function:MRI verified

neuropsychological functions," *Neurology* 39 (1989): 942–46.

6. P. M. Corballis, S. J. Inati, M. G. Funnell, S. Grafton, and M. S. Gazzaniga, "MRI assessment of spared fibers following callosotomy:A second look," *Neurology* 57 (2001): 1345–46.

7. J. D. Van Horn and M. S. Gazzaniga, "Why share data?Lessons learned from the fMRIDC," *Neuroimage* 82 (2013): 677–82.

8. 歐布萊恩二〇一一年在達特茅斯學院的畢業致詞：http://www.youtube.com/watch?v=KmDYXaaT9sA.

9. M. G. Funnell, P. M. Corballis, and M. S. Gazzaniga, "A deficit in perceptual matching in the left hemisphere of a callosotomy patient," *Neuropsychologia* 37 (1999): 1143–54.

10. A. Baird, J. Fugelsang, and C. Bennett," 'What were you thinking?':An fMRI study of adolescent decision making," poster presented at the annual meeting of the Cognitive Neuroscience Society, New York, 2005.

11. A. A. Baird, M. K. Colvin, J. Van Horn, S. Inati, and M. S. Gazzaniga, "Functional connectivity:Integrating behavioral, DTI and fMRI data sets," *Journal of Cognitive Neuroscience* 17, no. 4 (2005): 1–8.

12. M. K. Colvin, M. G. Funnell, and M. S. Gazzaniga, "Numerical pro-cessing in the two

hemispheres:Studies of a split-brain patient," *Brain and Cognition* 57, no. 1 (2005): 43–52.

13. R. Seltzer, *Mortal Lessons:Notes on the Art of Surgery* (New York:Simon & Schuster, 1974).

14. "Academy of Sciences urges ban on human cloning," CNN.com, 2002, http://edition.cnn.com/2002/HEALTH/01/18/academies.cloning/index.html.

15. 二〇〇二年二月十三日，梅蘭德在總統生物倫理委員會質疑溫斯曼的逐字稿，http://bioethics.georgetown.edu/pcbe/transcripts/feb02/feb13session2.html.

16. M. S. Gazzaniga, "Zygotes and people aren't quite the same," New York *Times* , April 25, 2002.

17. W. Safire, "The but-what-if factor," *New York Times* , May 7, 2002.

18. "Human cloning and human dignity:An ethical inquiry," President's Council on Bioethics, July 2002, http://bioethics.georgetown.edu/pcbe/reports/cloningreport/execsummary.html.

19. S. G. Stolberg, "Bush's bioethics advisory panel recommends a moratorium, not a ban, on cloning research," *New York Times* , July 11, 2002.

20. G. Meilaender, "Spare embryos:If they're going to die anyway, does that really entitle us to treat them as handy research material?," *Weekly Standard* , August 26, 2002.

21. S. Yamanaka, "Induction of pluripotent stem cells from mouse embryonic and adult fibroblast cultures by defined factors," *Cell* 126, no. (2006): 663–76.

22. S. Pinker, "The stupidity of dignity.Conservative bioethics' latest, most dangerous ploy," *New Republic* , May 28, 2008.

第九章：層次與動態：尋找新的觀點

1. D. Kahneman, *Thinking, Fast and Slow* (New York:Farrar, Straus & Giroux, 2011).
2. G. A. Miller, "The magical number seven, plus or minus two:Some limits on our capacity for processing information," *Psychological Review* 63, no. 2 (1956): 81–97.
3. C. Sherrington, *Man on His Nature* (Cambridge:Cambridge University Press, 1940).
4. R. Sperry, "The functional results of muscle transposition in the hind limb of the rat," *Journal of Comparative Neurology* 73, no. 3 (1939): 379–404.
5. R. Sperry, "Functional results of crossing sensory nerves in the rat," *Journal of Comparative Neurology* 78, no. 1 (1943): 59–90.
6. J. Topál, G. Gergely, A. Erdöhegyi, G. Csibra, and A. Miklosi, "Differential sensitivity to human communication in dogs, wolves, and human infants," *Science* 325 (2009): 1269–72.
7. G. Csibra and G. Gergely, "Social learning and social cognition:The case for pedagogy," in Y. Munakata and M. H. Johnson, eds., *Processes of Change in Brain and Cognitive*

Development:Attention and Performance XXI (Oxford:Oxford University Press, 2006), pp. 249–74.

8. N. Kapur, T. Manly, J. Cole, and A. Pascual-Leone, *The Paradoxical Brain——So What?* (Cambridge:Cambridge University Press, 2011).

9. J. B. Clarke and L. Sokoloff, "Circulation and energy metabolism of the brain," in G. J. Siegel et al., eds., *Basic Neurochemistry* , 6th ed. (Philadelphia:Lippincott-Raven, 1999), pp. 637–69.

10. M. Kirschner and J. Gerhart, "Evolvability," *Proceedings of the National Academy of Science* 95, no. 15 (1998): 8420–27.

11. Andy Clark, Sage Lecture Series, University of California, Santa Barbara, 2011.

12. M. Rayport, S. Sani, and S. M. Ferguson, "Olfactory gustatory responses evoked by electrical stimulation of amygdalar region in man are qualitatively modifiable by interview content:Case report and review," *International Review of Neurobiology* 76 (2006): 35–42.

13. J. Goldstein, "Emergence as a construct:History and issues," *Emergence:Complexity and Organization* 1, no. 1 (1999): 49–72.

14. P. A. Anderson, "More is different," *Science* 177 (1972): 393–96.

15. R. Sperry, "Brain bisection and mechanisms of consciousness," in J. C. Eccles, ed., *Brain and Conscious Experience* (New York:Springer-Verlag, 1966), pp. 298–313.

16. 蓓兒諾，個人通訊。

17. D. Davidson, "Mental Events," in L. Foster and J. W. Swanson, eds., *From Experience and Theory* (Amherst:University of Massachusetts Press, 1970), pp. 9–101.

18. D. K. Lewis, *On the Plurality of Worlds* (Oxford:Blackwell, 1986).

19. E. P. Hoel, L. Albantakis, and G. Tononi, "When macro beats micro:Quantifying causal emergence," *Proceedings of the National Academy of Sciences* (in press).

20. *Time* , March 28, 2001.

21. G. Ross, "An interview with Marc Kirschner and John Gerhart," *American Scientist 100* , no. 5 (2013), retrieved August 22, 2013, from http://www.americanscientist.org/bookshelf/pub/marc-kirschner-and-john-gerhart.

附錄 I

1. M. S. Gazzaniga, "1981 Nobel prize for physiology or medicine," *Science* 214, no. 4520 (1981): 517–20.

照片提供者

圖一：感謝加州理工學院檔案館提供
圖三：感謝達特茅斯學院梅霖提供
圖四：感謝加州理工學院檔案館提供
圖五：感謝加州理工學院檔案館提供
圖十一：改編自斯佩里與葛詹尼加各種來源
圖十三：感謝貝魯奇提供
圖十四：感謝安・普瑞馬克提供
圖二十：感謝紐約大學提供
圖三十三：感謝達特茅斯學院梅霖提供
其他圖片均由作者提供

影片截圖

所有連結均為目前公開連結。

第二章：發現分裂的心智

影片一：https://vimeo.com/96626442

早期的裂腦研究紀錄片，當時我被要求描述我們如何測試早期裂腦患者。不管你信不信，但我那時候已經是要刮鬍子的年齡了。拍攝這段影片時的實驗性安排已經比原本的進步了；之前是在艾拉斯廳的其中一間實驗室裡，把後投式螢幕掛在突出的管線上。

影片二：https://vimeo.com/96626444

病例NG在手術後沒多久就開始游泳，表現出胼胝體完全切開似乎對於基本的雙邊協調沒有任何影響。簡單來說，未受訓練的觀察者要非常努力才能偵測到她的左右腦連結被手術切斷了。

影片三：https://vimeo.com/96626445

原本的影片由伍曼拍攝，他是一位才華洋溢的年輕攝影師，也是《滾石》雜誌的創辦人之一。影片顯示病例ＷＪ很輕鬆地用左手正確地組合四種顏色的方塊，和他看到的範例圖片一模一樣。他的左手主要由右腦所控制。當主要手右手嘗試這項任務，他就失敗了。兩手一起嘗試時，一手的表現會比另一手差。

第三章：尋找大腦的摩斯密碼

影片四：https://vimeo.com/96626446

病例ＤＲ是東岸患者，要執行的指令是用左手或右手擺姿勢。看了幾次後，你會開始發現她會用自我提示的策略達到目標。

影片五：https://vimeo.com/96626447

病例ＮＧ只有右腦看見文字與圖片。儘管她的左手可以找到正確的物體，但她說不出東西的名字。

影片六：https://vimeo.com/96627695}

情緒狀態會快速在大腦中散播。病例ＮＧ的右腦看到挑逗的裸體照片，她的左腦雖然說不出看到什麼照片，但知道有什麼好玩的事發生了。

第四章：揭露更多模組

影片七：https://vimeo.com/96627698

在我們原本的拖車環境中拍攝，我們單獨向右腦提出問題，先說：「誰是你最喜歡的＿＿＿＿？」然後把問題剩下的部分，只告訴右腦或左腦。這裡我們問右腦：「誰是你最喜歡的女朋友？」因為他是能用一側的腦同時控制左右手的患者，所以兩手合作，用拼字版拼出了「麗茲」（*LIZ*）。

影片八：https://vimeo.com/96627699

我們對病例ＰＳ的右腦做了各種層面的檢查。我們在這裡問他：「你是誰？」右腦回答：「保羅。」

影片九：https://vimeo.com/96627700

病例ＰＳ的右腦告訴我們他最喜歡的電視節目以及演員溫克勒。

影片十：https://vimeo.com/96627702

病例ＪＷ幾年後進行一個簡單的實驗，由ＮＢＣ新聞的貝索拍攝。當時是科學「現場」秀，而且很成功。

第六章：依舊分裂

影片十一：https://vimeo.com/96628407

有兩個九宮格圖，左右腦各看見一個。九宮格裡，每次會隨機亮四個位置的燈，正常受試者根本來不及反應。但是裂腦患者可以輕鬆完成任務。

影片十二：https://vimeo.com/96628410

我在我們吉姆西典雅拖車裡檢查ＪＷ。「太陽」這個字在左腦前閃過，接著右腦看見黑白線條畫的交通號誌。我們教他玩「給提示猜答案」，讓他知道怎麼從左腦取得右腦的資訊。

影片十三：https://vimeo.com/96628408

病例ＪＷ從左腦接到「微笑」的指令。看他臉上不對稱的肌肉收縮，因為他是右臉肌肉先動，左臉肌肉才跟著反應。另外再注意他的臉開始恢復中性姿態時的不對稱情況。

第七章：右腦有話要說

影片十四：https://vimeo.com/96628409

伊萊森的任務，JW可以一次做兩件事，但我們大多數人不行。

中英對照表

人名

三劃

小巴克利　William F. Buckley Jr.　37, 59, 60, 61, 62, 63, 130, 131, 157, 178-181, 187, 244, 245, 285, 286, 287, 337, 349

小甘迺迪　Robert Kennedy　131, 148

小赫斯特　William Randolph Hearst Jr.　180

山中伸彌　Shinya Yamanaka　385

四劃

中村　Richard Nakamura　189

丹尼特　Daniel Dennett　147, 148

丹堤・阿基里斯・葛詹尼加　Dante Achilles Gazzaniga　38

尤金　Eugene　237

尤薇勒　Rena Uviller　210-212

巴森　Jacques Barzun　394

比德爾　George W. Beadle　430

毛姆　Somerset Maugham　407

牛頓　ISAAC NEWTON　67, 404

五劃

包德溫　Maitland Baldwin　72

卡拉瑪扎　Alfonso Caramazza　339, 340

卡彭　Al Capone　39

卡斯　Jon Kaas　258, 302

卡斯　Leon Kass　370, 373, 381, 382, 383

卡斯林　Steve Kosslyn　261

卡普蘭　Edith Kaplan　16

卡普蘭　Eric Kaplan　85, 96, 425

古爾德　Stephen Jay Gould　258, 302

古德曼　Corey Goodman　235

史卓班 John Strohbehn. 296
史坦納 Herman Steiner 40
史旺森 Larry Swanson 138
史金納 Donald Skinner. 393
史特地凡特 A. H. Sturdevant 35
史密斯 William B. Smith 42
史塔 Franklin Stahl 51
史蓓姬 Liz Spelke 141
史戴勒 Eliot Stellar 79
司密斯博士 Dr. Frank Smith 46
布拉克曼 John Brockman 426
布林格 Lee Bollinger 339
布洛卡 Paul Broca 69
布朗 Pat Brown 150
布萊卡 Nicholas Brecha 186, 187
布萊克 Ira Black 259, 261, 374, 375
布萊克摩爾 Colin Blakemore 8, 145, 146, 368
布雷頓 Ken Britton 313
布魯爾 John Bruer 248
布錄克 Ted Bullock 234
平克 Steven Pinker 19, 259, 337, 385

六劃

伊萊森 Jim Eliassen 317, 477
伊薩克 Henry Isaacs 327
伍曼 Baron Wolman 98, 474
伍鐸夫 Marty Woldorff 275
休伯爾 David Hubel 136, 427, 431
休謨 David Hume 175
吉布森 Alan Gibson 175
多利 John Doyle 408, 409, 412
多姆貝 Norman Dombey 47, 49, 51
安 Anne 142
安德森 Richard Andersen 338
安德森 Philip Anderson 404
托比 John Tooby 425

托伊 Arnold Towe 158
托婷 Sarah Tueting 365
托諾尼 Giulio Tononi 411
朱利安尼 Rudolph Giuliani 207
米克斯 Tom Mix 40
米契爾 Mitchell 145, 146
米納兒 Brenda Milner 148
米勒 George Miller 20, 82, 224-231, 237, 238, 284, 395, 407, 435, 439, 441, 442
米爾 Paul Meehl 149
米德 Margaret Mead 48
艾伯森 Philip H. Abelson 433
艾利斯・菲力普 Ellis Phillips 344
艾倫 Steve Allen 55, 61, 62, 63, 143, 144, 187, 188, 337
艾斯特司 Rusty Estes 283
艾森豪將軍 Dwight Eisenhower 354
艾達 Alan Alda 16, 317
艾爾 Al 40
艾爾斯伯格 Daniel Ellsberg 179
艾默森 RALPH WALDO EMERSON 115
西迪斯 John Sidtis 290

七劃

伯里辛 Zenon Pylyshyn 443
伯恩斯 James MacGregor Burns 61
伯恩斯坦 Leonard Bernstein 416
伯根 Joseph Bogen Joe Bogen 50, 53, 71, 75, 83, 89, 96, 100, 105, 111, 115, 125, 406, 428, 432, 434
伯格曼 Albert Stanley Al Bregman 19
伯瑞特波羅 Brattleboro 185
伯爾格 Ed Berger 354
克米尼 John Kemeny 364
克里克 Francis Crick 74, 235, 236, 302, 303
克里斯 Chris 347
克拉克 Andy Clark 402

克朗凱 Walter Cronkite 179
克斯林 Stephen Kosslyn 223
克萊特曼 Kleitman 56
利亞根 Henry Riecken 163
利普曼 Hugo Liepmann 88
利普森 Hod Lipson 402
希亞德 Steven Hillyard 48, 120, 121, 234, 256, 273-275, 279, 325, 326, 425
希爾 Kallie Hill 426
希摩兒 Sandra Seymour 270, 273
杜貝可 Renato Dulbecco 51
沃格爾 Peter Vogel 71
沃普 Bruce Volpe 203, 204, 219, 221, 245
沃森 James Watson 236
沃漢 Sam Vaughan 217
沃格 Dr. Philip J. Vogel 50, 175
沃福特 George Wolford 8, 350
沙卡尼 Geysa Sarkany 248
沙克特 Dan Schacter 337, 340
狄斯厄 Vince Dethier 445
貝什斯達 Bethesda 72
貝里 Graham Berry 126
貝索 Robert Bazell 278, 476
貝德利 Alan Baddeley 369
貝魯奇 Giovanni Berlucchi 119, 130, 132-137, 140, 471
辛色默 Bob Sinsheimer 52, 149
辛格 Wolf Singer 259
辛葛 Jerry Singer 197,
辛頓 Geoffrey Hinton 235
邦佐 L. Brent Bozel 61
里佐拉蒂 Giacomo Rizzolatti 133-136

八劃

亞伯 Ted Abel 416
亞林 Nathan Azrin 180-181
佩特 Pat 286

卓別林　Charlie Chaplin　40
奇拉基　Herb Killackey　235
奈伯斯　Robert Nebes　429
奈薇兒　Helen Neville　275
奈薇絲　Jane Nevins　425
帕索斯　John Dos Passos　131
帕茲　Gordon Potts　240-242
帕斯卡　Pasquale　135
拉札爾　Swifty Lazar　244
拉克　Steve Luck　39, 273, 275, 279, 281, 282
拉法　Robert Rafal　327
拉馬錢德蘭　V. S. Ramachandran　338
拉德薇絲　Elisabetta Làdavas　224
明斯基　Minsky　444
林哥史達　Ringo Starr　135
林區　Gary Lynch　233-235, 258, 259, 262, 302, 308, 309
法拉　Martha Farah　223
法拉瑟　Dick Fraser　245
法藍西絲卡　Francesca　346-349, 373, 388
波莉絲　Liana Bolis　286
波斯納　Michael Posner　337, 425
波焦　Poggio　445
肯達爾　Willmoore Kendall　61
肯德勒　Howard Kendler　130
芬卓奇　Bob Fendrich　255-257
芳奈兒　Margaret Funnell　358, 366, 367
金咪　Kim　355
金斯頓　Alan Kingstone　279, 280, 282, 357
金露華　Kim Novak　144
阿瓦雷茲　Luis Alvarez　32, 447
阿克雷提斯　Andrew J. Akelaitis　45, 46, 50, 67, 101, 154
阿奎納　St. Thomas Aquinas　376
阿若拉　Harbans Arora　52
阿塔迪　Domenica “Nica” Attardi　51

九劃

南西 Nancy 245
咸諾斯基 Terry Sejnowski 258, 302
哈珊 Marcella Hazan 218
哈曼 Gilbert Harman 259
哈欽斯 Robert Hutchins 61
威斯 Paul Weiss 86, 87, 218, 430
威斯卡蘭茲 Larry Weiskrantz 221
威廉・荷頓 William Holden 144
威爾森 Donald Wilson 183, 184, 284, 290
拜恩絲 Kathy Baynes 256, 257, 318, 324
柏德 Lois Bird 111
查蒲蔓 Barbara Chapman 313
查瓊克 Robert Zajonc 147
柯雯 Molly Colvin 367, 368
柯靈烏 R. G. Collingwood 162
洛克斐勒 Nelson Rockefeller 186
洛克摩爾 Dan Rockmore 359, 361
洛福斯 William Loftus 287
科比 Ken Colby 149
科斯洛 Steve Koslow 361
科爾曼 Sidney Coleman 47, 49, 51
范霍恩 Jack Van Horn 362
韋哲 William P. Van Wagenen 72
倫哈特 David Rumelhart 259
倫斯斐 Rumsfeld 372
唐諾 Donald 41
夏皮諾 Dan Shapiro 425
夏綠蒂 Charlotte 207, 210, 212-214, 216, 218, 238, 245, 246, 252, 253, 261-263, 285, 293-295, 297, 306, 309, 346-348, 393, 425
夏儂 Claude E. Shannon 227
姬琪太太 Mrs. Marian Keech 163-165
薛波 Gordon Shepherd 235
島村 Art Shimamura 337
庫塔絲 Marta Kutas 275, 279, 325, 326

柴克 Zack 346, 348, 349, 373
格拉絲 Andrea Velletri-Glass 172
格林 Ron Green 287, 345
格萊弗頓 Scott Grafton 8, 243
格蘭傑 Rick Granger 262
桂卡 Phil Guica 253
桑德爾 Michael Sandel 380
泰明 Howard Temin 47, 51
海瑟姊妹 Abigail and Brittany Hensel 371, 319
特爾克 David Turk 369
班瑟 Seymour Benzer 52

十劃

馬可森 Buck Marcussen 328
馬克斯 Groucho Marx 62, 63
馬林 Oscar Marín 238
高南波 Robert Galambos. 249
高登 Gordon 89
高華德 Barry Goldwater 59, 61

十一劃

勒溫 Kurt Lewin 162, 163
培根 Francis Bacon 44, 175
密樂 Michael Miller. 330-333, 350, 352, 353
寇巴利斯 Paul Corballis 352, 366, 369
崔佛森 Colwyn Trevarthen 429
崔默 Mark Tramo 256, 257, 287
康納曼 Daniel Kahneman 395, 397
強尼凱什 Johnny Cash 332
強森 J. D. Johnson 176
教宗庇護十二世 Pope Pius XII 380
曼岡 Ron Mangun 256, 257, 275, 279, 313-316, 337
梅舍生 Matt Meselson 47, 51
梅耶 Nicholas Meyer 417
梅耶斯 Ron Myers 45
梅若迪斯 Alex Meredith 262

梅爾斯 Ronald Myers 76-79, 86, 106, 428

梅霖 Joseph Mehling 471

梅蘭德 Gil Meilaender 377-379, 384, 467

梅鐸 Jayne Meadows 61

理查茲 Keith Richards 83

畢克馥 Mary Pickford 40

莎拉 Sarah 141, 142

莫山尼奇 Michael Merzenich 338

莫里茲 Giuseppe Moruzzi 133

都彭 Pierre S. DuPont 226

麥卡博蒂 Lois MacBird 52

麥可 Michael Scott Gazzaniga 392, 393

麥可和傑瑞波斯納兄弟 Michael and Jerry Posner 237, 279

麥可・寇巴利斯 Michael Corballis 369

麥艾美 Aimee Semple McPherson 39

麥克修 Paul McHugh 372

麥特凱芙 Janet Metcalfe 366

麥楷 Donald M. MacKay 147, 148, 174, 175, 180, 181, 264-268, 439

傑尼 Niels Jerne 259

傑米 Jamie Funnell 366

傑哈特 John Gerhart 418, 419

傑瑞 Jerry Brown 150

十二劃

凱林 Ray Klein 279

凱特 KATE 336

勞伯特 Paul Lauterbur 97

喀什納 Marc Kirschner 418, 419

喬丹特 Marc Jouandet 285

喬姆斯基 Noam Chomsky 227

惠特尼 Payne Whitney 219

斯伽夫 Manny Scharf 259

斯佩里　Roger Sperry　7, 11, 32, 33, 35, 36, 37, 42, 45-47, 49-54, 62, 72, 75, 78-89, 96, 97, 100-105, 111, 112, 115, 119, 127, 130, 135, 137, 138, 146-148, 156, 173, 218, 228, 269, 327, 405-407, 411, 427-434, 448, 471
斯金納　B. F. Skinner　180, 181, 443
斯諾登　Edward Snowden　179
普拉姆　Fred Plum　202, 239, 254, 256
普瑞馬克　David Premack　97, 137, 141-143, 149, 166, 169-174, 180, 181, 228, 258, 259, 471
湯姆漢克斯　Tom Hanks　55
湯馬斯　Lewis Thomas　351
湯斯　Charles Townes　391
琳達　Linda　62, 148, 203, 329
琴　Octavia Chin　50
絲蒂芬　Megan Steven　368
絲邁莉　Deezy Smylie　212
華生　Watson　74, 79
菲爾　Phil　72
菲爾普絲　Elizabeth Phelps　197
費伯利　Robert Filbey　138, 139
費利德曼　James O. Freedman　298
費里尼　Fellini　188
費茲　Paul Fitts　237
費曼　Richard P. Feynman　31, 47, 103, 104, 301
費斯汀格　Leon Festinger　57, 83, 149, 156-158, 160-169, 174, 180, 181, 205, 206, 220, 228, 233-235, 251, 260, 306, 407
賀斯勒　Jeffrey Hutsler　325-327
賀爾波　Dan Halpern　426
馮哈瑞芬　Anthonie van Harreveld　35

十三劃

塞德　Eran Zaidel　429
奧頓　David Olton　235
奧爾波特　G. W. Allport　201

楊曼 Henny Youngman 140
溫斯曼 Irv Weissman 377, 378, 467,
瑞吉 Reggie 52
瑞肯松 Greg Recanzone 313
瑞恩 Ray 347
瑞福斯 Alex Reeves 254
瑟爾薩 Richard Seltzer 373
瑟潔特 Justine Sergent 267, 269-271
葛利特史丹 Mitch Glickstein 52, 54, 56, 448
葛利斯托 Randy Gallistel 352
葛芬絲坦 Bernice Grafstein 86
葛楚 Gertrude 239
葛瑞芬斯博士 Dr. Robert B. Griffith 40
葛詹尼加 Michael Gazzaniga
葛雷 Charles Gray 313, 425
葛福頓 Scott T. Grafton 354-356, 367, 370
葛蘭達 Glenda 53
蒂蒂安 Joan Didion 159
詹姆士 William James 20
詹金斯 Bill Jenkins 71-73, 100, 101
達比尼 Walter Dabney 245-247
達克斯 Marc Dax 69
達馬修 Antonio Damasio 343
雷杜克 Joseph LeDoux 183, 189, 191, 192, 195, 196, 203, 204, 214-216, 221
雷波特 Mark Rayport 221, 403, 404

十四劃

圖伯 Hans-Lukas Teuber 148, 169
圖威 Endel Tulving 328-333
察路波 Leo Chalupa 258
漢迪 Todd Handy 315, 369
漢密爾頓 Charles Hamilton 47, 49, 358
瑪莉 Mary 142
瑪莉翁 Marion Grumman Phillips 344
瑪琳 Marin 132, 147, 159, 336, 347

瑪爾　Marr　444, 445
維瑟爾　Torsten N. Wiesel　427, 431
維達爾　Gore Vidal　131
蒙特凱索　Vernon Mountcastle　92, 94, 445
蓋許文　Norman Geschwind　75, 84-88, 96
蓋瑞　Robert D. Grey　305, 306
蓋爾曼　Murray Gell-Mann　47
蓓兒諾　Sara Bernal　406, 470
蓓特　Flo Batt.　335, 336
蓓爾德　Abigail Baird　8, 367, 368
赫胥黎　Aldous Huxley　53
德爾布呂克　Max Delbrück　52, 56, 57
德熱里納　Joseph Dejerine　88
歐文　Ray Owen　52
歐布萊恩　Conan O'Brien　16, 364, 366, 387, 466
歐克斯　Blackford Oakes　244
歐當　Homer Odum　63
歐薩森　Bruno Olshausen　313
潘菲德　Wilder Penfield　75

十五劃

魯斯　R. Duncan Luce　235
魯斯克　Dean Rusk　179
魯賓斯坦　Arthur Rubinstein　61

十六劃

盧絲　Ruth　330
諾瑪　Norma　80
賴希勒　Marcus Raichle　238
賴胥利　Karl Lashley　45, 76, 78, 144, 153, 154, 327, 430
霍洛維茲　Vladimir Horowitz　217
霍茲曼　Jeffrey Holtzman　206-216, 220-224, 232, 237-242, 253-256, 269, 277, 279, 290
霍樂　Theodore Hullar　305
鮑林　Linus Pauling　35, 37, 129, 447

鮑爾 Powell 372
鮑德溫 James Baldwin 131

十七劃

戴克 Michael Deck 240-242
戴維森 Donald Davidson 406
繆萊 Rich Muller 447
蕾德蒙 Hilary Redmon 426
薇拉莉 Valerie 147, 264, 265
薛西佛斯 Sisyphean 386
薛伯格 Hank Savelberg 345
薛克特 Stanley Schachter 149, 161, 163, 197, 210-212, 233, 234, 305, 306
薛林頓爵士 Sir Charles Sherrington 398
韓德森 Skitch Henderson 415
黛薇絲 Marion Davies 40
薩奇 Ernest Sachs 182
薩娜 Martha Taylor Sarno 169
薩特 Mitch Sutter 313
薩菲爾 William Safire 381

十八劃

羅吉爾・培根 Roger Bacon 447
羅伯茲 David W. Roberts 183, 284, 297
羅傑摩爾 Roger Moore 287
羅斯 Jerzy Rose 92, 94, 348
羅瑟 Matt Roser 368
麗絲 Gail Risse 189
龐納 James Bonner 54, 146

二十劃

蘇 Sue Green 345
蘇胡洛克 Sol Hurok 60, 61, 63, 187

二十一劃

露希普 Helmi Lutsep 328

露特蘿倫　Patti Reuter-Lorenz　256, 273, 277, 279, 280

二十三劃

蘿依　Ann Loeb　207, 209, 213, 232

出版品／影音作品

一劃

《一個保守派的良心》　*Conscience of a Conservative*　61

二劃

《人工智慧》　*Artificial Intelligence*　445

三劃

《大事可能就要發生》　*This Could Be the Start of Something Big*　188

《大腦》　*Brain*　88

四劃

《分裂的腦》　*The Bisected Brain*　158

《火線追蹤》　*Firing Line*　180

五劃

《外科醫生》　*M*A*S*H*　19

《生存者》　*Survivor*　365

《生命真的如此嗎？》　*The Plausibility of Life*　418

《生理心理學》　*Physiological Psychology*　78

六劃

《多就是不一樣》　*More is Different*　404

《宅男行不行》，又名《生活大爆炸》　*The Big Bang Theory*　48

《自然》　*Nature*　97, 267, 269, 275, 363

《自然界的心智》　*Nature' s Mind*　259

《自然神經科學》　*Nature Neuroscience, Editorial*　363

七劃

《每日新聞》 *Daily News* 207, 209

八劃

《社交的腦》 *The Social Brain* 166, 245
《花花公子》 *Playboy* 48
《阿依達》 *Aida* 347

九劃

《勇敢新世界》 *Brave New World* 386
《星艦迷航記》 *Star Trek* 122, 417
《洛杉磯時報》 *Los Angeles Times* 40, 149
《科學》 *Science* 97, 113, 361, 362, 427, 432-434
《科學人》 *Scientific American* 32
《美國科學家》 *American Scientist* 174
《美國國家科學院院刊》 *Proceedings of the National Academy of Sciences* 84, 90
《神經心理學》 *Neuropsychologia* 89
《神經生理學手冊》 *The Handbook of Neurophysiology* 92
《神經影像》 *NeuroImage* 363
《神經學》 *Neurology* 87, 97
《紐約郵報》 *New York Post* 181

十一劃

《國民評論》 *National Review* 59, 131, 178, 179, 286
《國家詢問報》 *National Enquirer* 164
《通訊的數學原理》 *A Mathematical Theory of Communication* 227
《野宴》 *Picnic* 144

十二劃

《富比士》 *Forbes* 207, 209
《循規蹈矩》 *Walk the line* 332
《湖城通訊》 *Lake City Herald* 163
《華爾街日報》 *Wall Street Journal* 209

《週六夜現場》 *Saturday Night Live* 207

十三劃

《新大西洋報》 *New Atlantic* 384
《新英格蘭醫學期刊》 *New England Journal of Medicine* 85

十四劃

《滾石》雜誌 *Rolling Stone* 98, 474
《與理查同行》 *Travels with Charley* 216
《認知神經科學期刊》 *Journal of Cognitive Neuroscience* 259, 261, 262, 362
《語言的直覺》 *The Language Instinct* 259
《豪勇七蛟龍》 *The Magnificent Seven* 337

地點

三劃

三豇豆餐廳 Tre Vigna 297

小世界餐廳 Piccolo Mondo 217, 239, 260

四劃

中央車站 Grand Central Termina 181
化學教堂大樓 Church Chemistry Building 35
太浩湖 Lake Tahoe 309, 335, 339, 340
太陽旅社 Auberge du Soleil 297
木雷亞島 Moorea 233-235
比萊爾酒店 Hotel Bel-Air 407, 493
世界之窗餐廳 Windows 212, 369
世貿中心 World Trade Center 158, 210, 212, 369

五劃

卡本塔里亞 Carpinteria 391
白河匯口 White River Junction 280
白原市 White Plains 215
皮爾斯餐廳 Simon Pierce restaurant 256

六劃

伊茲密爾 Izmir 234
好萊塢公園 Hollywood Park 52
好萊塢守護神 Hollywood Palladium 61, 63, 336
安吉利斯主教堂 Angelus Temple 40
艾文相機店 Alvin 98
艾狄阿堤絲泰斯菲尼斯酒店 La Fenice et Des Artistes 301
艾里斯實驗室 Alles Laboratory 35, 130
西柯汶納 West Covina 98
伍茲塔克 Woodstock 345
西港 Westport 181
托雷多 Toledo 403

七劃

沙加緬度三角洲 Sacramento Delta 308
克拉克街 Clark Street 39
沙隆 Sharon 341, 343, 344, 348, 349, 374
秀爾罕 Shoreham 225, 248
里維拉 Riviera 233

八劃

亞馬菲海岸 Amalfi Coast 208
髒牛仔咖啡店 Dirt Cowboy 360, 364
帕沙第納 Pasadena 39, 46, 59, 62, 86, 97, 116, 131, 158
帕諾斯餐廳 Paone's 244
拉韋洛 Ravello 208, 244
拉荷雅 La Jollala 273, 312
阿斯卡尼 Mount Ascutney 343
帕羅奧圖 Palo Alto 157

九劃

奎奇 Quechee 256
孩子餐廳 Il Bambino 174, 175
柯克赫夫廳 Kerckhoff Hall 33, 35, 82
派克宅 Pike House 257, 280, 283, 284, 315

格倫代爾　Glendale　158
科城　Caux　285
庫沙達西　Kusadasi　233, 234
格施塔德　Gstaad　287
窄頸大橋　Throgs Neck Bridge　185
約書亞樹公園　Joshua Tree National Park　57
洛色拉莫士　Los Alamos　296

十劃

馬提內茲　Martinez　327
馬爾波羅　Marlboro　38

十一劃

啟陵頓　Mount Killington　341, 343
密森峽谷　Mission Canyon　156
密森溪路　Mission Creek　148
密爾營地　Camp Muir　246
康乃狄克河　Connecticut River　253, 254

莫提默餐館　Mortimer’s　239
麥克納特大樓　McNutt Hall　42
麥斯威爾之李　Maxwell’s Plum　239

十二劃

斯托克特　Setauket　186
斯闊溪　Squaw Creek　335
普魯弗洛克之屋　J. Alfred Prufrock house　46, 47, 49
湖街　Lake Street　97
猶瓦爾迪　Uvalde　347
菲力普之家　Phillips House　344, 345
費爾蒙　Fairmont　336, 337

十三劃

當尼　Downey　93, 98, 125
奧爾巴尼　Albany　186
塞維亞　Seville　251
新喀里多尼亞　New Caledonia　39

新斯科細亞省 Nova Scotia 279
新赫布里底群島 New Hebrides 39
聖馬可教堂 San Marco Cathedral 258
聖馬利諾 San Marino 32
聖塔巴巴拉 Santa Barbara 8, 20, 22, 78, 130, 137, 138, 141, 145147, 149, 156, 158, 160, 174, 175, 177, 391, 417
聖塔安妮塔賽馬場 Santa Anita 52
聖赫勒納 St. Helena 297
達達尼爾餐廳 Dardanelles 161, 205
雷尼爾峰 Rainier, Mount 245-247, 354

十四劃

碧巴餐廳 Biba's 339
綠山山脈 Green Mountains 343, 349
蒙特霍 Montreux 285
蜜溪 Honey Brook 142
銀塔 Silver Towers 158, 159
鳳凰劇院 Teatro 301
蒙羅維亞 Monrovia 59
蓋伯維爾 Garberville 139
德索托 DeSoto 41

十五劃

魅力飯店 El Encanto 20
魯日蒙 Rougemont 285

十六劃

諾里治 Norwich 253, 254

其他

一劃

P1/N1 複合波 P1/N1 complex 314, 316
αδφ兄弟會 Alpha Delta Phi 43

二劃

人腦連接體計畫　Human Connectome Project　364

四劃

中心法則　central dogma　74
分化全能　totipotent　375
化學專一性　chemospecificity　430
反轉回復　inversion recovery　241
心物同型論　psychophysical isomorphism　80, 81
心智推理　theory of mind　142, 143, 183, 398
世界壯年運動會　World Masters Games　408
丘腦　hypothalamus　175

五劃

功能性磁振造影　functional magnetic resonance imaging; fMRI　7, 250, 363
加乘變異　facilitated variation　418
本體感覺　proprioception　320, 321
正子放射造影　positron emission tomography; PET　250, 331
正中矢狀平面　mid-saggital plane　77
立體感覺　stereognostic　92, 94

六劃

全面失憶　global amnesia　202
全能細胞　totipotes　373, 375
全般性痙攣　generalized convulsion　71, 72
吉姆西　GMC　476
同側性偏盲　homonymous hemianopia　222
同源器官　homologue　359
多形性膠質母細胞瘤　gliablastoma multiforme　84
多能性　pluripotent　375, 385
夸克　quark　47
自我提示　self-cueing　95, 107, 118, 119, 474
血氧濃度　blood oxygen level dependent　363
血管炎肉芽腫　granulomatosis with polyangitis　213

七劃

克里翁星 Planet Clarion 164
妥協理論 spandrel theory 258
完全性失語症 global aphasia 168, 173
尾草履蟲 Paramecium caudatum 406

八劃

典雅 Eleganza 215, 216, 252, 257
季富得講座 Gifford Lectures Series 145, 394, 395, 457
注意力缺失／過動症 attention deficit/hyperactivity disorde 283
牧豆樹 mesquite 347
玫瑰盃 Rose Bowl 39
盲視 blindsight 221-223
阿米西 Amish 142, 348

九劃

前列腺特異性抗原 PSA 392
前聯體 anterior commissure 119, 183, 189-191, 242-244, 271
威利環，又稱動脈環 Circle of Willis 36
恆河猴 rhesus monkey 106
柯氏方塊組合能力測驗 Kohs block 99, 100
柯沙可夫氏症候群 Korsakoff's syndrome 218
活力 oomph 277
玻留新聞十六釐米攝影機 Beaulieu News 16 102
科涅克白蘭地 cognac 263
突現 emergence 403-408, 414
約化主義 Reductionism 377, 396, 405-407, 412, 443
胃腸道基質瘤 Gastrointestinal stromal tumor 412
韋伯定律 Weber's law 20
個體發生 Ontogenesis 443
泰斯拉機器 Tesla machine 356
消失刺激 extinguished stimuli 221

拼字特異性　Orthographic distinctiveness　331
祖傳蕃茄　heirloom tomato　378
神經特異性　neural specificity　51, 136
神經輸出複製理論　efferent copy theory　432
純字聾　pure word deafness　172
索尼錄音　Sonycorder　244

十劃

胼胝體　corpus callosum　12, 43, 45, 46, 50, 55, 71-73, 76, 77, 79, 81, 83-85, 88, 96, 109, 115, 117, 132, 135, 136, 139, 154, 183, 184, 189-191, 221, 240-244, 249, 251, 263, 268, 270, 276, 288-290, 292-294, 316, 356-360, 403, 428, 473
胼胝體膝　genu of the callosum　243
胼胝體壓部　splenium　359
記憶缺失　memory deficit　333

十一劃

側腦室　lateral ventricle　183
強化　reinforcement　141
強直性　tonic　72
強鹿牌　John Deere　344
情人節大屠殺　Valentine's Day Massacre　39
連結主義　associationism　162
基利克　Gleevec　412
敏捷反應　readiness response　272
異原嵌合體　chimeras　374
組合語言　assembly language　19
速示器、視覺記憶測試鏡　tachistoscope　208
麥金塔的桌機排版軟體　PageMaker　261
麻醉劑安米妥鈉　sodium amytal　219
傑出科學貢獻獎　Award for Distinguished Scientific Contribution　22
傑佛遜港渡輪　Port Jefferson Ferry　185

十二劃

博萊 Bolex 98, 126, 187
渴感缺乏症 adipsic 167
等潛原則 equipotentiality 45
華格納氏肉芽病 Wegener's granulomatosis 213
華茲暴動 Watts riots 179
虛談 confabulation 219
視交叉 optic chiasm 76, 77, 107, 136
斯圖貝克 Studebaker 125, 129
腦電圖 electroencephalograph 189, 190

十三劃

嗅球 olfactory bulb 404
意第緒語 Yiddish 211
滑坡謬誤 Slippery slope 386
經驗論 empiricism 163
義大利抵抗運動 Italian Resistance 53
腦紋 brainprints 283, 285, 287, 288, 295
運用障礙 dyspraxia 101
隔離腦製備 encéphale isolé preparation 135

十四劃

慢性骨髓性白血病 chronic myelogenous leukemia 412
構形 configurational 406
磁振造影 MRI magnetic resonance image 97, 222, 240, 241, 243, 249, 356
認知失調 cognitive dissonance 156, 163, 166
認知科學夏季學院 Summer Institutes in Cognitive Neuroscience 21
認知穿透性 cognitive penetrability 441, 443
認識論 epistemology 19
誘發電位 evoked potentials 443
語法結構 Syntactic Structures 227
語意失諧 semantic incongruity 325
鼻黏膜 nasal mucosa 77
德瑞拖車 Del Rey 184

暫時性腦缺血　transient ischemic attack　218
潛在可能論　potentiality argument　375
潛意識　unconscious　203, 204, 400, 422
膝狀核　geniculate　136
蝶骨　sphenoid bone　77
質量作用　mass action　45

十六劃

輸卵管　Fallopian tube　374, 375
辨識記憶　recognition memory　333
錐體外系統　extra-pyramidal system　294

十七劃

聯合部切開手術　commissurotomy　50
聯覺、共感覺　synesthesia　369
聰明漢斯　Clever Hans　267
擴散張量磁振造影　diffusion tensor imaging　243
翻譯器　interpreter　445

十八劃

雙重同步消失　double simultaneous extinctio　203, 218
雙鏈輪　double-sprocket　187
魏氏成人智力量表　Wechsler Adult Intelligence Scale　99
羅斯個人退休帳戶　Roth IRA　348
羅德獎學金　Rhodes Scholar　368

二十二劃

囊胚，亦稱胚囊　blastocyst　375, 378-380, 385

二十三劃

變形語法　transformational grammar　227
體細胞核轉植技術　somatic cell nuclear transfer　377, 379
體感　somatosensory　91

二十二劃

癲癇重積狀態　Status epilepticus　71
鷹級童子軍　Eagle Scouts　348

機構

四劃

心智／大腦中心 Mind/Brain Center 314

五劃

加州波莫納學院 Pomona College 138
加州理工學院 California Institute of Technology 7, 31, 33-36, 41-43, 45-49, 51, 53, 54, 56-59, 64, 75, 80, 82, 87, 88, 98, 102, 103, 105, 111, 116, 117, 119, 120, 125, 126, 129-132, 134, 135, 137, 143, 146, 148, 149, 153, 156, 160, 187, 191, 249, 270, 271, 277, 282, 324, 358, 398, 406, 408, 421, 427, 429, 430, 433, 471
加拿大皇家藝術學會 Royal Canadian Academy of Arts 330
卡迪根山中學 Cardigan Mountain School 366
史隆凱特琳醫院 Memorial Sloan Kettering 237
布里斯托大學 University of Bristol 369
瓦薩學院 Vassar 367
生理研究所 Istituto di Fisiologia 133, 134
皮質 Coetex 16, 45, 81, 117-120, 124, 136, 145, 196, 203, 213, 221, 251, 266, 268-270, 288, 294, 295, 308, 314-316, 325, 327

六劃

艾可出版社 Ecco 426

八劃

坦迪公司，也就是睿俠 Tandy Corporation, aka Radio Shack 285
法國國民議會 French National Assembly 226
波士頓拉丁高中 Boston Latin High School 52
波士頓神經學暨精神病學醫學會 Boston Society of Neurology and Psychiatry 84
波士頓榮民醫院 Boston Veterans Administration Hospital 84, 88

社會研究新學院　New School for Social Research 156, 158, 255
長島電力公司　Long Island Electric Company　344

九劃

俄爾邦出版社　Larry Erlbaum　260
哈珀科林斯出版集團　HarperCollins　426
威尼托學會　Ateneo Veneto　301
洛克斐勒大學　Rockefeller University　207, 218, 224, 228, 284
洛契斯特大學　University of Rochester　45, 73, 78
洛桑大學　University of Lausanne　285
科學研究與倫理審查委員會　IRB Institutional Review Board　36
美國心理協會　American Psychological Association 22
美國海軍研究辦公處　U.S. Navy’s Office of Naval Research　287
美國國家精神健康研究院　National Institute of Mental Health.　189
倫敦大學學院　University College London　145
格拉曼飛機公司　Grumman aircraft company　344
紐約市立學院　City College of New York　158
紐約州立大學石溪分校　State University of New York, Stony Brook　102, 182, 186

十一劃

國家功能造影資料庫中心　fMRIDC　361
國家合理核能政策委員會　SANE　62
國家科學院　National Academy of Sciences　84, 377
國家科學基金會　National Science Foundation　192, 215, 217, 361, 364
國家衛生研究院　National Institutes of Health　72, 138, 258, 308, 361, 364
基爾大學　University of Keele　147
麥克阿瑟基金會　MacArthur Foundation　150

麥基爾大學 McGill University 19, 267
麻省理工學院 Massachusetts Institute of Technology 17, 20, 148, 162, 169, 231, 260, 262, 301, 335, 444

十二劃
凱克基金會 Keck Foundation 361
凱薩醫療機構 Kaiser Permanente 41
斯克里普斯海洋學研究所 Scripps Institution of Oceanography 273
斯隆基金會 Sloan Foundation 231, 232
普利茅斯州立大學 Plymouth State College 256
陽克靈長類生物研究室 Yerkes Laboratory 430

十三劃
愛默利大學 Emory University 354
新希望疼痛研究中心 New Hope Pain Center 434
新澤西州幹細胞研究院 New Jersey Stem Cell Institute. 374
溫耐特學生中心 Winnett Student Center. 57
聖安瑟倫學院 St. Anselm's College 38
聖若瑟學院 St. Joseph's Academy 159
詹姆斯麥唐諾基金會 James S. McDonnell Foundation 248, 334
達娜基金會 Dana Foundation 425
達特茅斯醫學院 Dartmouth Medical School 46, 182, 254, 296, 334

十四劃
團體動力研究中心 Center for Group Dynamics 162
瑪莉希區卡克基金會 Mary Hitchcock Foundation 46
瑪莉希區卡克醫院 Mary Hitchcock Hospital 257
瑪賽科學研究會 Sigma XI 174
福特基金會 Ford Foundation 163
福樂葬儀社 Forest Lawn 158
認知神經科學院 Cognitive Neuroscience Institute 232, 258

賓夕維尼亞州立大學　University of Pennsylvania 142
劍橋辯論學會　Cambridge Union Debating Society 131
樓瑪琳達醫學院　Loma Linda Medical School 50, 53
衛斯理學院　Wellesley 31, 367

十五劃

魯斯羅斯醫療集團　Ross-Loos Medical Group 41

十七劃

戴爾豪斯大學　Ray Klein at Dalhousie University 279
總統的生物倫理委員會　The President's Council Of Bioethics 369
賽吉出版公司　Sage Publishing Company 391
藍燈書屋　Random House 217

十八劃

懷特紀念醫院　White Memorial Hospital 53, 75
羅耀拉大學　Loyola University 38